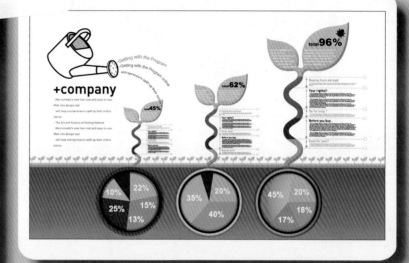

制作趣味图表

多种字体与LOGO效果

面包纸盒包装设计

折页与小册子设计

Illustrator CS4 中文版
基础与实例教程

制作卡通形象

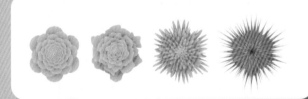

扭曲练习

阴阳文字

文字勾边效果

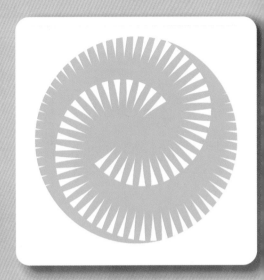

沿曲线旋转的重复图形

立体五角星效果

玫瑰花

单页广告版式设计

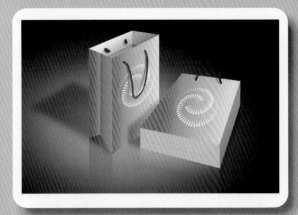

手提袋设计

水底世界

饮料包装

手表

苹果计算机的机箱

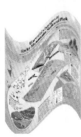

报纸的扭曲效果

Illustrator CS4 中文版
基础与实例教程

制作人物插画

多种图形和文字

制作由线构成的海报

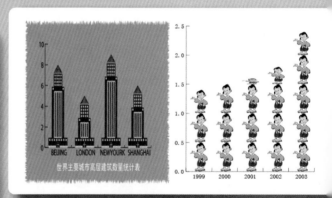

制作自定义图表

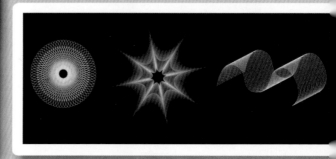

线条规则变化的轨迹

电脑艺术设计系列教材

Illustrator CS4 中文版基础
与实例教程
第 3 版

郭开鹤　张凡　等编著

设计软件教师协会　　审

机械工业出版社

本书属于实例教程类图书。全书分为基础入门、基础实例和综合实例3部分，内容包括：矢量化图形语言，Illustrator CS4的基本操作，Illustrator CS4的新增功能，基本工具，绘图与着色，图表、画笔与符号，文本，渐变、混合与渐变网格，透明度、外观与效果，蒙版与图层。

　　本书内容丰富、实例典型、讲解详尽，既可作为本专科院校相关专业或社会培训班的教材，也可作为平面设计爱好者的自学或参考用书。

图书在版编目（CIP）数据

Illustrator CS4 中文版基础与实例教程/ 郭开鹤等编著.
－3 版.－北京：机械工业出版社，2010.4
（电脑艺术设计系列教材）
ISBN 978-7-111-29709-3

Ⅰ．①I…　Ⅱ．①郭…　Ⅲ．①图形软件，
Illustrator CS4－教材　Ⅳ．①TP391.41

中国版本图书馆 CIP 数据核字（2010）第 023683 号

机械工业出版社（北京市百万庄大街22号　邮政编码100037）
责任编辑：陈　皓
责任印制：杨　曦

保定市中画美凯印刷有限公司印刷

2010 年 4 月第 3 版 · 第 1 次印刷
184mm×260mm　·22.5 印张·2 插页·554 千字
1—4000 册
标准标号：ISBN 978-7-111-29709-3
　　　　　　ISBN 978-7-89451-456-1（光盘）
定价：55.00 元（含 1CD）

凡购本书，如有缺页、倒页、脱页，由本社发行部调换

电话服务　　　　　　　　　　　　　网络服务
社服务中心：(010) 88361066
销售一部：(010) 68326294　　　　门户网：http://www.cmpbook.com
销售二部：(010) 88379649　　　　教材网：http://www.cmpedu.com
读者服务部：(010) 68993821　　　**封面无防伪标均为盗版**

前　言

Illustrator 是由 Adobe 公司开发的矢量图形绘制软件，在平面广告等领域得到了广泛的应用。目前最高版本为 Illustrator CS4。

本书属于实例教程类图书，全书分为 3 部分共 11 章。每章都有"本章重点"和"练习（或课后练习）"，以便读者掌握该章的重点，并在学习该章后能够进行相应的操作。本书的每个实例都包括制作要点和操作步骤两部分。

与上一版相比，本书在基础知识部分添加了"第 1 章　矢量化图形语言"，在实例部分添加了包装盒设计、包装袋设计、折页设计等实用性更强的实例，从而使本书知识覆盖更加全面，结构更加完整。

第 1 部分基础入门，包括 3 章。第 1 章介绍了矢量化图形语言的相关知识；第 2 章介绍了Illustrator CS4 的基本操作；第 3 章介绍了 Illustrator CS4 的新增功能。

第 2 部分基础实例，包括 7 章。第 4 章详细讲解了 Illustrator CS4 中各种基本工具的使用方法；第 5 章介绍了绘图与着色的技巧，并详细讲解了无缝贴图和路径查找器的制作方法；第6 章介绍了图表、画笔与符号工具的使用，详细讲解了自定义画笔、自定义表格，以及符号的使用方法；第 7 章介绍了文本的使用技巧，详细讲解了特效字的制作方法；第 8 章介绍了混合、渐变与渐变网格工具的使用；第 9 章介绍了透明度、外观与效果面板的使用，详细讲解了常用滤镜和效果的方法；第 10 章详细讲解了蒙版和图层的使用技巧。

第 3 部分综合实例，为第 11 章。本章从实战角度出发，通过 6 个综合实例，对本书前 10章讲解的内容做了一个总结，旨在拓展读者思路和提高读者综合使用 Illustrator CS4 的能力。

本书是"设计软件教师协会"推出的系列教材之一，具有实例内容丰富、结构清晰、实例典型、讲解详尽、富有启发性等特点。全部实例是由多所院校（中央美术学院、北京师范大学、清华大学美术学院、北京电影学院、中国传媒大学、北京工商大学艺术与传媒学院、天津美术学院、天津师范大学艺术学院、首都师范大学、山东理工大学艺术学院、河北职业艺术学院）具有丰富教学经验的教师和一线优秀设计人员从长期教学和实际工作中总结出来的。为了便于读者学习，本书配套光盘中含有大量高清晰度的教学视频文件。

参与本书编写工作的有郭开鹤、张凡、冯贞、宋兆锦、顾伟、李松、李羿丹、程大鹏、谭奇、李波、田富源、刘翔、曲付、关金国、许文开、宋毅、于元青、孙立中、李岭、肖立邦、韩立凡、王浩、张锦和郑志宇。

本书既可作为大专院校相关专业或社会培训班的教材，也可作为平面设计爱好者的自学或参考用书。

由于作者水平有限，书中难免存在疏漏与不妥之处，敬请广大读者批评指正。

编　者

目　　录

第2部分 基础实例

第 3 部分　综 合 实 例

第1部分　基础入门

- 第1章　矢量化图形语言
- 第2章　Illustrator CS4 的基本操作
- 第3章　Illustrator CS4 的新增功能

第1章 矢量化图形语言

本章重点：

本章将对矢量图形的概念，矢量图形的设计原理（包括色块的分解与重构、减法原则等）、矢量写实作品的风格特色，以及矢量图形软件 Illustrator 设计思维的发展和现代矢量图形艺术领域的最新发展做一个具体介绍。通过本章的学习，可以使读者在进入后面章节的学习之前，先对软件所属领域及其创作方法进行全面讲解，有助于读者对 Illustrator 软件所包含的科技和艺术概念有更深的理解。

1.1 矢量图形的概念及相关软件的设计思路

作为 CG 的一个重要组成部分，矢量图形具有数码技术对图形描述的"硬边"表现风格，从矢量作品的创作思路与画面风格上来看，尽管它具有超强的模拟真实三维物像的绘画功能，但它绝不是一种追求与自然对象基本相似或极为相似的艺术，而是从自然中抽象出的几何概念。矢量图形将繁复的世界转变为由点、线、面等数学元素构成的形式，对特定对象加以大胆变形和装饰化处理，或将不同对象的局部特征进行适当组合，从而将对象纳入抽象化的程式中，使之偏离原来的外观。

当今，网络上铺天盖地的卡通动漫、矢量插画、Flash 动画、游戏以及手机彩信等，使矢量艺术完全成了这个时代的一个耀眼的时尚元素。同时还诞生了一批运用矢量手法来表现商业设计及个人创作的自由艺术家。在短短的二十多年中，矢量图形已逐渐成为设计师所普遍接受的一种强势的艺术风格。本节将具体讲解矢量图形概念及相关软件的设计思路。

1.1.1 矢量图形的概念

在计算机中，图像是以数字方式进行记录、处理和保存的，所以图像也称为数字化图像。数字化图像类型分为矢量式与点阵式两种。一般来说，经过扫描输入和图像软件（Photoshop）处理的图像文件都属于点阵图，点阵图的工作是基于方形像素点的。而矢量图形（Vector）是用一组指令集合来描述图形内容的，这些指令用来描述构成该图形的所有直线、圆、圆弧、矩形和曲线等的位置、维数和形状。

在屏幕上显示矢量图形，要有专门的软件将描述图形的指令转换成在屏幕上显示的形状和颜色。这种程序不仅可以产生矢量图形，而且可以操作矢量图形的各个成分，例如对矢量图形进行移动、缩放、旋转和扭曲等变换操作——也就是说，矢量图形不是基于像素点的，而是依靠指令来描述与修改图形的各种属性的。

1.1.2 矢量图形软件的设计思路

现在常用的矢量图形软件有 Adobe 公司推出的 Illustrator 和 Corel 公司推出的 CorelDRAW，它们具有相似的原理和操作，都是利用贝塞尔（Bazier）工具来绘制曲线的。贝塞尔曲线（见图 1-1）是一种应用于二维图形程序的数学曲线，该曲线由起始点、终止点（也称锚点）以及两个相互分离的中间点（一共 4 个点）组成。拖动两个中间点，贝塞尔曲线的形状会发生变化。

图 1-1　贝塞尔曲线

1.2　矢量图形设计原理

本节包括色块的分解与重构（点、线、面构成法）、减法原则、应用数学思维进行图形运算和矢量写实 4 个部分。

1.2.1　色块的分解与重构（点、线、面构成法）

图 1-2 右侧所示的卡通形象是由左侧分别绘出的模块拼接、重叠而成的，看起来有点像趣味拼图游戏。这种拼接法就是矢量图形软件的基本绘画原理。在各种轮廓线内填充上纯色或渐变色，可以形成稳定而充实的形态，然后再通过简单的叠加，即可形成复杂或概念化的形体。其实这种绘图思路与平面构成的原理相同，都是从包豪斯精神发展出来的现代方法，是一种对"造型力"的培养。

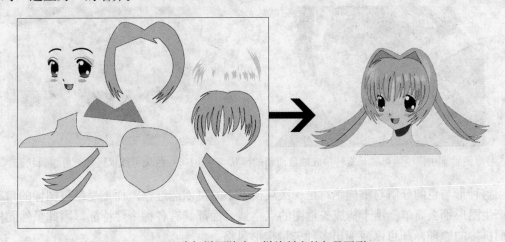

图 1-2　犹如拼图游戏一样绘制出的矢量图形

任何抽象形式的艺术作品，其实都离不开对于现实世界的深切感受，下面就来看看如何从自然形态中抽象出点、线、面的构成。图 1-3 是影星马龙·白兰度的一张很老的黑白剧照。一名对这张图片产生兴趣的学生要将它作为素材进行矢量化绘图，而且根据个人的想象为其上色。这个过程并不容易，它和个人对影像的理解、视觉造诣、造型基础及色彩归纳的能力都有很大关系。由于矢量软件绘画原理是色块的并置与重叠构成，是以基本形的变化与色块的复杂性来形成画面层次（不像点阵图以像素点为基本单位），因此，在处理层次丰富的人物题材时尤其困难。

原稿是一张模糊不清的黑白图，根据它的基本外形和大体光影，首先要概括地勾勒出五官的位置和脸部的光影效果，如图1-4所示。然后在此基础上添加更多的面积较小的层叠图形，此时原图像写实的概念形体被解散成由各种直线与曲线构成的二维图形，它们相互交叉、相互重叠（基于一定的透明度），从而产生一些具有无限变化可能的图形，如图1-5所示。接着进一步放大人脸的局部，如图1-6所示，以便可以单击选中每个独立的色块，然后反复修改它们的形状、颜色与位置，从而得到最理想的拼图效果。

图1-3　点阵图（扫描的黑白照片）　　　图1-4　先概括地勾勒出五官的位置和脸部的光影效果

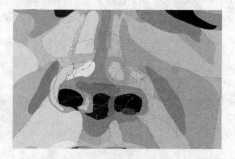

图1-5　将原图脸部中模棱两可的元素转换成抽象清晰的形状　　图1-6　色块可以永远处于可编辑状态

这种形与色的分解与重构绝对是一次规模不小的再创造过程，而不是经过图像的自动描摹产生图形那么简单。由于构成矢量图的点、线、面都具有各种个性特征，因此虽然同样是块面拼接的原理，却可以演变出多种矢量构形风格。

图1-7是国外插画家Benjamin Wachenje以矢量风格绘制的一些英国hip-hop爱好者的人物肖像。他对人物外形的概括与分解可谓流畅自如，使矢量图形的硬边风格与hip-hop这种源于街头的文化现象、文化运动和生活方式相吻合，很好地再现了个性化的hip-hop爱好者形象。

图 1-7 Benjamin Wachenje 的矢量人物肖像作品

1.2.2 减法原则

加和减、添加和删除是两对矛盾的元素。这对矛盾的元素在绘画中是不可分割的统一体，在描绘特定的形象时，减的目的往往是为了加，即以削弱非本质属性的办法来突出形象的本质特征。套用一句格言，即"在艺术中，少即是多"，中国水墨写意画的最初形式称之为"简笔"，也叫"减笔"，就是主张在造型中删减那些多余的、并不体现物象本质的浮光掠影，以简洁、洗练的图式或笔法表现理想中的物象真实。因为大脑的注意力是有限的，它需要那种能简洁地抓住它的东西，而色彩和阴影的概括更能引起观看者的神经反应。

矢量图形的创作是对自然对象的外观加以减约、提炼或重新组合的过程。因此，在矢量图形的创作中，首先需要运用"减法处理"将多余的东西删掉。例如，图 1-8 中左侧的原稿通过对头发和衣褶的繁复、面部光影的过渡等进行简化，得到了图 1-8 中右侧所示的矢量插画效果。

图 1-8 原图（左）经减法原则的整理，得到矢量插画（右）

下面以头发的简化处理为例进行说明。头发是人像矢量化过程中的难点，大量的发丝、多样的发质、千变万化的发型，以及复杂的光影作用，都给概括归纳的过程设置了障碍。在进行删减的过程中，一定要将感性的直观认识和科学化的细致分析相结合。图 1-9 中模特的发型基本属于直发的自然风格，图 1-10 在转换时尽量将其绘制成飘逸、轻柔的、根据头发整体走向排布的曲线色块，并在内部及边缘添加了大量随风起舞的发丝，柔和的色块与飘动的细线融为一体，使线条、形态具有丰富的表现力；而图 1-11 则采取了另一种个性更为鲜明的转换方法，用大面积的沉稳的黑色块概括出头发外形，只在周围添加一些带有动感的断续表达的黑色细线形。由此可见，不能只根据感性经验，将"发丝"直接翻译为"线"，而要转变为粗细、面积、光影、曲率皆在随意变化的形，以产生巧妙的对比，从而描绘出"物"的美感。

图 1-9 点阵图黑白原稿

图 1-10 柔和的色块与飘动的细线融为一体

图 1-11 一种个性更为鲜明的转换方法

因此，简单来说减法原则就是要在深入分析原稿图片的基础上，将原图复杂的层次概括为各种不同的简单形状，对于多余的部分要大胆地去除，否则会冲淡图形整体的表现性。这种抽象方式是立足于二维空间的表现手法，它既不十分需要形象与周围环境间的三维空间关系，又不太需要形象自身的体量感（因此人物面部的光影被减去，只处理成几个平涂的颜色块）。

在作者丰富联想的基础上，对复杂图形还可以进行另一种创造性的删添。从形式角度出发，为了使图形形象更加丰富饱满，往往在其间去掉自然形，添加一些抽象的点、线、面或其他形象。但是，一定要注意整个画面的协调统一，慎用这些抽象造型元素，要做到"因繁就简"，这个"简"是针对"繁琐繁杂"而来的，它既要求简化，更要求在"简"的图像中蕴含比原型更多的内涵，也可以称之为"图形的简练"。例如，参照图 1-12 所示的灰度摄影原稿，作者将其概括为柔和含蓄的图形，如图 1-13 所示。这种图形的分解更接近于绘画的思路。然后作者对原稿进行了大胆的改造与创新，尤其是右部形态极度简化后，将头发图形变形为夸张的抽象曲线，如图 1-14 所示。与前面的处理手法相比，该图形具有更强的视觉震憾力。总之，创作可以根据构思、构图的需要，在较单一的形象上进行减法之后再加以适度的夸张变形，从而达到更完美、更具装饰性的目的。

图 1-12　点阵图摄影原稿　　图 1-13　这种分解法更接近于绘　　图 1-14　头发图形进行了大
　　　　　　　　　　　　　　　　　　　　画的思路　　　　　　　　　　　胆的夸张变形

1.2.3　应用数学思维进行图形运算

安那堡密歇根大学的 Bob Brill 研究了许多数学运算的潜在艺术价值，他说："在各种数学系统中潜伏着有序和美丽的世界，而这种系统是可以用简单的算法使其可视的。"来看一张早期的计算机图形作品，图 1-15 是计算机图形艺术先驱 A.Michael Noll 于 1960 年对 90 条平行线所做的排列试验。这种形式在今天的图形软件中可以轻而易举地完成（矢量图形软件一般都很擅长于制作规律性变化的曲线轨迹）。图 1-16 所示的是 2008 年美国设计师 Jeffrey Docherty 做的 CD 包装设计，他密集地使用细线条的理性排列，用线的走向来形成视觉上的转折面，以线的疏密产生立体凹凸的视错觉，追求一种空间中奇异的平衡和形态，这一类作品体现了数学原则和思想的非同寻常的形象化。

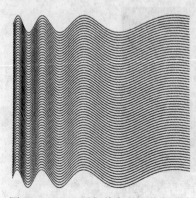

图 1-15　Noll 平行线条的周期性增长　　　图 1-16　Jeffrey Docherty 做的 CD 包装设计

图形软件除了对人性化绘画方式的追求，也包含着大量的数学运算法则，例如对向中心集中的线的处理。向一点集中的线会出现集中定向型的构图，它具有强烈的统一感，在多数情况下还会形成动感，这种具有递进关系的复杂线条构成，在计算机软件的算法中可以非常简单地实现，如图 1-17 所示。换句话说，计算机图形最初诞生的形态就是这种具有数学概念的理性图形（线条），现在将其称为矢量图形。它主要依靠指令来描述与修改图形，如位置、维数、形状等各种属性，可以在简单的色块之间进行加、减、重叠、相交等运算，通过数学运算将基本造型要素巧妙地组合起来，这样的方法往往会构成出乎意料的新形态。这种理性的算法很符合标志图形以精练的形象表达一定涵义的本质特点，因此在标志设计领域应用较多。图 1-18 为 2008 年国外的优秀标志设计，这些标志都包含着有趣而又精妙的数学思维。

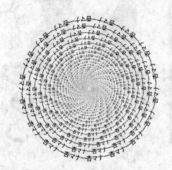

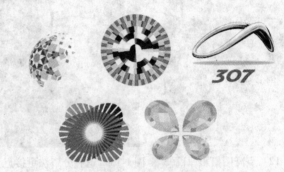

图 1-17　向中心集中的线　　　　图 1-18　这些标志中都包含着有趣而又精妙的数学思维

现在，一些生成艺术的软件也能创作出奇妙的矢量图。所谓生成艺术就是在开放源代码的程序语言及开发环境中制作图像、动画、声音和装置。其实，从计算机出现之后生成艺术就存在了，只是最近几年才开始在主流区域掀起一些波浪。例如，免费开源生成软件 Scriptographer 是 Adobe Illustrator 的一个 Scripting 插件，用户可以通过使用 JavaScript 语言来扩展 Illustrator 功能的可能性，Scriptographer 允许设立鼠标控制的绘图工具，通过使用程序来修改现有的图形。安装 Scriptographer JAVA 虚拟机环境后，设计者可以自己编写脚本以支持交互创作，并且可以创造出大量随机的、奇异的矢量图形。图 1-19 是应用程序控制线条沿字母形状起伏；图 1-20 和图 1-21 是应用这个生成艺术的小插件创造的矢量字体。

图 1-19　应用程序控制线条沿字母形状起伏

图 1-20　应用插件创造的矢量字体　　　图 1-21　应用插件创造的矢量字体

1.2.4　矢量写实

　　计算机图形图像软件常用来探索一种类似写实的观念，它极力用自身的语言来创造一种虚拟的真实。在各种二维/三维软件的写实效果之中，最令人叹为观止的其实是矢量写实，因为矢量图形具有数码技术对图形描述的"硬边"表现风格。本节研究分析的就是这种不同寻常的矢量写实。

　　在早期的 Illustrator 软件版本之中，由于渐变功能尚不完善，因此要设计出模拟自然光影与形态的写实作品是很困难的。Illustrator 9.0 后出现的"渐变网格"功能为矢量"新写实主义"风格作出了巨大的贡献。它使图形软件跳出了抽象的硬边轮廓线阶段，开始进入色彩融合的阶段，数字艺术家的矢量艺术作品中出现了凝固的三维空间所能表现的无穷无尽的细节。

　　先来看一看对特殊材质的表现。面对各种不同质地、不同光泽、不同透明度的材料，以及鞋、包、帽、首饰等千变万化的物件，只要处理好基于同样数学原理的点、线的形状和拥有纯粹再造的想象能力即可完成设计作品。图 1-22 为一幅通过对左侧渐变网格点进行调整，并进行着色后形成的右侧惟妙惟肖的皮鞋写实作品。

图 1-22　通过（左）网格点形成（右）皮革的真实质感

　　渐变网格的特点是：以节点和它发射出的 4 条线为一个着色单位，节点处的颜色为用户选中的颜色，沿着线的走向，该颜色与周围颜色会形成自然过渡。可以看出，线本身没有颜色，只用于控制颜色的走向。渐变网格具有很强大的功能，可以模仿出极具立体感的效果，甚至3D效果。它的缺点是费时费力，需要极大的耐心，要一点一点地去调整。从图中数量可观的线与点数可以想象到，要在这样复杂的结构中以点线来控制全局的色彩变化，的确不是易事。再如图1-23所示的"猫"的矢量写实作品，动物的毛十分细密，就算是应用传统的画笔工具也不容易创造出完全写实的效果，但通过复杂到一定程度的网格点却可以得到几乎以假乱真的动物图形。

图1-23　　通过复杂到一定程度的网格点就可以得到几乎以假乱真的动物图形

图1-24是应用Illustrator软件完成的"人物矢量化"作品，它的再造空间与形态写实程度，让人很难相信是应用以"硬边"著称的矢量软件绘制完成的。但对照原稿照片，我们必须承认它是以非常写实的手法来完成的。该矢量作品不但没有过多的主观臆造，而且对物体的距离、大小、方位、形状等空间的特征也赋予了正常化的知觉，符合传统造型艺术所追求的在二维空间上努力塑造三维空间，通过透视、色调、光影、虚实等手段来体现客观形象的真实性。

图1-24　　放大脸部后显示出渐变网格的控制线与点，通过它们来形成多方向、多颜色的融合

下面将"汽车"概念单独提出来形成一个单独的议题，这是因为矢量构形原理中的几何元素极其适合表现汽车大跨度的流畅的弧线、大面积过渡均匀的金属光泽及理性设计的金属零部件等。其实，对于这一类金属构造的工业产品，交通工具、金属器皿、乐器、电子产品等，在处理上都异曲同工，能够使功能主义及形式主义在绘画的视觉空间中得到完美结合。西方艺术史家指出："这是一个科学和机器的时代，而抽象艺术正是这个时代的艺术表达。"矢

量图形能绝妙地表达出工业产品流畅而缜密的几何造型。晶莹剔透的风格与忠于细节的写实表现则是作为平衡因素出现的，写实主义加上图形创造中童话寓言般的梦幻加工与联想，既强调功能、理性，又与美观、时尚、梦幻相结合，完全消除了单纯追求功能的理性设计的冷漠感和同质性。图 1-25 所示为使用矢量图形表达出的汽车产品的流畅而缜密的几何造型。

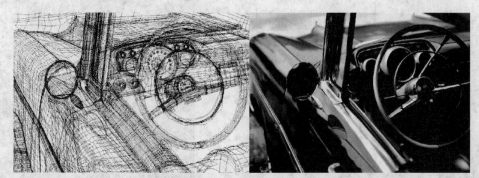

图 1-25　矢量图形能绝妙地表达出汽车产品流畅而缜密的几何造型

1.3　现代矢量图形设计的新探索

不断有人批评在数码艺术创作过程中，由于数字技术的要求，必须将人类视觉感官对色彩的感受转换为对其数字化的处理，从而造成数码作品缺乏亲和力。这些由数码技术的工整与精密所导致的机械感，就是数码作品缺乏亲和力的关键所在，是现代数码艺术作品普遍存在的不足。其实，矢量艺术并不像想象中的那么冷酷与机械，它是一种涵盖面很广的现代图形传达语言，许多生活在数字时代的年轻艺术家都非常偏爱它，并不断在对矢量图形的探索中展现自己的才华，限于篇幅，本节只选择了两位在现代矢量图形设计领域崭露头角的新艺术家，来看一看他们对矢量艺术大胆的创新。

1.3.1　矢量图形肌理构成的探索

来自俄罗斯北部城市圣彼得堡的年轻设计师 Evgeny Kiselev，作为一名全球性视角的设计师，作品数量多而且质量上乘。他的作品曾经被发表在 IDN (中国香港)、ROJO (西班牙)、Grafik magazine (英国)、eautiful Decay (美国)、E-tapes (法国)、 Chewonthis magazine (美国)、I.O. Magazine (德国)等众多的杂志上（这些作品的展示网址是 http://www.ekiselev.com）。

他的作品以圆形（及衍生图形）的万千变化为主，在画面中习惯运用很多小圆圈元素做陪衬，风格偏向魔幻抽象，色彩大胆明亮，绚丽的色彩和充满奇幻的图形让他的设计受到全世界各大杂志的追捧。

Evgeny Kiselev 的许多作品都是一种在精确的对称和无节制的图形繁殖之间的试验。图 1-26 是他非常典型的一张作品，混合效果是从一些生动的小图案开始，它们不断地一边镜像、一边膨胀、一边无节制地进行复制，直到快要超出包容它们的逻辑边界的极限为止。这种图形繁殖能带给人一种无限延伸与动态的感觉。图 1-27 是他的另一幅作品，多个基本图形像分裂的细胞一样扭曲、缠绕、重叠，从简单的线条画中浮现出来，仿佛再也无法受到约束控制。这幅作品其实构成了一种繁复而有趣的新肌理——矢量图形肌理，这个方向是现代肌理研究的一个很有价值的领域。

图 1-26　这种图形繁殖能带给人一种无限延伸与动态的感觉

图 1-27　构成了一种矢量肌理的效果

　　在设计中，将有一个核心基本图形进行连续不断的反复排列，称为重复基本形。大的基本形重复，可以产生整体构成后的秩序的美感；细小、密集的基本形重复，可以产生类似肌理的效果。图 1-28 中的大量细密的圆形在图像中重复排列无数次，具有一定规模的重复会产生强烈的秩序美感和视觉冲击力，甚至在页面内持续地构建了一种扭曲的、近似于持续延展的空间感。而图 1-29 是一幅美丽的矢量图形肌理作品，没有过多的软件技巧，但图形繁殖具有的方向性与规律性构成了一些似是而非的形态，尤其是那些沿着曲线旋转而复制的渐变图形，它们所能达到的颜色与层次的复杂性是难以预测的。这些就是 Evgeny Kiselev 一直在不断地试验并提高的所谓抽象合成物，基于他对矢量图形的热爱与超常的耐心而形成的一种复杂的新抽象艺术。

图 1-28　具有一定规模的重复会产生强烈的秩序美感

图 1-29　Evgeny Kiselev 一直在不断地试验并提高的所谓抽象合成物

1.3.2　奇特的三维形体与光影变幻

Gary Fernandez 是西班牙马德里的一位自由插画师和图形艺术家，同时身兼某 T-shirt 品牌的创意总监，《上海壹周》和《数码艺术》有过对他的报导。在他的矢量风格作品中，"女人和精灵般的鸟儿"是永恒的主题。当第一次看到他的作品时，通常会被这种奇特甚至诡异的矢量风格所吸引。Gary Fernandez 把自己的创作比喻成"宛如脊柱一般的有条理"，他说自己总爱画些超现实的人物、不可能完成的动作和迷幻的组合，并且将零碎的东西整合成一个有节奏感的整体。如图 1-30 和图 1-31 所示，女人与鸟的形象带着浓重的诡异色彩，我们先来分析一下他创造的代表变形鸟羽的图滑图形，这种图形具有强烈的立体凸起感，内部包含着隐约的半透明几何图案，表面还具有微妙的光影和色彩的变化，清晰的边缘、规则的图案、立体变形、半透明重叠……这些都是矢量软件的基本功能，这种图形给人的感觉是玄妙的，它所创造的功能集合对设计者具有很大的启发性。

图 1-30　Gary Fernandez 创作的带有神秘色彩的矢量插画

图 1-31　鸟的矢量造型

设计也像语言一样既要有概念也要有表达，这种表达需要人们在图像认知方面达到共识。图 1-32 中对人形进行了大胆的变形，这些变形都是由具体的图形出发，然后在不断的变形与抽象过程中使之拥有文化和商业的意义内涵，最终获得一个有高度概括性的"生态图形"。图 1-33 是 Gary Fernandez 的作品在商业设计中的表现，该作品在诡异的图形与色彩之中还包含着一种矢量图形所带来的理性的唯美感觉。他的作品展示网址是 www.garyfernandez.net 。

图 1-32　插画中对人形大胆的变形　　　　图 1-33　Gary Fernandez 的作品在商业设计中的表现

由于计算机图形是从科技和工业中产生的，"矢量艺术"这个概念缺乏艺术的遗传根源，商业是它最本质的发源因素，因此许多评论家认为它并不具备像传统绘画那样纯粹的艺术因素和美学地位。然而，当代艺术旨在挣脱传统的束缚，在艺术的观念和形式上都力求创新，它在更高意义上使艺术创作获得了前所未有的广阔空间。它的特点是：以更宽容的态度对待艺术问题和新出现的各种不同的艺术现象，更加尊重个性的表达，使多元并存成为广泛现象。艺术家们在传统与创新的交织之中可自由选择创作手法，充分体现艺术创作主体自然、真实的状态。在这个时代，电子传输媒介的不断发展使视觉符号的展现异彩纷呈，科技的迅猛发展不仅带来了记录方式和传播方式的变迁，也改变着人们对视觉符号的创作手法，对于视觉传播时代的新人类，矢量艺术是一种完全渗透到他们日常生活之中的视觉艺术，目前它作为流行艺术的一种主导创作手法，成千上万的年轻人（掌握美术基础或完全没有美术经验的）都在用它释放自己的想象力和心情，然而一切繁华与喧嚣终有安静下来的时候。往往是在人们对种种时尚的爱好成为过去之后，艺术作品作为文化结构的品质才能显露出来，因此，有一天它的艺术价值或许将打破它与生俱来的商业性，在艺术创作领域占据重要的地位。

1.4　练习

（1）简述数字图像的概念。

（2）图 1-33 是西班牙图形艺术家 Gary Fernandez 的作品，请在完成对本书的学习之后，应用 Illustrator 软件模仿制作图中"具有立体凸起感、内部包含着隐约的半透明几何图案、表面还有微妙的光影和色彩的变化"的矢量效果。

第 2 章　Illustrator CS4 的基本操作

本章重点：

本章将学习 Illustrator CS4 基本操作方面的相关知识，为后面章节的实例应用打下基础。

2.1　Illustrator CS4 的工作界面

启动 Illustrator CS4 后，将会进入启动界面，如图 2-1 所示。启动界面中部的主体部分列出了一些项目。其中，左边栏是最近打开的项目文件，右边栏是可以新建的各种格式的项目文件。将鼠标放置到相应项目上，该项目会以橘黄色高亮显示，单击即可新建该格式的文件。

图 2-1　启动界面

此外，通过菜单中的"新建"命令，也可新建文件。其方法如下：执行菜单中的"文件 | 新建"命令（快捷键〈Ctrl+N〉），将弹出"新建文档"对话框，如图 2-2 所示。

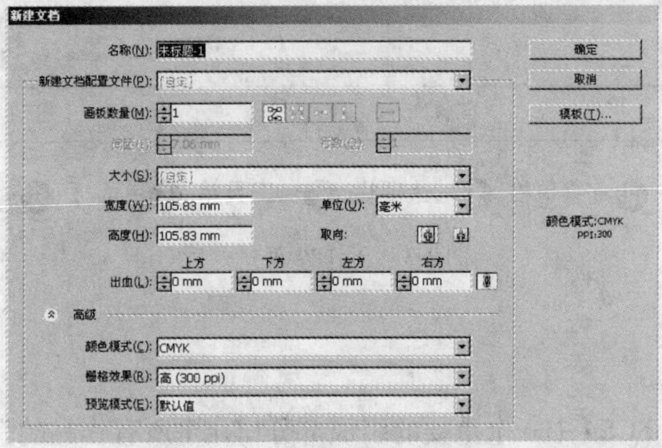

图 2-2　"新建文档"对话框

在"新建文档"对话框中设置文档的"名称"、"新建文档配置文件"、"大小"、"单位"、"取向"和"颜色模式"等参数后，单击"确定"按钮，将会新建一个当前工作文档，从而出现完整的工作界面。

图2-3为使用Illustrator CS4打开的一幅图像窗口。从图中可以看出，Illustrator CS4的工作界面包括标题栏、菜单栏、选项栏、工具箱、面板、状态栏等组成部分。下面重点介绍工具箱和面板。

❶－标题栏 ❷－菜单栏 ❸－选项栏 ❹－工具箱 ❺－面板 ❻－状态栏

图2-3 工作界面

2.1.1 工具箱

工具箱是Illustrator CS4中一个重要的组成部分，几乎所有作品的完成都离不开工具箱的使用。通过执行菜单中的"窗口|工具"命令，可以控制工具箱的显示和隐藏。

在默认状态下工具箱位于屏幕的左侧，用户可以根据需要将它移动到任意位置。工具箱中的工具用形象的小图标来表示。为了节省空间，Illustrator CS4 将许多工具隐藏起来，有些工具图标右下方有一个小三角形，表示包含隐藏工具的工具组。当按住该图标不放时就会弹出隐藏工具，如图 2-4 所示。单击工具箱最顶端的小图标，可将工具箱变成长单条或短双条结构。

工具箱中主要工具的功能和用途如下。

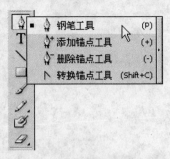

图 2-4　显示隐藏工具

选择工具

用来选择整个图形象。如果是成组后的图形，将选中一组对象。

直接选择工具

用于选择单个或几个节点，经常用于路径形状的调整。

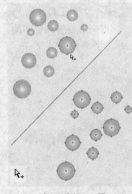

编组选择工具

用来选择编组中的子对象。单击编组中的一个对象，可以将其选中。双击这个对象，可以选中对象所在的编组。

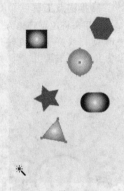

魔棒工具

用来选择具有相似填充、边线或透明属性的对象。

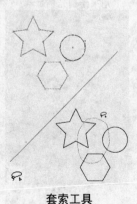

套索工具

利用该工具可以选择鼠标所选区域内的所有锚点，这些锚点可以位于一个对象，也可以位于多个对象。

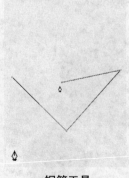

钢笔工具

绘制路径的基本工具，与添加锚点、删除锚点、转换锚点工具组合使用，可以生成复杂的路径。

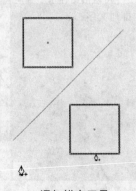

添加锚点工具

用于在已有路径上添加锚点。

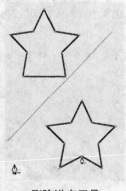

删除锚点工具

用来删除已有路径上的锚点。

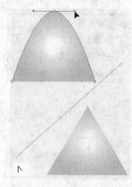

转换锚点工具

可用来将角点转化为平滑点，或将平滑点转化为角点。主要用于调整路径形状。

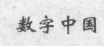

文字工具

用来书写排列整齐的点文字或段落文字。

直排文字工具

与文字工具相似，但文字排列方向为纵向，和古代文字写法一致。

区域文字工具

可以将文字约束在一定范围内，从而使版面更加生动。

直排区域文字工具

与区域文字工具类似，但文字排列方向为纵向。

路径文字工具

可以沿路径水平方向排列文字。

直排路径文字工具

可以沿路径垂直方向排列文字。

光晕工具

用来绘制光晕对象。

画笔工具

可用来描绘具有画笔外观的路径。Illustrator中共提供了4种画笔：书法、散点、艺术与图案。

铅笔工具

可用来绘制与编辑路径，在绘制路径时，节点随鼠标运动的轨迹自动生成。

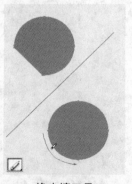

橡皮擦工具

用来擦除路径的一部分或全部。

镜像工具

可沿一条轴线翻转图形对象。

旋转工具

可沿自己定义的轴心点对图形及填充图案进行旋转。

比例缩放工具

可以改变图形对象及其填充图案的大小。

倾斜工具

可以倾斜图形对象。

渐变工具

用来调节渐变的起始和结束位置及方向。

网格工具

用来手动创建网格。

混合工具

可以在多个图形对象之间生成一系列的过渡对象，以产生颜色与形状上的逐渐变化。

剪刀工具

用来剪断路径。

美工刀工具

可以任意裁切图形对象。

自由变换工具

可以对图形对象进行缩放、旋转或倾斜变换。

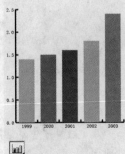

柱形图工具

9 种图表工具中的一种，用垂直的柱形图来显示或比较数据。

符号喷枪工具

用来在画面上施加符号对象。它与复制图形相比，可节省大量的内存，提高设备的运算速度。

符号旋转器工具

可用来旋转符号。

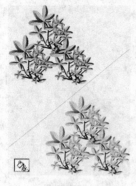

符号着色器工具

可用自定义的颜色对符号进行着色。

符号滤色器工具

可用来改变符号的透明度。

符号样式器工具

可用来对符号施加样式。

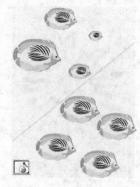

符号缩放器工具

可用来放大或缩小符号，从而使符号具有层次感。

符号移位器工具

用来移动符号。

符号紧缩器工具

可用来收拢或扩散符号。

扇贝工具

可在图形对象轮廓上添加一些类似扇贝壳表面的凹凸纹理。

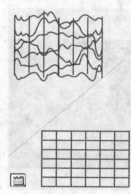

褶皱工具

可在图形对象轮廓上添加一些褶皱。

旋转扭曲工具

可使图形对象卷曲变形。

膨胀工具

可使图形对象膨胀变形。

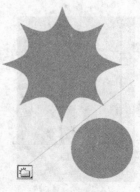

晶格化工具

可在图形对象轮廓上添加一些尖锥状的突起。

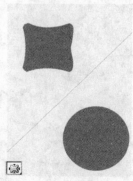

收缩工具

可使图形对象收缩变形。

缩放工具

在窗口中放大或缩小视野，以便查看图像局部细节或整体概貌，并不改变图形对象的大小。

抓手工具

用来移动画板在窗口中的显示位置，并不改变图形对象在画板中的位置。

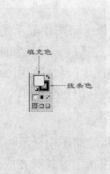

填充与线条选择

其下有 6 个按钮。第 1 排█显示当前填充的状态，█可为选定对象应用渐变填充，☑可使对象无填充色或线条色；第 2 排 3 个按钮用于在不同模式下切换。

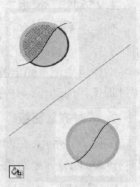

实时上色工具

使用不同颜色为每个路径段描边，并使用不同的颜色、图案或渐变填充每个封闭路径。

实时上色选择工具

用于选择实时上色后的线条或填充，以便进行修改。

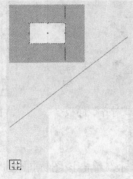

裁剪区域工具

可利用自定义特征或预定义特征绘制多个裁剪区域。可以快速创建完全裁剪到选区的单页 PDF，使其能够存储供客户和同事查看的图稿变化。

平滑工具

用于对路径进行平滑处理。

度量工具

用于测量两点之间的距离。

2.1.2　面板

Illustrator CS4 将面板缩小为图标，在这种情况下，单击相应的图标，会显示出相关的面板。并不是所有的面板都会出现在屏幕上，用户可以通过"窗口"菜单下的命令调出或关闭相关的面板。

下面简单介绍一下各个面板的功能。

1. "动作"面板

如图 2-5 所示，在面板缩略图中显示为 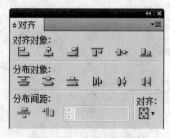 图标，单击该图标即可调出"动作"面板。使用"动作"面板可以记录、播放、编辑和删除动作，还可以用来存储和载入动作文件。

动作用来记录固定的工作流程（使用命令和工具的过程）。对于重复性的工作而言，将操作过程保存为动作，并在自动任务中加以调用，可以大大提高工作效率。

2. "对齐"面板

如图 2-6 所示，在面板缩略图中显示为 图标，单击该图标即可调出"对齐"面板。利用"对齐"可以将多个对象按指定方式对齐或分布。

3. "外观"面板

如图 2-7 所示，在面板缩略图中显示为 图标，单击该图标即可调出"外观"面板。"外观"面板中以层级方式显示了被选择对象的所有外观属性，包括描边、填充、样式、效果等，用户可以很方便地选择外观属性进行修改。

图 2-5　"动作"面板　　　　图 2-6　"对齐"面板　　　　图 2-7　"外观"面板

4. "属性"面板

如图 2-8 所示，在面板缩略图中显示为 图标，单击该图标即可调出"属性"面板。"属性"面板的主要功能是设置选定对象的一些显示属性。使用该面板中的选项，可以选择显示或者隐藏选定对象的中心点，可以通过"叠印填充"复选框来决定是否显示或者打印叠印，还可以为多个 URL 链接建立图像映射。

5. "画笔"面板

如图 2-9 所示，在面板缩略图中显示为 图标，单击该图标即可调出"画笔"面板。画笔是用来装饰路径的，可以使用"画笔"面板来管理文件中的画笔，可以对画笔进行添加、修改、删除和应用等操作。

6. "颜色"面板

如图 2-10 所示，在面板缩略图中显示为 图标，单击该图标即可调出"颜色"面板。可以在"颜色"面板中基于所选颜色模式来定义或调整填充色与描边色，也可以通过拖动滑块或输入数字来调整颜色，还可以直接选取色样。具体用法可参见 2.3.2 节。

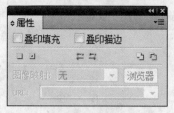
图 2-8　"属性"面板

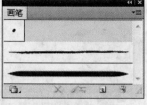
图 2-9　"画笔"面板

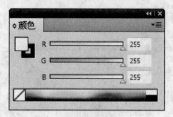
图 2-10　"颜色"面板

7．"文档信息"面板

如图 2-11 所示，在面板缩略图中显示为 图标，单击该图标即可调出"文档信息"面板。用户可以在"文档信息"面板中查看文件的多种信息，包括文件存储在磁盘上的位置、颜色模式等。

8．"渐变"面板

如图 2-12 所示，在面板缩略图中显示为 图标，单击该图标即可调出"渐变"面板。"渐变"面板用来定义或修改渐变填充色。它有"线性"和"径向"两种渐变类型可以选择。

9．"信息"面板

如图 2-13 所示，在面板缩略图中显示为 图标，单击该图标即可调出"信息"面板。"信息"面板用来查看所选择对象的位置、大小、描边色、填充色及某些测量信息。

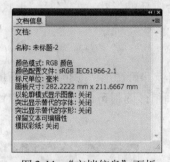
图 2-11　"文档信息"面板

图 2-12　"渐变"面板

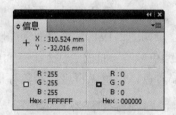
图 2-13　"信息"面板

10．"图层"面板

如图 2-14 所示，在面板缩略图中显示为 图标，单击该图标即可调出"图层"面板。"图层"面板是用来管理层及图形对象的。"图层"面板显示了文件中的所有层及层上的所有对象，包括这些对象的状态（如隐藏与锁定）、它们之间的相互关系等。为了便于区分，Illustrator CS4 用不同的颜色标明了不同的父图层。对于父图层下面的子图层则显示与父图层相同的颜色。

11．"链接"面板

如图 2-15 所示，在面板缩略图中显示为 图标，单击该图标即可调出"链接"面板。"链接"面板显示了文档中所有链接与嵌入的图像。如果链接图像被更新或丢失，会给出相应的提示。

12．"魔棒"面板

如图 2-16 所示，在面板缩略图中显示为 图标，单击该图标即可调出"魔棒"面板。"魔棒"面板相当于 (魔棒工具）的选项设置窗口，从中可以设置属性相似对象的相关条件。

图2-14 "图层"面板

图2-15 "链接"面板

图2-16 "魔棒"面板

13．"导航器"面板

如图2-17所示，在面板缩略图中显示为 图标，单击该图标即可调出"导航器"面板。使用"导航器"面板可以方便地控制屏幕中画面的显示比例及显示位置。

14．"路径查找器"面板

如图2-18所示，在面板缩略图中显示为 图标，单击该图标即可调出"路径查找器"面板。利用"路径查找器"面板可以将多个路径以多种方式组合成新的形状。它包括"形状模式"和"路径查找器"两大类。具体用法可参见2.3.1节。

15．"颜色参考"面板

如图2-19所示，在面板缩略图中显示为 图标，单击该图标即可调出"颜色参考"面板。"颜色参考"面板会基于工具面板中的当前颜色来调整颜色。利用该面板可以用这些颜色对图稿着色，也可以将这些颜色存储为色板。

图2-17 "导航器"面板

图2-18 "路径查找器"面板

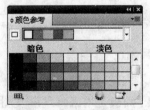
图2-19 "颜色参考"面板

16．"描边"面板

如图2-20所示，在面板缩略图中显示为 图标，单击该图标即可调出"描边"面板。"描边"面板用来定义边线的各种属性，如粗细、线型、描边位置、端点和拐角等。

"描边"面板中的端点有 平头端点、 圆头端点和 方头端点3种类型，图2-21为各种端点类型的效果比较。"描边"面板中的连接有 斜接连接、 圆角连接和 斜角连接3种类型，图2-22为各种连接类型的效果比较。

图 2-20　"描边"面板

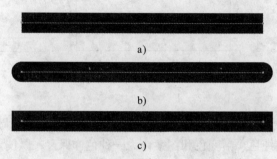

图 2-21　各种端点类型的效果比较

a）📋平头端点　　　b）📋圆头端点　　　c）📋方头端点

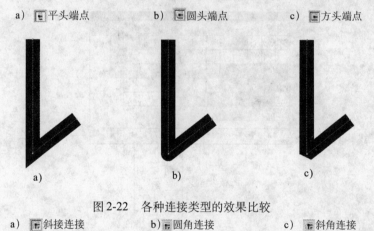

图 2-22　各种连接类型的效果比较

a）📋斜接连接　　　b）📋圆角连接　　　c）📋斜角连接

17. "图形样式"面板

如图 2-23 所示，在面板缩略图中显示为💠图标，单击该图标即可调出"图形样式"面板。"图形样式"面板可以将对象的各种外观属性作为一个样式来保存，以便于快速应用到对象上。

18. "SVG 交互"面板

如图 2-24 所示，在面板缩略图中显示为💠图标，单击该图标即可调出"SVG交互"面板。当输出用于网页浏览的SVG图像时，可以利用"SVG交互"面板添加一些用于交互的JavaScript代码（如鼠标响应事件）。

19. "变量"面板

如图 2-25 所示，在面板缩略图中显示为💠图标，单击该图标即可调出"变量"面板。文档中每个变量类型和名称均列在"变量"面板中，可以使用"变量"面板来处理变量和数据组。如果将变量绑定到一个对象上，则"对象"列将显示绑定对象在"图层"面板中显示的名称。

图 2-23 "图形样式"面板　　　图 2-24 "SVG 交互"面板　　　图 2-25 "变量"面板

20. "色板"面板

如图 2-26 所示，在面板缩略图中显示为 ▦ 图标，单击该图标即可调出"色板"面板。"色板"面板可以将调制好的纯色、渐变色和图案作为一种色样保存，以便于快速应用到对象上。具体用法可参见 2.3.2 节。

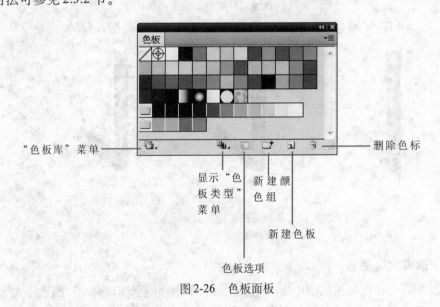

图 2-26　色板面板

21. "符号"面板

如图 2-27 所示，在面板缩略图中显示为 ♣ 图标，单击该图标即可调出"符号"面板。符号用来表现具有相似特征的群体，可以将 Illustrator CS4 中绘制的各种图形对象作为符号来保存。

22. "变换"面板

如图 2-28 所示，在面板缩略图中显示为 ▦ 图标，单击该图标即可调出"变换"面板。"变换"面板提供了被选择对象的位置、尺寸和方向等信息。利用变换面板可以精确地控制变换操作。

23. "透明度"面板

如图 2-29 所示，在面板缩略图中显示为 图标，单击该图标即可调出"透明度"面板。"透明度"面板可用来控制被选择对象的透明度与混合模式，还可用来创建不透明度蒙版。

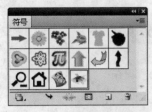

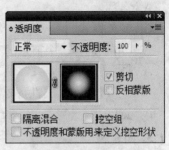

图 2-27　"符号"面板　　　　图 2-28　"变换"面板　　　　图 2-29　"透明度"面板

24. "字符"面板

如图 2-30 所示，在面板缩略图中显示为 图标，单击该图标即可调出"字符"面板。"字符"面板提供了格式化字符的各种选项（如字体、字号、行间距、字间距、字距微调、字体拉伸和基线移动等）。

25. "段落"面板

如图 2-31 所示，在面板缩略图中显示为 图标，单击该图标即可调出"段落"面板。使用"段落"面板可对文字对象中的段落文字设置格式化选项。

图 2-30　"字符"面板　　　　　　　图 2-31　"段落"面板

2.1.3　课后练习

1. 填空题

（1）Illustrator CS4 的工作界面包括 ＿＿＿＿、＿＿＿＿、＿＿＿＿、＿＿＿＿、＿＿＿＿、＿＿＿＿ 等组成部分。

（2）描边面板中的"端点"有 _____、_____ 和 _____ 3种类型。

2．选择题

（1）在"新建文档"对话框中，可以指定文档的参数有（　　）。

A．名称　　　　　　　　　　　　B．大小

C．颜色模式　　　　　　　　　　D．单位

（2）用于选择单个节点的工具为（　　）。

A．　　　　　B．　　　　　C．　　　　　D．

（3）下列（　　）属性可以在"描边"面板中进行定义。

A．宽度　　　　　　B．长度　　　　　C．端点　　　　　D．拐角

3．简答题

（1）如何将Illustrator CS4工具箱中的隐藏工具调出来？

（2）简述工具箱中各工具的使用方法。

2.2　基本工具的使用

作为一款矢量图绘制软件，绘制图形是Illustrator CS4的一项基本功能。任何一个精美的、复杂的图形都是由若干个基本图形组合而成的，所以掌握绘制基本图形的方法和技巧是一个图形设计者的基本功。利用Illustrator CS4提供的绘图工具，可以绘制丰富多样、用途各异的基本图形，比如矩形、圆、椭圆、多边形、星形、直线、弧线、螺旋线及任意形状的图形等。

2.2.1　绘制线形

线形是平面设计中经常会用到的一种基本图形。在Illustrator CS4的工具箱中提供了多种绘制线形的工具，利用它们可以绘制直线、弧线和螺旋线等。

1．绘制直线

直线是平面设计中最简单、最基本的图形对象。绘制直线使用的是工具箱中的（直线段工具），如图2-32所示。

绘制直线的具体操作步骤如下：

1）选择工具箱中的（直线段工具），光标将变成十字形。然后按照两点确定一条直线的原则，在画布上任意一点单击鼠标左键，作为直线的起始点。再拖动鼠标，当到达直线的终止点后释放鼠标左键，即可完成任意长度、任意倾角的直线绘制，如图2-33所示。

2）在拖动鼠标绘制直线的过程中，结合〈Shift〉、〈Alt〉、〈~〉等功能键可以得到一些具有特殊效果的直线。比如，在拖动鼠标绘制直线的过程中按住〈Shift〉键，可以得到水平、垂直方向或者倾角为45°的直线，如图2-34所示。按住〈Alt〉键，可以得到以单击点为中心的直线。

3）用拖动鼠标的方法只能粗略地绘制直线，当需要精确指定直线的长度和方向时，可以选择（直线段工具），单击画布的任意位置，此时会弹出如图2-35所示的对话框。

图 2-32　选择"直线段工具"　　　　图 2-33　绘制直线　　　　图 2-34　绘制 45° 的直线

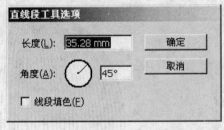

图 2-35　"直线段工具选项"对话框

4）在该对话框中，"长度"文本框用于设定直线的长度，"角度"文本框用于设定直线的角度。设定完毕后，单击"确定"按钮，即可精确地绘制所需的直线。

2. 绘制弧线

弧线也是一种重要的基本图形，直线可以看作是弧线的一种特殊情况，所以弧线有着更为广泛的用途。Illustrator CS4 提供的绘制弧线的方法很丰富，利用这些方法，可以绘制出长短不一、形状各异的弧线。

绘制弧线的具体操作步骤如下：

1）选择工具箱中的 ⌐（弧线工具），如图 2-36 所示，然后在画布上拖动鼠标，从而形成弧线的两个端点。在两个端点之间，将会自然形成一段光滑的弧线。图 2-37 为使用 ⌐（弧线工具）绘制的弧线。

2）在拖动鼠标的过程中，按住键盘上的〈Shift〉、〈Alt〉、〈~〉等功能键，以及〈C〉、〈F〉键等，可以得到一些具有特殊效果的弧线。比如，在拖动鼠标绘制弧线时，按住〈Shift〉键，将得到在水平和垂直方向长度相等的弧线，如图 2-38 所示；按住〈Alt〉键，可以得到以单击点为中心的弧线；按住〈C〉键，可以通过增加两条水平和垂直的直线，得到封闭的弧线，如图 2-39 所示；按住〈~〉键，可以同时绘制得到多条弧线，从而制作出特殊的效果，如图 2-40 所示；按住〈F〉键，则可以改变弧线的凹凸方向；按住上、下方向键，则可以增加或减少弧度。

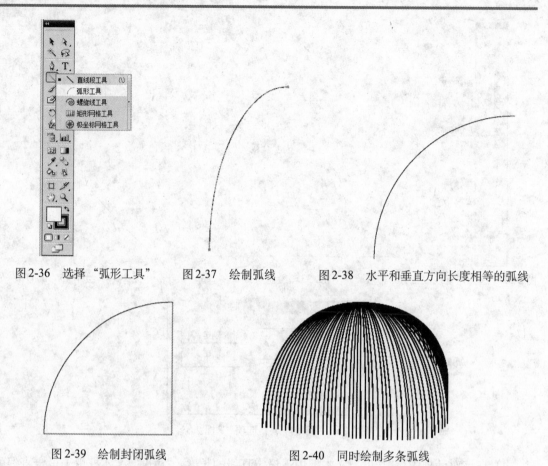

图 2-36   选择"弧形工具"   图 2-37   绘制弧线   图 2-38   水平和垂直方向长度相等的弧线

图 2-39   绘制封闭弧线   图 2-40   同时绘制多条弧线

3）利用拖动鼠标的方法只能粗略地绘制弧线。当需要精确指定弧线的长度和方向时，可以在选择 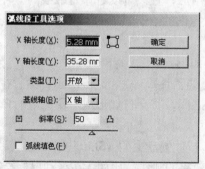（弧线工具）的情况下，单击画布的任意位置，此时会弹出如图 2-41 所示的对话框。

图 2-41   "弧线段工具选项"对话框

4）在该对话框中，可以精确设定弧线各轴向的长度、凹凸方向和弯曲程度。

3. 绘制螺旋线

相对于直线和弧线而言，螺旋线是一种并不常用的线形。但在某些场合下，它也是必不可少的一种线形。

绘制弧线的具体操作步骤如下：

1) 选择工具箱中的 （螺旋线工具），如图 2-42 所示。然后在要绘制的螺旋线中心处按住鼠标左键在画布上拖动，接着释放鼠标即可绘制出螺旋线，如图 2-43 所示。

2) 在绘制螺旋线的过程中，通过配合键盘上不同的键，可以实现某些特殊效果。比如，按上、下方向键，可以增加或减少螺旋线的圈数；按住〈~〉键，将会同时绘制出多条螺旋线；在绘制螺旋线的过程中，按住空格键，会"冻结"正在绘制的螺旋形，此时可以在屏幕上任意移动，当松开空格键后可以继续绘制螺旋线；按住〈Shift〉键，可以使螺旋线以 45°的增量旋转；按住〈Ctrl〉键，可以调整螺旋线的紧密程度。

3) 用拖动鼠标的方法只能粗略地绘制螺旋线。当需要精确指定螺旋线的长度和方向时，可以在选中 （螺旋线工具）的情况下，单击画布的任意位置。此时会弹出如图 2-44 所示的对话框，可以通过详细设置该对话框中的参数来精确绘制所需的螺旋线。

图 2-42　选择"螺旋线工具"

4) 在该对话框中，"半径"用于设置螺旋线的半径值，即螺旋线中心点到螺旋线终止点之间的直线距离，如图 2-45 所示；"衰减"用于为螺旋线指定一个所需的衰减度；"段数"用于设定螺旋线的段数；"样式"用于设置螺旋线旋转方向，有顺时针和逆时针两个选项供用户选择。

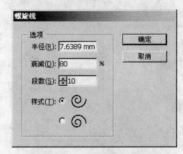

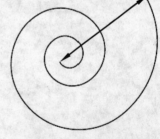

图 2-43　绘制螺旋线　　　　图 2-44　设置螺旋线参数　　　　图 2-45　半径的范围

2.2.2　绘制图形

本节所指的"图形"是一个狭义的概念，是指使用绘图工具绘制的、封闭的、可直接设置填充和线型的基本图形，包括矩形、圆、椭圆、多边形和星形等。通过这些基本的图形，可以组合出丰富多彩的复杂图形。

1. 绘制矩形

绘制矩形有两种方法：第 1 种是在屏幕上拖动鼠标绘制出矩形或圆角矩形；第 2 种是使用数值绘制矩形或圆角矩形。当只需粗略地确定矩形大小的时候，用前一种方法更为快捷；当需要精确指定矩形的长和宽的时候，用后一种方法更为精确。

绘制矩形的具体操作步骤如下：

1）选择工具箱上的 ▭（矩形工具），如图 2-46 所示，光标将变成十字形。然后在画布上的某一点处按下鼠标左键，往任意方向拖动，此时将会出现蓝色的矩形框，如图 2-47 所示。

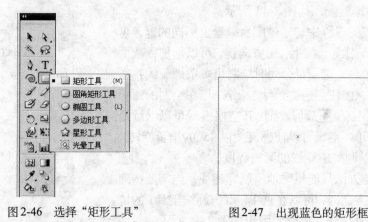

图 2-46 选择"矩形工具"   图 2-47 出现蓝色的矩形框

2）当最终确定矩形的大小后，在矩形起始点的对角点处释放鼠标左键，即可完成矩形的绘制，如图 2-48 所示。

提示：在拖动鼠标的同时，按住〈Shift〉键，就可以绘制出正方形，如图 2-49 所示；按住〈Alt〉键，将从中心开始绘制矩形；按住空格键，就会暂时"冻结"正在绘制的矩形，此时可以在屏幕上任意移动预览框的位置，松开空格键后可以继续绘制矩形。

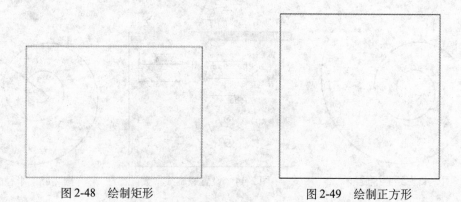

图 2-48 绘制矩形   图 2-49 绘制正方形

3）如果需要精确地绘制矩形，即要精确地指定矩形的长和宽，可以选择工具箱上的 ▭（矩形工具），在屏幕上任一位置单击鼠标左键，此时，将会弹出如图 2-50 所示的对话框。

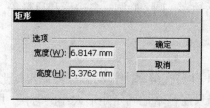

图 2-50 "矩形"对话框

4）在该对话框中，"宽度"文本框用于设置矩形的宽度值，"高度"文本框用于设置矩形的高度。设置完成后，单击"确定"按钮即可。

2．绘制圆角矩形

绘制圆角矩形的基本操作方法与绘制矩形的基本一致，其具体操作步骤如下：

1）选择工具箱上的▢（圆角矩形工具），如图2-51所示。然后在画面上拖动，当松开鼠标后即可绘制出一个圆角矩形，如图2-52所示。

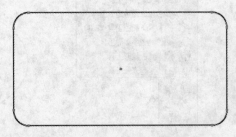

图2-51　选择"圆角矩形"工具　　　　　　图2-52　绘制圆角矩形

2）如果需要精确地绘制圆角矩形，即要精确地指定圆角矩形的长、宽及圆角半径的值，可以选择工具箱上的▢（圆角矩形工具），在屏幕上任意位置单击鼠标左键，此时会弹出如图2-53所示的对话框。

图2-53　"圆角矩形"对话框

3）在该对话框中，"宽度"文本框用于设置圆角矩形的宽度值，"高度"文本框用于设置圆角矩形的高度，"圆角半径"文本框用于指定圆角矩形的圆角半径。设置完成后，单击"确定"按钮即可。

3．绘制圆和椭圆

与绘制矩形和圆角矩形一样，绘制圆和椭圆也有两种方法。第1种是在屏幕上拖动鼠标绘制圆和椭圆；第2种是使用数值绘制圆和椭圆。当只需粗略确定圆和椭圆大小的时候，用前一种方法更快捷；当需要精确指定椭圆长和宽的值时，用后一种方法更精确。

1）选择工具箱上的 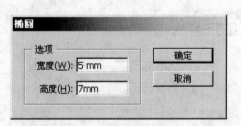（椭圆工具），如图2-54所示。然后按住鼠标左键，在画布上拖动，当达到所需的大小后释放鼠标，即可完成椭圆的绘制，如图2-55所示。

> **提示**：在拖动鼠标时按住〈Shift〉键，即可绘制出一个标准的圆；按住〈Alt〉键，将不是从左上角开始绘制椭圆，而是从中心开始；按住空格键，会"冻结"正在绘制的椭圆，可以在屏幕上任意移动预览图形的位置，松开空格键后可以继续绘制椭圆。

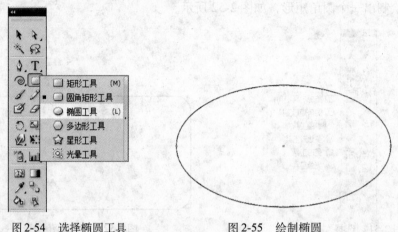

图2-54　选择椭圆工具　　　　　　　　图2-55　绘制椭圆

2）如果需要精确地绘制圆或椭圆（即要精确指定圆的半径或椭圆的长短轴），可以选择工具箱上的（椭圆工具），在屏幕上任意位置单击鼠标左键，此时将会弹出如图2-56所示的对话框。

图2-56　"椭圆"对话框

3）在该对话框中，不是通过直接指定圆的半径或椭圆的长短轴来确定圆或椭圆的大小，而是通过指定圆或椭圆的外接矩形的长和宽来确定圆或椭圆的大小。其中，"宽度"文本框用于设置外接矩形的宽度值，"高度"文本框用于设置外接矩形的高度值。设置完毕后，单击"确定"按钮即可。

4. 绘制星形

星形是常用的图形之一，在Illustrator CS4中提供了专门绘制星形的工具。

绘制星形的具体操作步骤如下：

1）选择工具箱上的（星形工具），如图2-57所示。然后在画布的任意位置进行拖动，最后释放鼠标即可绘制出星形，如图2-58所示。

图2-57　选择"星形工具"　　　　　　　图2-58　绘制星形

　　提示：在绘制星形的过程中，可以按向上或向下的箭头键增加和减少星形的边数；按住〈Ctrl〉键，可以在不改变内径大小的情况下改变外径的大小。

　　2）如果要精确绘制星形，可以选择工具箱上的 ☆（星形工具），然后在画布的任意位置单击，将会弹出如图 2-59 所示的对话框。

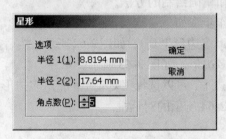

图2-59　"星形"对话框

　　3）在"星形"对话框中，可以通过"角点数"文本框选取或输入所需要绘制的星形的外凸点数。比如，绘制五角星，则此处设置为5。图 2-60 为使用 ☆（星形工具）绘制的不同角点数的星形。

图2-60　绘制不同角点数的星形

　　4）在"星形"对话框中，"半径1"文本框用于输入星形的内凹半径，即内凹点到中心点的距离；"半径2"文本框用于输入星形的外凸半径，即外凸点到中心点的距离，如图2-61所示。

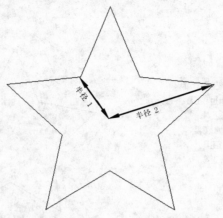

图 2-61   "半径 1"和"半径 2"的范围

5）在拖动鼠标的过程中按住键盘上的〈~〉键，可以同时绘制出多个星形，从而形成一些特殊的效果。

5. 绘制多边形

在 Illustrator CS4 中，可以绘制任意边数的正多边形。与绘制矩形和椭圆的方法类似，也分为拖动鼠标绘制的方法和精确绘制的方法。

绘制多边形的具体操作步骤如下：

1）选择工具箱上的 ⬡ (多边形工具)，如图 2-62 所示。然后按住鼠标左键在画布上拖动，最后释放鼠标即可绘制出多边形，如图 2-63 所示。

2）如果要精确绘制多边形，可以选择工具箱上的 ⬡ (多边形工具)，在画布的任何位置单击鼠标，此时会弹出如图 2-64 所示的对话框。

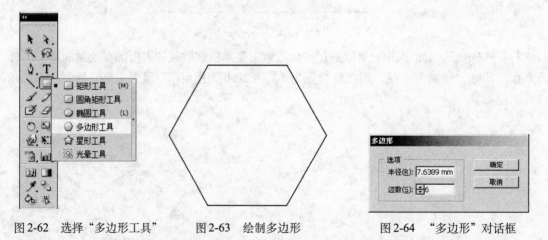

图 2-62　选择"多边形工具"　　　　图 2-63　绘制多边形　　　　图 2-64　"多边形"对话框

3）在"多边形"对话框中，可以在"边数"文本框中选取或者输入所需绘制的正多边形的边数；可以在"半径"文本框中输入正多边形外接圆的半径。设置完毕后，单击"确定"按钮即可。

　　4) 在绘制的过程中，左右移动鼠标可以转动多边形，从而形成非规则放置的多边形，如图 2-65 所示。在拖动鼠标的过程中，按住键盘上的〈~〉键，可以同时绘制出多个多边形，从而形成一些特殊的效果，如图 2-66 所示。

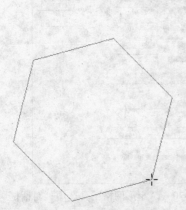 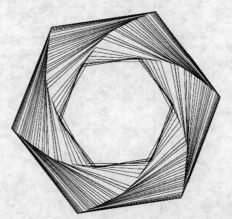

　　图 2-65　绘制非规则放置的多边形　　　　　图 2-66　同时绘制多个多边形

2.2.3　绘制网格

　　在平面设计中，网格是经常用到的。矩形网格和极坐标网格是最常用的两种网格。使用 ▦（矩形网格工具）和 ⊛（极坐标网格工具）能够快速地绘制出矩形网格和极坐标网格。

1. 绘制矩形网格

　　绘制矩形网格的具体操作步骤如下：

　　1) 选择工具箱上的 ▦（矩形网格工具），如图 2-67 所示。然后在画布上拖动鼠标，可以通过确定的两个对角点来确定矩形网格的位置和大小，所绘制的矩形网格如图 2-68 所示。

 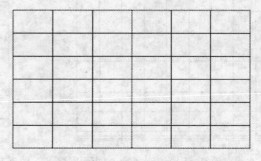

　　图 2-67　选择"矩形网格工具"　　　　　图 2-68　绘制矩形网格

　　2) 在拖动鼠标绘制矩形网格的过程中，如果按住键盘上的〈Shift〉键可以得到正方形网格，如图 2-69 所示；如果按住键盘上的向上箭头键可以增加矩形网格的行数，按住键盘上的向下箭头键可以减少矩形网格的列数。

3）如果要精确绘制矩形网格，可以选择工具箱上的 ▦（矩形网格工具），然后在画布的任意位置单击，此时会弹出如图 2-70 所示的对话框。

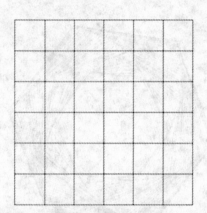

图 2-69　正方形网格

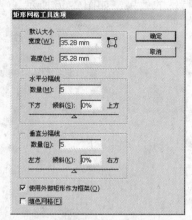

图 2-70　"矩形网格工具选项"对话框

4）在该对话框中，"默认大小"选项组用于设置矩形网格的宽度和高度；"水平分隔线"选项组中的"数量"文本框用于设置水平分隔线的数目，"倾斜"文本框用于指定水平分隔线与网格的水平边缘的距离；"垂直分隔线"选项组中的"数量"文本框用于设置垂直分隔线的数目，"倾斜"文本框用于设置垂直分隔线与网格垂直边缘的距离。如果将水平"倾斜（S）"值设为 60%，将会得到如图 2-71 所示的矩形网格；如果将垂直"倾斜（K）"值设为 60%，将会得到如图 2-72 所示的矩形网格。

提示：在绘制矩形网格的过程中，利用键盘上的向上和向下箭头键同样可以得到如图 2-71 和图 2-72 所示的效果。

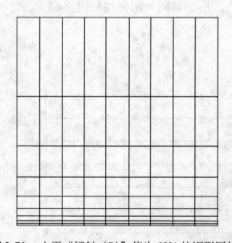

图 2-71　水平"倾斜（S）"值为 60% 的矩形网格

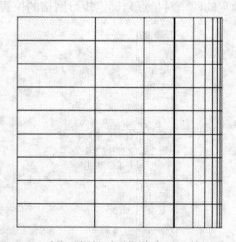

图 2-72　垂直"倾斜（K）"值为 60% 的矩形网格

5）如果在该对话框中选中了"使用外部矩形作为框架"复选框，则将矩形网格最外层的矩形作为整个网格的边框；如果选中了"填充网格"复选框，则将填充网格。图 2-73 所示为填充了的矩形网格。

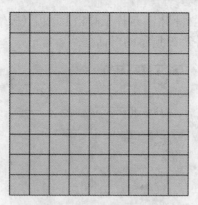

图 2-73　填充了的矩形网格

2. 绘制极坐标网格

绘制极坐标网格的具体操作步骤如下：

1）选择工具箱上的 📧（极坐标网格工具），如图 2-74 所示。然后在画布上拖动鼠标，可以通过确定外轮廓圆的外接矩形的两个对角点来确定极坐标网格的位置和大小，所绘制的极坐标网格如图 2-75 所示。

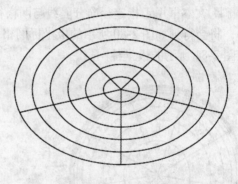

图 2-74　选择"极坐标网格工具"　　　图 2-75　绘制极坐标网格

2）在拖动鼠标绘制极坐标网格的过程中，如果按住键盘上的〈Shift〉键，可以得到外轮廓为正圆的极坐标网格，如图 2-76 所示；如果按住键盘上的向上箭头键，可以增加极坐标网格同心圆的数目，如图 2-77 所示；如果按住键盘上的向右箭头键，可以增加极坐标网格射线的数目，如图 2-78 所示。

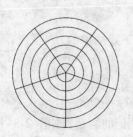 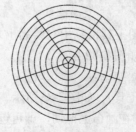 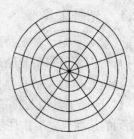

图 2-76　外轮廓为正圆的极坐标网格　图 2-77　增加极坐标的同心圆　图 2-78　增加极坐标的网格射线

3）如果要绘制精确的极坐标网格，选择工具箱上的 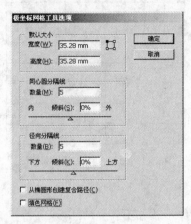（极坐标网格工具），然后在画布的任意位置单击，将会弹出如图 2-79 所示的对话框。

图 2-79　"极坐标网格工具选项"对话框

4）在该对话框中，"默认大小"选项组用于设置极坐标网格外接矩形的宽度和高度；"同心圆分隔线"选项组中的"数量"文本框用于指定分隔线的数目，"倾斜"文本框用于指定分隔线与网格轴向边缘的距离；"径向分隔线"选项组中的"数量"文本框用于指定径向分隔线的数目，"倾斜"文本框用于指定径向分隔线与网格径向起点的距离。如果将水平"倾斜（S）"值设为 60%，将会得到如图 2-80 所示的极坐标网格；如果将垂直"倾斜（K）"值设为 60%，将会得到如图 2-81 所示的极坐标网格。

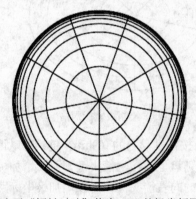

图 2-80　水平"倾斜（S）"值为 60% 的极坐标网格　　图 2-81　垂直"倾斜（K）"值为 60% 的极坐标网格

2.2.4　光晕工具

光晕工具是一种很特殊的绘图工具，利用它绘制出来的图形不是简单的基本图形，而是一种具有闪耀效果的复杂形体，如图 2-82 所示。

绘制光晕效果的具体操作步骤如下：

1）选择工具箱上的 （光晕工具），如图 2-83 所示。此时，光标将变成一个实十字和虚十字相间的形状，然后按住鼠标左键在画布上拖动，即可进行光晕图形的绘制，如图 2-84 所示。

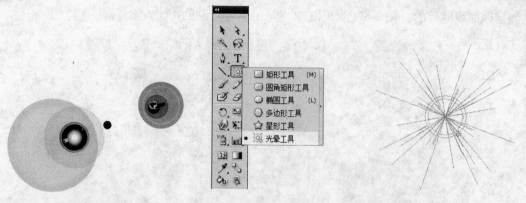

图 2-82 光晕效果   图 2-83 选择"光晕工具"   图 2-84 绘制光晕图形的过程

2）在拖动鼠标绘制的过程中，可以以图形的中心转动图形。如果不想旋转闪耀图形，可按住键盘上的〈Shift〉键；如果在拖动鼠标的过程中按住空格键，就会暂停绘制操作，并可在页面上任意移动未绘制完成的闪耀图形；按住向下箭头键，则可以减少闪耀图形的射线数目；如果当前的闪耀图形满足要求，即可释放鼠标左键，结果如图 2-85 所示。

3）此时，并没有完成闪耀图形的绘制，要完成最终的闪耀图形，必须双击所绘制的闪耀图形的框架图，然后在弹出的如图 2-86 所示的对话框中进行设置，设置完成后单击"确定"按钮即可。

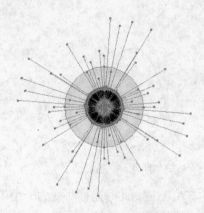

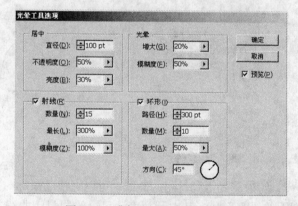

图 2-85 绘制完成效果   图 2-86 "光晕工具选项"对话框

2.2.5 徒手绘图与修饰

在平面设计中，并非所有的线条都类似直线、椭圆的规则图形，更多的时候需要用灵巧的双手和铅笔等作图工具，来完成一些不规则的图形。本节将讲解 📝（铅笔工具）、📝（平滑工具）和 📝（擦除工具）的使用。

1．使用 📝（铅笔工具）

使用 📝（铅笔工具）可以随意绘制出自由不规则的曲线路径。在绘制的过程中，Illustrator CS4 会自动依据鼠标的轨迹来设定节点生成路径。铅笔工具既可以绘制闭合路径，又可以绘制开放路径。并且铅笔工具还可以将已存在曲线的节点作为起点，延伸绘制出新的曲线，从而达到修改曲线的目的。图2-87为使用 ▨（铅笔工具）绘制的4帧人物原画。

图2-87　4帧人物原画

铅笔工具的具体使用方法如下：

1）选择工具箱上的 ▨（铅笔工具），如图2-88所示，此时光标将变为 ✐。然后在合适的位置按下鼠标左键拖动鼠标绘制路径，接着释放鼠标完成曲线的绘制，如图2-89所示。

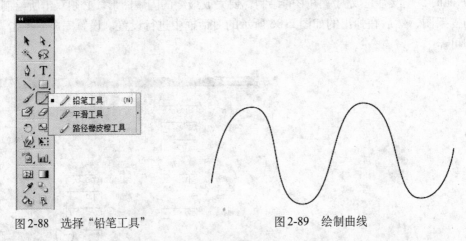

图2-88　选择"铅笔工具"　　　　　　图2-89　绘制曲线

2）如果需要得到封闭的曲线，可以在拖动鼠标时按住〈Alt〉键，此时光标将变为一个带有圆圈的铅笔形状，其中圆圈表示可以绘制封闭曲线。在这种状态下，系统将会自动将曲线的起点和终点用一条直线连接起来，从而形成封闭的线，如图2-90所示。

3）另外，使用 ▨（铅笔工具）在封闭图形上的两个节点之间拖动，可以修改图形的形状。图2-91所示为经过铅笔适当修改后的形状。

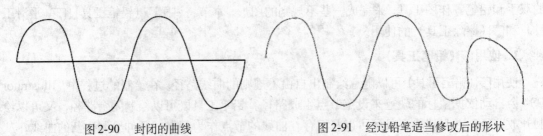

图2-90　封闭的曲线　　　　　　图2-91　经过铅笔适当修改后的形状

提示：必须选中需要更改的图形才可以改变图形的形状。

4）在使用铅笔工具时，还可以对铅笔工具进行参数预置。其具体方法是：双击工具箱上的 ✐（铅笔工具），此时会弹出如图 2-92 所示的对话框。

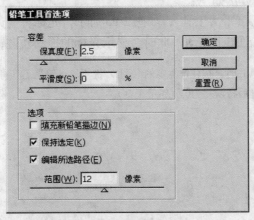

图 2-92　"铅笔工具选项"对话框

5）在该对话框中有"容差"和"选项"两个选项组。其中，"容差"选项组中的"保真度"用来设置由铅笔工具绘制得到的曲线上的点的精确度，单位为像素，取值范围为 0.5~20。值越小，所绘制的曲线将越粗糙。图 2-93 为不同"保真度"的比较效果。

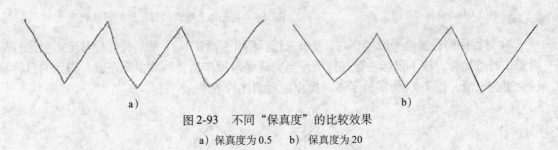

图 2-93　不同"保真度"的比较效果

a）保真度为 0.5　b）保真度为 20

"容差"选项组中的"平滑度"用于指定所绘制曲线的平滑程度。值越大，所得到的曲线就越平滑。图 2-94 为设定了不同平滑度的效果。

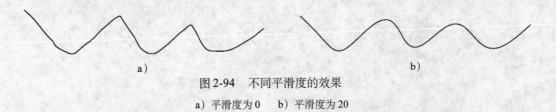

图 2-94　不同平滑度的效果

a）平滑度为 0　　b）平滑度为 20

在"选项"选项组中，选中"保持选定"复选框，可以保证曲线在绘制完毕后自动处于被选取状态；选中"编辑所选路径"复选框，表示可对选中的曲线进行再次编辑。

2. 使用 ✎ (平滑工具)

在使用鼠标徒手绘制图形时，往往不能够像现实中使用铅笔或钢笔那样得心应手，此时可以使用 ✎ (平滑工具)，以使曲线变得更平滑。

平滑工具的具体使用方法如下：

1) 选择工具箱上的 ✎ (平滑工具)，如图 2-95 所示，光标将变为带有螺纹图案的铅笔形状。然后按住鼠标左键在画布上拖动，此时会显示光标的拖动轨迹，如图 2-96 所示。

提示： 在使用 ✎ (铅笔工具) 时，按住键盘上的〈Alt〉键不放，铅笔工具将变成 ✎ (平滑工具)；而释放键盘上的〈Alt〉键后将恢复为 ✎ (铅笔工具)。

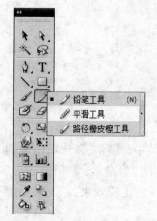

图 2-95　选择"平滑工具"　　　　图 2-96　在画布上拖动时显示出的拖动轨迹

2) 对目标路径实施平滑操作时，要首先选择 ✎ (平滑工具)，然后将光标移至需要进行平滑操作的路径旁，按下鼠标左键并拖动。当完成平滑操作后，释放鼠标左键，得到的目标路径会更为平滑。图 2-97 为实施了平滑操作前后的比较效果。

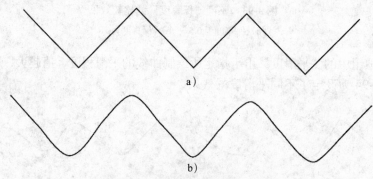

图 2-97　平滑操作前后的比较效果
a) 平滑前　　b) 平滑后

3) 双击工具箱上的 ✎ (平滑工具)，将会弹出如图 2-98 所示的对话框。

该对话框用于调整使用平滑工具处理曲线时的"保真度"和"平滑度"。"保真度"和"平滑度"的参数值越大，处理曲线时对原图形的改变也就越大，曲线也就相应变得越平滑；参数值越小，处理曲线时对图形原形的改变也就越小。

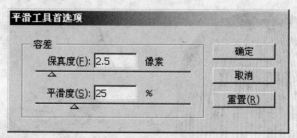

图 2-98　"平滑工具选项"对话框

3. 使用 (擦除工具)

和 (平滑工具) 一样， (擦除工具) 也是一种徒手修饰工具，使用它能清除已有路径。擦除工具的具体使用方法如下：

1）选中需要擦除的路径，然后选择工具箱上的 (擦除工具)，在需要擦除的地方拖动鼠标，完成擦除工作。

2）擦除工具可以将目标路径的端部清除，也可以将目标路径的中间某一段清除，从而形成多条路径。

2.2.6　课后练习

1. 填空题

（1）在绘制曲线时，如果需要得到封闭的曲线，可以在拖动鼠标时按住 _____ 键，此时系统会自动将曲线的起点和终点用一条直线连接起来，从而形成封闭的线。

（2）在使用 (铅笔工具) 时，可以对铅笔工具进行参数预置。其中，_____ 用来设置绘制得到的曲线上的点的精确度，单位为像素，取值范围为 0.5~20。值越小，所绘制的曲线将越粗糙；_____ 用于指定所绘制曲线的平滑程度。值越大，所得到的曲线就越平滑。

2. 选择题

（1）在绘制弧线时，按住（　）键将得到在水平和垂直方向长度相等的弧线；按住（　）键，可以得到以单击点为中心的直线；按住（　）键，可以通过增加两条水平和垂直的直线来得到封闭的弧线；按住（　）键，可以同时绘制得到多条弧线，从而制作出特殊的效果；按住（　）键可以改变弧线的凹凸方向；按住（　）键，则可以增加和减少弧度。

　　A.〈~〉　　　B.〈F〉　　　C.〈Shift〉　　　D.〈Alt〉　　　E. 上下方向键

（2）在绘制多边形的过程中，可以按向上或向下的箭头键增加和减少多边形的边数；按住（　）键，可以在不改变内径大小的情况下改变外径的大小。

　　A.〈~〉　　　B.〈F〉　　　C.〈Shift〉　　　D.〈Alt〉　　　E. 上下方向键

（3）在绘制弧线和多边形时，按住键盘上的（　）键，可以绘制出如图 2-99 所示的效果。

　　A.〈Shift〉　　　B.〈Ctrl〉　　　C.〈~〉　　　D.〈Alt〉

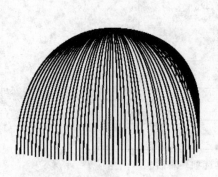
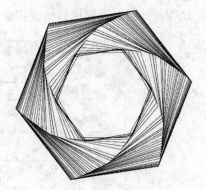

图 2-99　效果图

3. 简答题

（1）简述绘制矩形的两种方法。

（2）简述 □（铅笔工具）、 □（平滑工具）和 □（擦除工具）的使用方法。

2.3　绘图与着色

在 Illustrator CS4 中，除了可以绘制各种图形外，在图形之间还可以进行各种计算，从而生成复合图形或者新的图形。另外，还可以对图形添加各种颜色。

2.3.1　"路径查找器"面板

在 Illustrator CS4 中编辑图形时，"路径查找器"面板是最常用的工具之一。它包含一组功能能强大的路径编辑命令，通过它可以将一些简单的图形进行组合，从而生成复合图形或者新的图形。

1. "路径查找器"面板

执行菜单中的"窗口 | 路径查找器"命令，调出"路径查找器"面板，如图 2-100 所示。

"路径查找器"面板中的按钮分为"形状模式"和"路径查找器"两组。

（1）形状模式

形状模式按钮组中一共有 5 个按钮命令，从左到右分别是 □ 与形状区域相加、□ 与形状区域相减、□ 与形状区域相交、□ 排除重叠形状区域和 扩展 。

图 2-100　路径查找器面板

执行前 4 个按钮命令，均可以通过不同的组合方式在多个图形间制作出相应的复合图形；而执行 扩展 按钮命令则能够将复合图形扩展为复合路径。

提示："扩展"按钮只有在执行前 4 个按钮命令时才可用。

（2）路径查找器

路径查找器按钮组的主要作用是将对象分解成各个独立的部分，或者删除对象中不需要的部分。这组命令一共有 6 个按钮，从左到右分别是 □ 拆分、□ 修剪、□ 合并、□ 裁剪、□ 轮廓

和 ☑ 减去后方对象。

2．并集、差集、交集和挖空

● ☐（与形状区域相加）：即并集，可以将选定图形中的重叠部分联合在一起，从而生成新的图形。新图形的填充和边线属性与位于顶部图形的填充和边线属性相同。图 2-101 为并集前后的比较图。

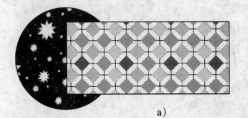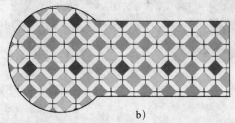

a)　　　　　　　　　　　　　　　　b)

图 2-101　并集前后的比较图

a）并集前效果　　b）并集后效果

● ☐（与形状区域相减）：即差集，可以用前面的图形减去后面的图形，计算后前面图形的非重叠区域被保留，后面的图形消失，最终图形和原来位于前面的图形保持相同的填充和边线属性。图 2-102 为差集前后的比较图。

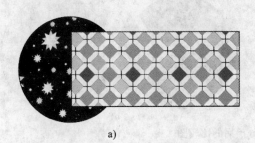

a)　　　　　　　　　　　　　　　　b)

图 2-102　差集前后的比较图

a）差集前效果　　b）差集后效果

● ☐（与形状区域相交）：即交集，用于保留图形中的重叠部分，最终图形和原来位于最前面的图形具有相同的填充和边线属性。图 2-103 为交集前后的比较图。

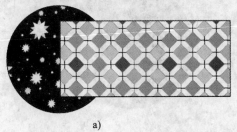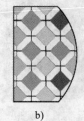

a)　　　　　　　　　　　　　　　　b)

图 2-103　交集前后的比较图

a）交集前效果　　b）交集后效果

● ▣（排除重叠形状区域）：即挖空，用于删除多个图形间的重叠部分，而只保留非重叠的部分。所生成的新图形将具有原来位于最顶部图形的填充和边线等属性。图2-104为挖空前后的比较图。

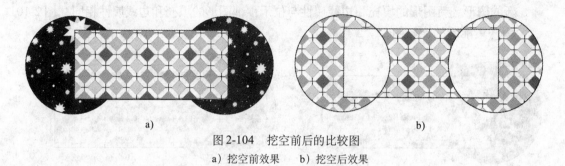

a)   b)

图2-104 挖空前后的比较图

a）挖空前效果   b）挖空后效果

3. 拆分、修剪、合并和裁剪

● ▣（拆分）：用于将多个有重叠区域的图形的重叠和非重叠部分进行分离，从而得到多个独立的图形。拆分后生成的新图形的填充和边线属性和原来的图形保持一致。图2-105为拆分前后的比较图。

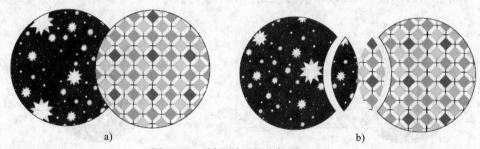

a)   b)

图2-105   拆分前后的比较图

a）拆分前效果   b）拆分后效果

● ▣（修剪）：用于将后面图形被覆盖的部分剪掉。修剪后的图形保留原来的填充属性，但描边色将变为无色。图2-106为修剪前后的比较图。

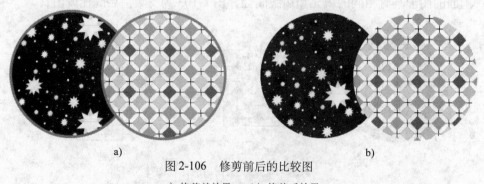

a)   b)

图2-106   修剪前后的比较图

a）修剪前效果   b）修剪后效果

● □（合并）：比较特殊，它根据所选中图形的填充和边线属性的不同而有所不同。如果图形的填充和边线属性都相同，则类似并集，此时可将所有图形组成一个整体，合成一个对象，但对象的描边色将变为无色，应用效果如图 2-107 所示；如果图形的填充和边线属性不相同，则相当于 □（修剪）操作，应用效果如图 2-108 所示。

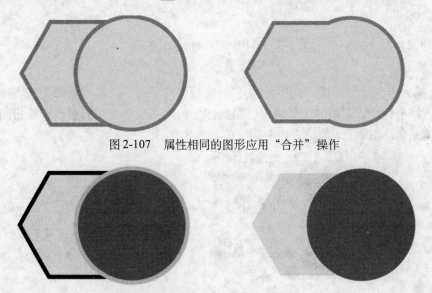

图 2-107　属性相同的图形应用"合并"操作

图 2-108　属性不相同的图形应用"合并"操作

● □（裁剪）：它的工作原理与蒙版十分相似，对于两个或多个有重叠区域的图形，裁剪操作可以将所有落在最上面图形之外的部分裁剪掉，同时裁剪器本身消失。图 2-109 为裁剪前后的比较图。

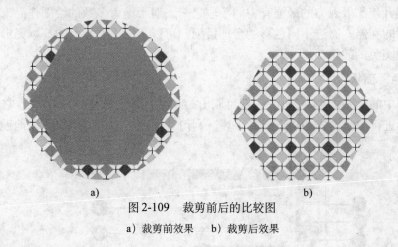

a)   b)

图 2-109　裁剪前后的比较图

a）裁剪前效果　　b）裁剪后效果

4. 轮廓和减去后方对象

● □（轮廓）：用于将所有的填充图形转换为轮廓线，计算后结果为轮廓线的颜色和原来图形的填充色相同，且描边色变为 1pt。图 2-110 为轮廓前后的比较图。

a)   b)

图2-110　轮廓前后的比较图
a）轮廓前效果　　b）轮廓后效果

- ◆ ▱（减去后方对象）：是用前面的图形减去后面的图形，计算后结果为前面图形的非重叠区域被保留，后面的图形消失，最终图形和原来位于前面的图形保持相同的描边色和填充色。图2-111为减去后方对象前后的比较图。

a)   b)

图2-111　减去后方对象前后的比较图
a）减去后方对象前　　b）减去后方对象后

2.3.2　"颜色"面板和"色板"面板

颜色是提升作品表现力的最强有力的手段之一。对于绝大多数的绘图作品来说，色彩是一件必不可少的利器。通过不同色彩的合理搭配，可以在简单而无色的基本图形的基础上创造出各种美轮美奂的效果。

1．"颜色"面板

执行菜单中的"窗口|颜色"命令，即可调出"颜色"面板，如图2-112所示。它是Illustrator CS4中对图形进行填充操作的最重要的手段。利用"颜色"面板可以很方便地设定图形的填充色和描边色。

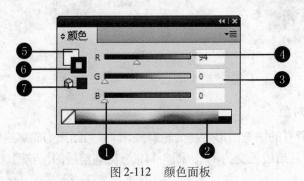

图2-112　颜色面板

❶ 滑块：拖动滑块可调节色彩模式中所选颜色所占的比例。

❷ 色谱条：显示某种色谱内所有的颜色。

❸ 参数值：显示所选颜色色样中各颜色之间的比例。

❹ 滑杆：结合滑块一起使用，用于改变色彩模式中各颜色之间的比例。

❺ 填充显示框：用于显示当前的填充颜色。

❻ 轮廓线显示框：显示当前轮廓线的填充颜色。

❼ 等价颜色框：该框中的颜色，显示为最接近当前选定的色彩模式的等价颜色。

单击颜色面板右上角的小三角，在弹出的快捷菜单中有"灰度"、"RGB"、"HSB"、"CMYK"和"Web 安全 RGB" 5 种颜色模式供用户选择，如图 2-113 所示。

图 2-113　5 种颜色模式

2."色板"面板

使用"颜色"面板可以给图形应用填充色和描边色，使用"色板"面板也可以进行填充色和描边色的设置。在该面板中存储了多种色样样本、渐变样本和图案样本，而且存储在其中的图案样本不仅可以用于图形的颜色填充，还可以用于描边色填充。执行菜单中的"窗口|色板"命令，即可调出"色板"面板，如图 2-114 所示。

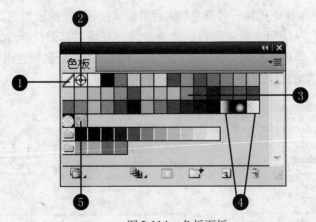

图 2-114　色板面板

❶ 无色样本：可以将所选图形的内部和边线填充为无色。

❷ 注册样本：应用注册样本，将会启用程序中默认的颜色，即灰度颜色。同时，颜色面

板也会发生相应的变化。

❸ 纯色样本：可对选定图形进行不同的颜色填充和边线填充。

❹ 渐变填充样本：可对选定的图形进行渐变填充，而不能对边线进行填充。

❺ 图案填充样本：可对选定的图形进行图案填充，而且能对边线进行填充。

在"色板"面板下方有6个按钮，它们分别是：

● ▣ ("色板库"菜单)：单击该按钮，将弹出如图2-115所示的快捷菜单，从中可以选择其他的色板进行调入。

● ▦ ("显示色板类型"菜单)：单击该按钮，将弹出如图2-116所示的快捷菜单，从中可以选择色板以何种方式进行显示。

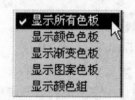

图2-115　"色板库"菜单　　　　　　图2-116　"显示色板类型"菜单

● ▦ (色板选项)：在色板中选择一种颜色，然后单击该按钮，将弹出如图2-117所示的"色板选项"对话框，从中可查看该颜色的相关参数，并可对其进行修改。

● ▭ (新建颜色组)：单击该按钮，将弹出如图2-118所示的"新建颜色组"对话框，选择相应参数后单击"确定"按钮，即可新建一个颜色组。

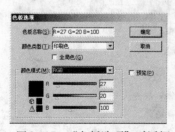

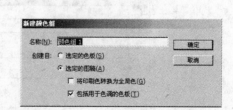

图2-117　"色板选项"对话框　　　　　图2-118　"新建颜色组"对话框

● ▭ (新建色板)：选中一个图形后单击该按钮，可将其定义为新的样本并添加到面板中。

● ▭ (删除按钮)：单击该按钮，可删除选定的样本。

2.3.3　描摹图稿

在 Illustrator CS4 中可以轻松地描摹图稿。例如，通过将图形引入 Illustrator 并描摹，可以基于纸或另一图形程序中存储的栅格图像上绘制的铅笔素描创建图形。

描摹图稿最简单的方式是打开或将文件置入到 Illustrator 中，然后使用"实时描摹"命令描摹图稿。此时，还可控制细节级别和填色描摹的方式。当对描摹结果满意时，可将描摹转换为矢量路径或"实时上色"对象。图 2-119 为导入的一幅图像，单击"实时描摹"按钮，即可对其进行描摩。图 2-220 为描摹图稿的效果，图 2-221 为单击"扩展"按钮后将其转换为矢量路径的效果。

图 2-119　导入图像

图 2-120　描摹图稿的效果

图 2-121　扩展后效果

2.3.4　课后练习

1. 填空题

（1）"路径寻找器"面板中的按钮分为"形状模式"和"路径查找器"两组。其中，"形状模式"包括 4 个按钮，它们分别是 _____、_____、_____ 和 _____；"路径查找器"包括 6 个按钮，它们分别是 _____、_____、_____、_____、_____ 和 _____。

（2）单击"颜色"面板右上角的小三角，在弹出的快捷菜单中有 5 种颜色模式供用户选择，它们分别是 _____、_____、_____、_____ 和 _____。

2. 选择题

（1）"路径查找器"面板中的按钮分为"形状模式"和"路径查找器"两组，下列（　　）按钮不属于"路径查找器"。

　　　　A.　　　　　B.　　　　　C.　　　　　D.

（2）在"色板（Switches）"面板中，下列（　　）样本不能对边线进行填充。

　　　　A. 纯色样本　　　　B. 渐变样本　　　　C. 注册样本　　　　D. 图案样本

（3）图 2-122 中左侧的两个图形经过"路径查找器"面板中的（　　）命令，可以生成右侧的图形。

图 2-122　效果图 1

A.　[img]　　　　B.　[img]　　　　C.　[img]　　　　D.　[img]

（4）图 2-123 中左侧的两个图形经过"路径查找器"面板中的（　　）命令，可以生成右侧的图形。

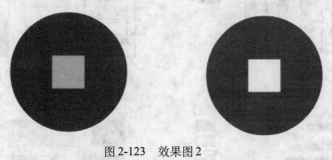

图 2-123　效果图 2

A.　[img]　　　　B.　[img]　　　　C.　[img]　　　　D.　[img]

3. 简答题

（1）简述利用"路径查找器"面板中的各按钮产生的图形的特点。

（2）简述"颜色"和"色板"面板中各部分的功能。

2.4　图表、画笔和符号

本节讲解 Illustrator CS4 中图表、画笔和符号的使用。

2.4.1　应用图表

图表，是我们非常熟悉的一种表达工具。通过图表，可以直观、清晰、准确地表示出大量有规律的数据信息。在 Illustrator CS4 中，提供了强大的图表制作工具和丰富的图表类型，通过它们可以制作出应用广泛且别具一格的图表。

1. 图表类型

Illustrator CS4 提供了 9 种不同类型的图表工具，它们分别是：[img]（柱形图工具）、[img]（堆积柱形图工具）、[img]（条形图工具）、[img]（堆积条形图工具）、[img]（折线图工具）、[img]（面积图工具）、[img]（散点图工具）、[img]（饼图工具）和[img]（雷达图工具）。

● [img]（柱形图工具）：是最常用的图表工具，也是 Illustrator CS4 默认的图表工具类型。该图表使用一组平排的矩形来表示各种数据的大小，矩形的长度与数据大小成正比。该图表的最大优点是可以直接读出各种统计数据值，如图 2-124 所示。

● [img]（堆积柱形图工具）：与[img]（柱形图工具）绘制的图表类似，但矩形条是堆叠放置的，而不是并排放置的。该图表的优点是可用来反映部分与整体的关系，如图 2-125 所示。

● [img]（条状图工具）：也与[img]（柱形图工具）绘制的图表类似，但矩形是水平放置的，水平方向上的长度代表各统计数据的大小，如图 2-126 所示。

● [img]（堆积条形图工具）：与[img]（堆积柱形图工具）绘制的图表类似，但矩形条是水平放置的，且按类别堆积，如图 2-127 所示。

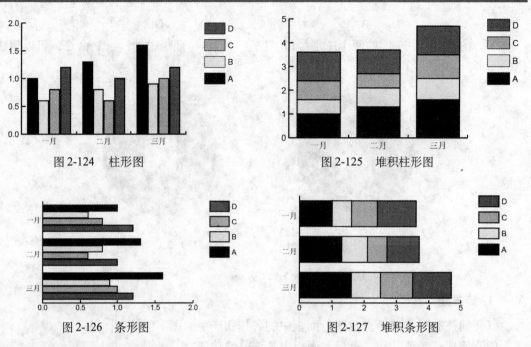

图 2-124　柱形图　　　　　　　　　　　　图 2-125　堆积柱形图

图 2-126　条形图　　　　　　　　　　　　图 2-127　堆积条形图

- ◉（折线图工具）：所绘制的图表是用点来表示一组或多组数值，以不同颜色的折线连接不同组的所有点，如图 2-128 所示。其优点是可以将数据在一定时期内的变化趋势清楚地显示出来。
- ◉（面积图工具）：与◉（折线图工具）绘制的图表类似，是用点来表示一组或多组数值，以不同颜色的折线连接不同组的所有点，且与横坐标轴形成封闭区域，强调各统计数据在整体上的变化，如图 2-129 所示。

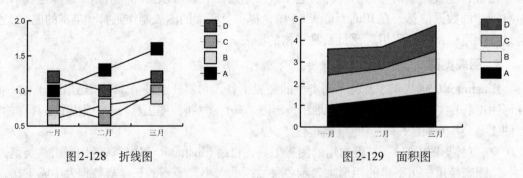

图 2-128　折线图　　　　　　　　　　　　图 2-129　面积图

- ◉（散点图工具）：所绘制的图表是根据一组成对的坐标值（x，y）来绘制数据点的，如图 2-130 所示。散点图表可用于反映数据的模式或变化趋势。该图表也可以说明两个变量间的相互关系。
- ◉（饼图工具）：所绘制的图表是一种外观为圆形的图表，如图 2-131 所示。其中的扇形图反映了所比较的数值占总体的百分比。该图表适用于显示各种数据占整体中的比例。
- ◉（雷达图工具）：所绘制的图表是在某一特定时间点或特定类别上比较数值组，并以圆形格式表示，如图 2-132 所示。这类图表也被称为网状图。

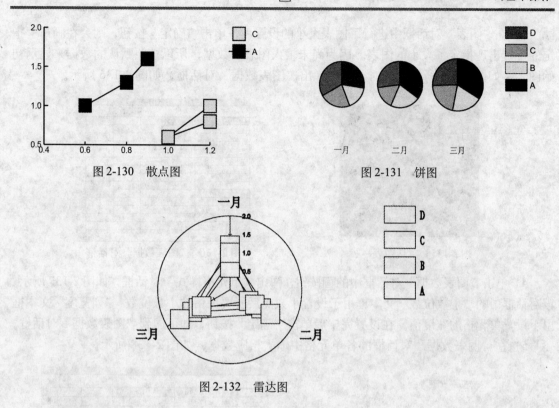

图 2-130　散点图

图 2-131　饼图

图 2-132　雷达图

2. 创建图表

对于 Illustrator CS4 提供的 9 种不同类型的图表，其创建方法在总体思路上是完全一致的，下面以柱形图表为例说明图表的创建方法。

绘制柱形图表的具体操作步骤如下：

1）选择工具箱上的 ，如图 2-133 所示。然后在画布上需要创建图表的位置通过拖曳鼠标的方式拖出一个矩形框，从而确定所创建柱形图表的位置和大小。

2）如果需要精确指定柱状图表的大小，可以在选中 的情况下，在需要创建图表的位置单击，然后在弹出的"图表"对话框的"宽度"和"高度"文本框中输入图表的宽度值和高度值，如图 2-134 所示。

图 2-133　选择

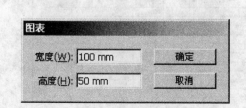

图 2-134　"图表"对话框

3）在"图表"对话框中进行了图表大小的设置后，单击"确定"按钮，则会在画布上指定的位置出现指定了大小的图表。因为尚未输入图表的数据，所以按照默认的数据来显示初始图表，如图2-135所示。同时，将会弹出"图表数据"对话框，如图2-136所示。

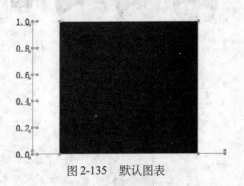

图2-135　默认图表

图2-136　"图表数据"对话框

4）单击"图表数据"对话框中的▥按钮，弹出"单元格样式"对话框，如图2-137所示。该对话框中的"小数位数"文本框用于设置小数点后所要保留的小数位数；"列宽度"文本框用于设置单元格的宽度值。在设置完毕后单击"确定"按钮，即可回到"图表数据"对话框。

5）在"图表数据"对话框的各单元格中输入相应数据，如图2-138所示。

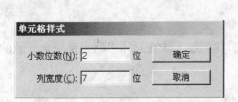

图2-137　"单元格样式"对话框

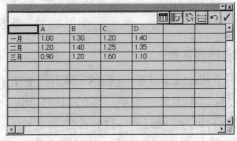

图2-138　输入相应数据

6）如果单击"图表数据"对话框中的▥按钮，将会把图表中数据的行和列相互调换，如图2-139所示。再次单击该按钮，可重复调换行列的动作。

7）如果单击"图表数据"对话框中的▥按钮，将会弹出"导入图表数据"对话框，在其中可以选取并导入已经存在的图表数据。

8）在"图表数据"对话框中完成设置后，单击其中的✓按钮，即可根据输入的数据创建柱形图表，如图2-140所示。

图2-139　行和列相互调换

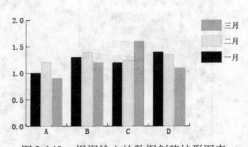

图2-140　根据输入的数据创建柱形图表

3. 编辑图表

使用 Illustrator CS4，可以根据不同的使用场合和目的创建各种类型的图表。但是在这种默认情况下创建出来的图表色彩单调、样式单一、表现力不是很强。下面介绍如何编辑图表，以使其内容更加丰富，外观更具有表现力。

关于图表的各种选项全部集成在"图表类型"对话框中。在选中需要进行编辑的图表后，可以使用以下 3 种方法调出对话框。

- 执行菜单中的"对象|图表|类型"命令。
- 单击鼠标右键，在弹出的快捷菜单中选择"类型"命令。
- 在工具箱中双击相应的图表工具图表。

在"图表类型"对话框中可对"图表选项"、"数值轴"和"类别轴"进行设置，如图 2-141 所示。

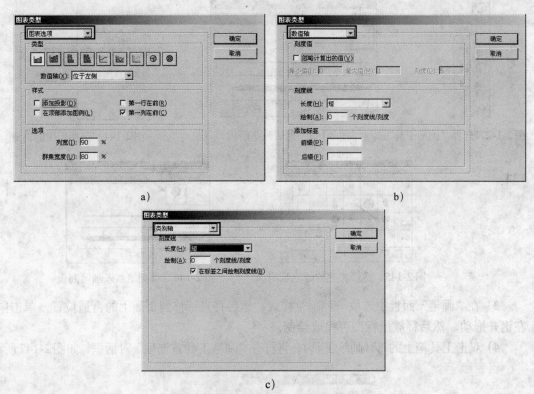

图 2-141　对不同选项进行设置
a）图表选项　　b）数值轴　　c）类别轴

2.4.2　使用画笔

在绘图中，除了可以使用铅笔外，还可以使用功能更为强大的画笔制作出更加丰富多彩的效果。

1. 使用画笔绘制图形

使用画笔绘制图形的具体操作步骤如下。

1）选择工具箱上的 📝 （画笔工具），如图 2-142 所示。该工具一般要和"画笔"面板配合使用。如果工作窗口中没有显示"画笔"面板，可以执行菜单中的"窗口 | 画笔"命令，调出"画笔"面板，如图 2-143 所示。

2）Illustrator CS4 默认面板中只有两种画笔笔刷，如果要载入其他画笔笔刷，可以单击面板下方的 🔲 （画笔库菜单）按钮，从弹出的快捷菜单中选择相应的命令（如图 2-144 所示），调出相应的画笔库，如图 2-145 所示。然后单击相应的画笔笔刷，即可将其载入画笔面板，如图 2-146 所示。

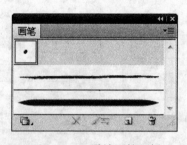

图 2-142　选择"画笔工具"　　　　图 2-143　默认画笔面板　　　　图 2-144　选择相应的命令

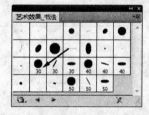
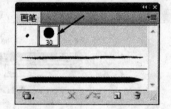

图 2-145　选择相应的画笔笔刷　　　　图 2-146　将画笔载入画笔面板

3）在"画笔"面板中选取一种画笔样式，然后将光标移到页面上的合适位置，单击鼠标左键并拖动，然后释放鼠标即可完成绘制。

4）双击工具箱上的 📝 （画笔工具），将打开"画笔工具首选项"对话框，如图 2-147 所示。

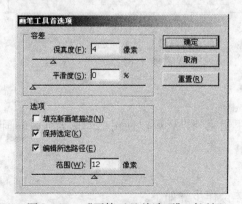

图 2-147　　"画笔工具首选项"对话框

5）该对话框"容差"选项组中的"保真度"文本框用于设定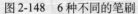（画笔工具）绘制曲线时所经过的路径上的点的精确度，以像素为度量单位，取值范围为 0~20。值越小，所绘制的曲线越粗糙。"平滑度"文本框用于指定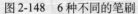（画笔工具）所绘制曲线的平滑程度。值越大，所得到的曲线就越平滑。

在"选项"选项组中，如果选中了"填充新画笔描边"复选框，则在每次使用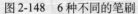（画笔工具）绘制图形时，系统都会自动以默认颜色来填充对象的轮廓线；如果选中了"保持选定"复选框，则绘制完的曲线将会自动处于被选取状态；如果选中了"编辑所选路径"复选框，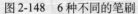（画笔工具）可对选中的路径进行编辑。

6）使用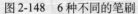（画笔工具）创建图形后，如果更改笔刷类型，可以选中要更改的图形，然后在"画笔"面板中单击要替换的笔刷。

7）在"画笔"面板下方有 5 个按钮，如图 2-143 所示。

- 画笔库菜单：单击该按钮，将弹出如图 2-144 所示的快捷菜单，从该菜单中可以选择相应的画笔笔刷进行载入。
- 移去画笔描边：用于将当前图形上应用的笔刷删除，而留下原始路径。
- 所选对象的选项：用于打开应用到被选中图形上的笔刷的选项对话框，在该对话框中可以编辑笔刷。
- 新建画笔：用于打开"新建笔刷"对话框，利用该对话框可以创建新的笔刷。
- 删除画笔：用于删除该笔刷类型。

2. 编辑画笔

在 Illustrator CS4 中可以载入多种类型的画笔笔刷，并可对其进行编辑。下面主要讲解书法笔刷和箭头笔刷的编辑方法。

（1）编辑书法笔刷

图 2-148 为 6 种不同的书法笔刷。图 2-149 为使用这 6 种书法笔刷绘制的图形。

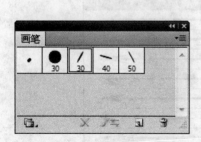

图 2-148　6 种不同的笔刷

图 2-149　使用这 6 种书法笔刷绘制的图形

编辑书法笔刷的具体操作步骤如下：

1）首先在"画笔"面板上双击需要进行编辑的书法笔刷类型，此时会弹出"书法画笔选项"对话框，如图 2-150 所示。图 2-151 为应用该画笔的效果。

2）在该对话框中可以设置画笔笔尖的"角度"、"圆度"和"直径"等。同时，在其下拉列表中还有"固定"、"随机"和"压力"等选项可供选择。图 2-152 为更改后的设置，图 2-153 为更改设置后的效果。

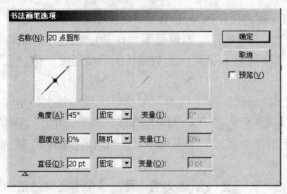

图 2-150　"书法画笔选项"对话框　　　　　图 2-151　应用该画笔的效果

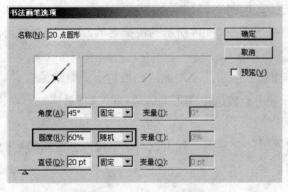

图 2-152　更改参数　　　　　　　　图 2-153　更改参数后的效果

（2）编辑箭头笔刷

Illustrator CS4 默认可以载入"箭头_标准"和"箭头_特殊"两种类型的箭头笔刷，如图 2-154 所示。利用箭头笔刷可以绘制出各种箭头效果，此外还可以对其进行编辑。

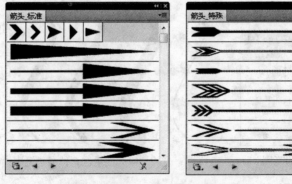

图 2-154　可以载入的箭头笔刷

编辑箭头笔刷的具体操作步骤如下：

1）首先在"画笔"面板上双击需要进行编辑的箭头笔刷类型，此时会弹出"艺术画笔选项"对话框，如图 2-155 所示。图 2-156 为应用该画笔绘制的直线和曲线效果。

图 2-155　"艺术画笔选项"对话框

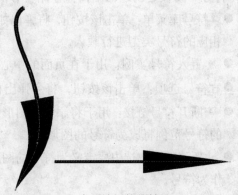

图 2-156　应用该画笔的效果

2）在该对话框中可以设置画笔笔尖的"方向"、"大小"和"翻转"等参数。图 2-157 为更改后的设置，图 2-158 为更改设置后的效果。

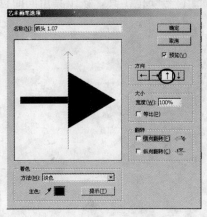

图 2-157　更改参数

图 2-158　更改参数后效果

2.4.3　使用符号

符号最初的目的是为了让文件变小，但在 Illustrator CS4 中将符号变成了极具魅力的设计工具。以前，要产生大量的相似物体，例如，树上的树叶以及屏幕中的星辰等形成复杂背景的物体，就要重复数不清的复制和粘贴等操作。如果再对每个物体做少许的变形，那么将非常复杂。现在一切都变得简单了，利用符号工具，可以创建自然的、疏密有致的集合体，且只需先定义符号即可。

任何 Illustrator 元素都可以作为符号存储起来，从直线等简单的符号到结合了文字和图像的复杂图形等。符号提供了方便的、用于管理符号的界面，也能产生符号库，并能够和其他成员共享符号库，就像画笔和样式库一样。

1. 符号面板

Illustrator CS4 提供了一个专门用来对符号进行操作的"符号"面板，执行菜单中的"窗口|符号"命令，可以调出"符号"面板，如图 2-159 所示为 Illustrator CS4 默认的符号面板。

"符号"面板是创建、编辑、存储符号的场所，在面板下方有 6 个按钮。

● ⬚ 符号库菜单：单击该按钮，将弹出如图 2-160 所示的快捷菜单，从该菜单中可以选择相应的符号类型进行载入。

● ↘ 置入符号实例：用于在页面的中心位置选中一个符号范例。

● ⬚ 符号选项：单击该按钮，将会弹出相应的"符号选项"对话框。

● ⚡ 断开符号链接：用于将添加到图形中的符号范例与符号面板断开链接，断开链接后的符号范例将成为符号的图形。

● ⬚ 新建符号：选中要定义为符号的图形，单击该按钮，即可将其添加到"符号"面板作为符号。

● ⬚ 删除符号：用于删除"符号"面板中的符号。

将"符号"面板中的符号应用到文档中，常用的方法有两种：一种是使用鼠标拖动的方法。首先在"符号"面板中选中合适的符号后，直接将其拖动到当前文档中，这种方法只能得到一个符号范例，如图 2-161 所示；另一种是使用 ⬚ 符号喷枪工具，该工具可同时创建多个符号范例，并且将它们作为一个符号集合。

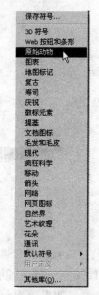

图 2-159　默认的"符号"面板　图 2-160　符号库快捷菜单

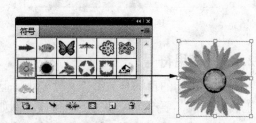

图 2-161　将符号直接拖入文档

在 Illustrator CS4 中，各种普通的图形对象、文本对象、复合路径、光栅图像、渐变网格等均可以被定义为符号。如果要创建新的符号，可以将对象直接拖入到"符号"面板中，如图 2-162 所示。此时会弹出如图 2-163 所示的对话框，选择相应参数后单击"确定"按钮，即可创建新的符号，如图 2-164 所示。

提示：　"符号"的功能和应用方式都类似于"画笔"。但需要区分的是，Illustrator 中的画笔是一种画笔技术，而符号的应用则是作为一种对图形进行整体操作的技术。另外，工具箱上的"符号系"工具组包含有多个工具，能够对应用到文档中的符号进行各种编辑，这是画笔所不具备的。

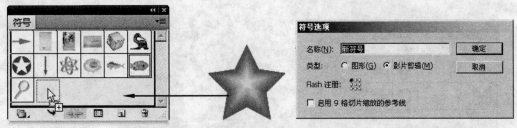

图 2-162　将图形拖入符号面板　　　　　　　　图 2-163　"符号选项"对话框

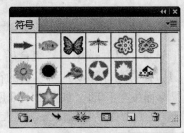

图 2-164　创建新的符号

2. 符号系工具

在工具箱中的"符号系"工作组中提供了 8 种关于符号操作的工具，如图 2-165 所示。

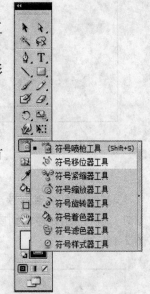

● 符号喷枪工具：用来在画面上施加符号对象。它与复制图形相比，可节省大量的内存，从而提高设备的运算速度。

● 符号移位器工具：用来移动符号。

● 符号紧缩器工具：用来收拢或扩散符号。

● 符号缩放器工具：用来放大或缩小符号，从而使符号具有层次感。

● 符号旋转器工具：用来旋转符号。

● 符号着色器工具：用自定义的颜色对符号进行着色。

● 符号滤色器工具：用来改变符号的透明度。

● 符号样式器工具：用来对符号施加样式。

符号系工具的具体使用方法如下：

1) 选择工具箱上的符号系工作组中的 (符号喷枪工具)，此时

图 2-165　8 种符号工具

光标将变成一个带有瓶子图案的圆形，然后在"符号"面板中选择一种符号，如图 2-166 所示。接着，在画布上单击鼠标左键并拖动鼠标，此时会沿着鼠标拖动的轨迹喷射出多个符号，如图 2-167 所示。

提示：这些符号将自动组成一个符号集合，而不是以独立的符号出现。

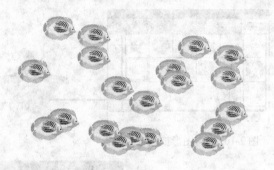

图 2-166　选择一种符号　　　　图 2-167　利用（符号喷枪工具）喷射出多个符号

2）在应用了符号或者使用了▣（选择工具）选中符号集合后，如果要移动符号，可以选择符号系工作组中的▨（符号移动工具），将光标移动到要移动的符号上单击鼠标左键并拖动鼠标，则笔刷范围内的符号将随着鼠标而发生移动，如图 2-168 所示。

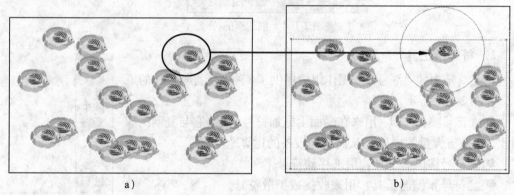

a）　　　　　　　　　　　　　　　　b）

图 2-168　移动符号前后比较图

a）移动前　b）移动后

3）如果要紧缩符号，可以先选中符号集合，然后选择符号系工作组中的▨（符号紧缩器工具），再将光标移动到要紧缩的符号上，单击鼠标左键并拖动鼠标实现紧缩符号的目的，如图 2-169 所示。

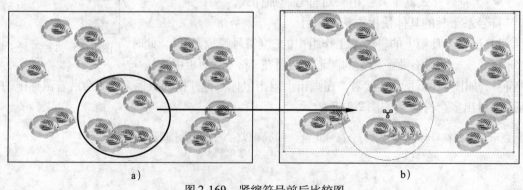

a）　　　　　　　　　　　　　　　　b）

图 2-169　紧缩符号前后比较图

a）紧缩前　b）紧缩后

4）如果要缩放符号，可以先选中符号集合，然后选择符号系工作组中的 $\boxed{\text{ }}$（符号缩放器工具），将光标移动到要缩放的符号上拖动鼠标，此时光标圆中的符号范例将变大；如果按住〈Alt〉键，则可以缩小符号，如图 2-170 所示。

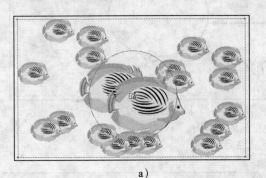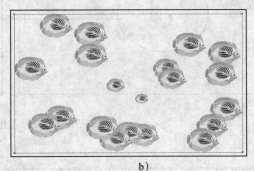

a)　　　　　　　　　　　　　　　b)

图 2-170　缩放符号前后比较图

a）放大　b）缩小

5）如果要旋转符号，可以先选中符号集合，然后选择符号系工作组中的 （符号旋转器工具），将光标移动到要旋转的符号上单击并拖动鼠标，此时光标圆中的符号将发生旋转，如图 2-171 所示。

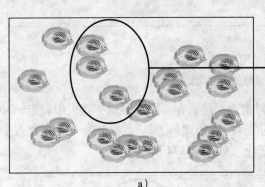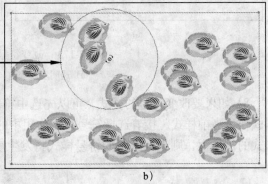

a)　　　　　　　　　　　　　　　b)

图 2-171　旋转符号前后比较图

a）旋转前　　b）旋转后

6）如果要为符号上色，可以在"色板"或"颜色"面板中设定一种颜色作为当前色。然后选中符号集合，再选择符号系工作组中的 （符号着色器工具），将光标移到要改变填充色的符号上单击并拖动鼠标，此时光标圆中的符号的填充色将变为当前颜色，如图 2-172 所示。

提示： 在为符号上色的时候，在光标圆中呈现的是径向渐变效果，而不是单纯的上色。

7）如果要改变符号的透明度，可以先选中符号集合，然后选择符号系工作组中的 （符号滤色器工具），将光标移动到要改变透明度的符号上，此时光标圆中的符号范例的透明度就会发生变化，如图 2-173 所示。

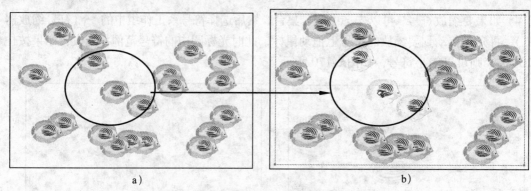

图2-172 给符号上色前后的比较图

a）上色前 b）上色后

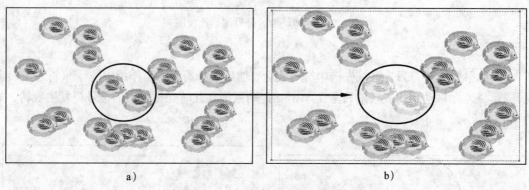

图2-173 改变符号透明度前后比较图

a）透明度改变前 b）透明度改变后

8）如果要改变符号的样式，可以先选中符号集合，然后在"图形样式"面板中设定一种样式作为当前样式。接着选择符号系工作组中的 ◎（符号样式器工具），将光标移动到要改变样式的符号上，则光标圆中的符号样式将发生变化，如图2-174所示。

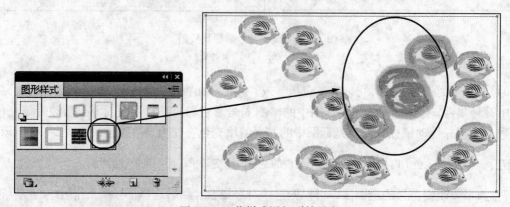

图2-174 将样式添加到符号上

9）如果要从符号集合中删除部分符号，可以先选中符号集合，然后选择符号系工作组中的 ⬚（符号喷枪工具），按住〈Alt〉键，在要删除的符号上单击并拖动鼠标，将笔刷所经过区域中的符号删除，如图 2-175 所示。

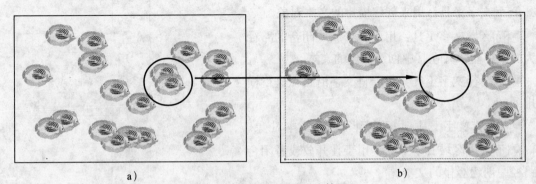

a)　　　　　　　　　　　　　　　　　b)

图 2-175　删除符号前后比较图

a）删除前　　b）删除后

2.4.4　课后练习

1. 填空题

Illustrator CS4 提供了 9 种不同类型的图表，它们分别是_____、_____、_____、_____、_____、_____、_____、_____ 和 _____。

2. 选择题

（1）在制作图表时，单击"图表数据"对话框中的（　）按钮，可以对小数点后的位数进行再次设定。

A. ⬚　　　　　B. ⬚　　　　　C. ⬚　　　　　D. ✓

（2）如果要从符号集合中删除部分符号，可以先选中符号集合，然后选择工作系工作组中的 ⬚（符号喷枪工具），按住（　）键，在要删除的符号上单击并拖动鼠标，将笔刷所经过区域中的符号删除。

A. 〈Alt〉　　　B. 〈Ctrl〉　　　C. 〈Shift〉　　　D. 〈Tab〉

（3）在工具箱的符号系工作组中，单击（　）按钮可以对符号施加样式。

A. ⬚　　　　　B. ⬚　　　　　C. ⬚　　　　　D. ⬚

3. 简答题

（1）简述柱状图表的制作方法。

（2）简述符号和画笔的区别和联系。

2.5　文本

在设计作品时，文本也是一项非常重要的表现内容，在某些场合下，它能表现一些图形无法表现的效果。

2.5.1　创建文本

使用 Illustrator CS4 提供的文本工具可以创建出多种效果的文字对象。在工具箱中的文本工具组中共有 6 种文本工具，如图 2-176 所示。

- 文字工具：用来创建横排的文本对象。
- 区域文字工具：用于将开放或闭合的路径作为文本容器，并在其中创建横排的文本。
- 路径文字工具：用于将文字沿路径进行横向排列。
- 直排文字工具：用于创建竖排的文本对象。
- 直排区域文字工具：用于在开放或者闭合的路径中创建竖排的文本。
- 直排路径文字工具：用于将文本沿着路径进行竖向排列。

文字工具
(T)
区域文字工具
路径文字工具
直排文字工具
直排区域文字工具
直排路径文字工具

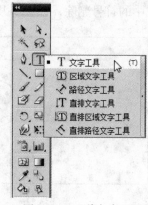

图 2-176　6 种文本工具

1. 使用文本工具创建文本

使用工具箱中的（文字工具）和（直排文字工具）均可在图形窗口中直接输入所需要的文字内容，其操作方法是一样的，只是文本排列的方式不一样。使用两种工具输入文字的方式有两种：一种是按指定的行进行输入；另一种是按指定的范围进行输入。

（1）使用文字工具直接输入文字

使用文字工具直接输入文字的具体操作步骤如下：

1）选择工具箱中的（文字工具）或（直排文字工具），然后将光标移动到图形窗口中，此时鼠标指针呈或形状。

2）在图形窗口中需要输入文字的位置单击鼠标左键，确定插入点，此时插入点将会出现闪烁的文字插入光标。

3）选择一种输入法，即可开始输入文字（在输入文字时，光标的显示形状如图 2-177 所示）。

4）在文字输入完成后，选择工具箱中的（选择工具）或按键盘上的〈Ctrl+Enter〉组合键，确认输入的文字，其效果如图 2-178 所示。

提示： 选择工具箱中的（文字工具）或（直排文字工具）在图形窗口中直接输入文字时，文字不能自动换行。如果需要换行，必须按〈Enter〉键强行换行。

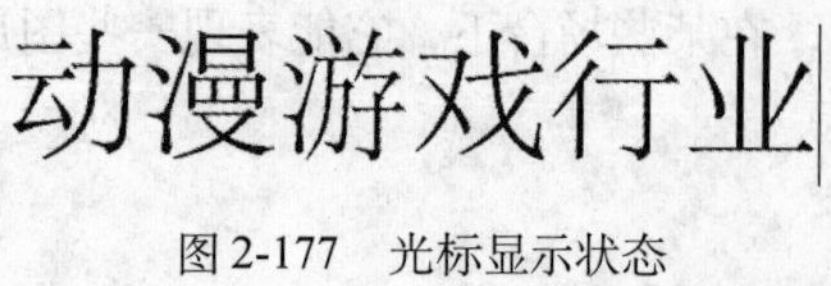

动漫游戏行业

图 2-177　光标显示状态

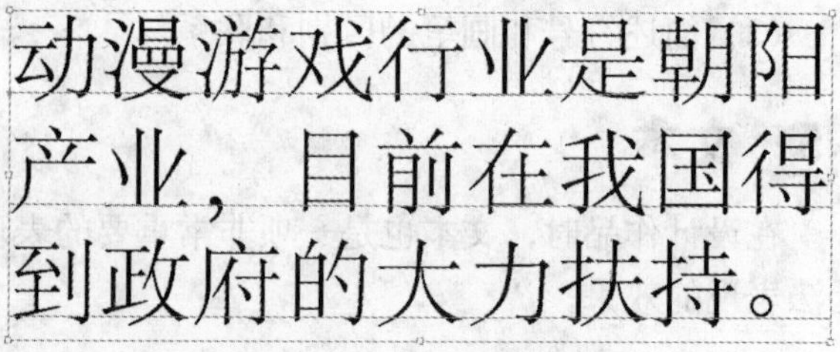

动漫游戏行业是朝阳
产业，目前在我国得
到政府的大力扶持。

图 2-178　确认输入的文字

（2）使用文字工具按指定的范围输入文字

使用文字工具按指定的范围输入文字的具体操作步骤如下：

1）选择工具箱中的 T（文字工具）或 IT（直排文字工具），然后将光标移动到图形窗口中，此时鼠标指针呈 Ⅱ 或 ⊟ 形状。

2）在图形窗口中需要输入文字的位置单击鼠标左键并拖曳，然后释放鼠标，即可出现一个文本框，此时创建的文本框左上角将出现闪烁的文字插入光标，如图 2-179 所示。

3）选择一种输入法，即可开始输入文字（在输入文字时，光标的显示状态如图 2-180 所示）。

图 2-179　创建文本框 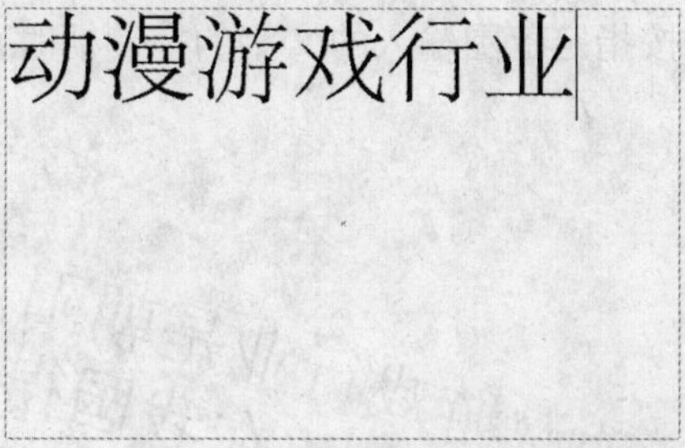   图 2-180　光标显示状态

4）在文字输入完成后，选择工具箱中的 ▶（选择工具）或按键盘上的〈Ctrl+Enter〉组合键，确认输入的文字，其效果如图 2-181 所示。

> **提示：** 使用工具箱中的 T（文字工具）或 IT（直排文字工具）在图形窗口中按指定的范围输入文字时，输入的文字可以自动换行。

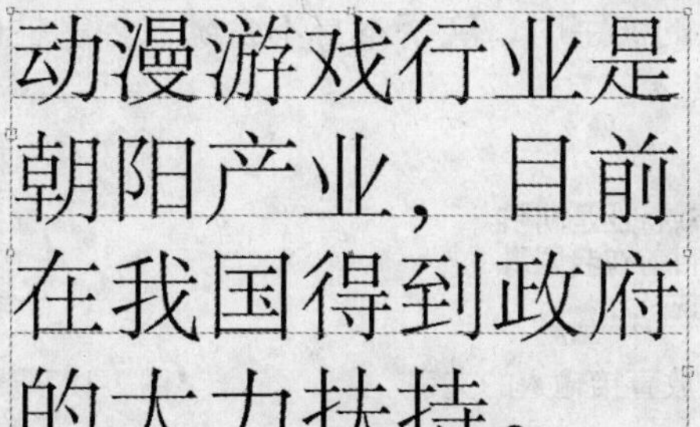

动漫游戏行业是
朝阳产业，目前
在我国得到政府
的大力扶持。

图 2-181　确认输入的文本

需要注意的是，利用上述两种方法输入的文本被框选后都有一个文本控制框，其四周有文本控制柄，文本下方的横线是文字基线。

使用 T（文字工具）直接输入的文字与按指定的区域输入的文字存在如下区别。

● 使用直接输入方法所输入文字的第 1 行的左下角有一个实心点，如图 2-182 所示。而按指定的范围输入的文字则是一个空心点，如图 2-183 所示。

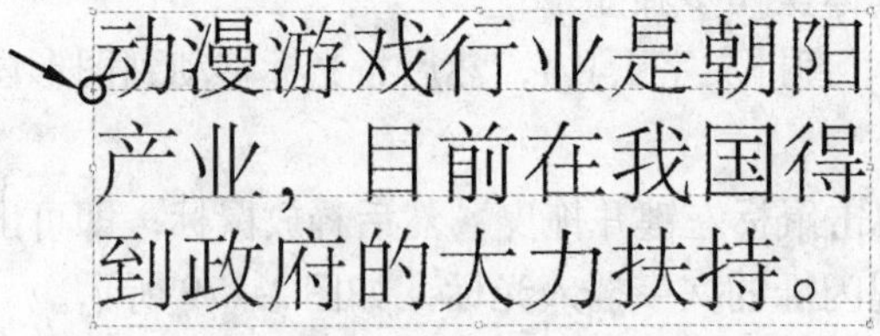

动漫游戏行业是朝阳
产业，目前在我国得
到政府的大力扶持。

图 2-182　直接输入文字的显示模式

动漫游戏行业是
朝阳产业，目前
在我国得到政府
的大力扶持。

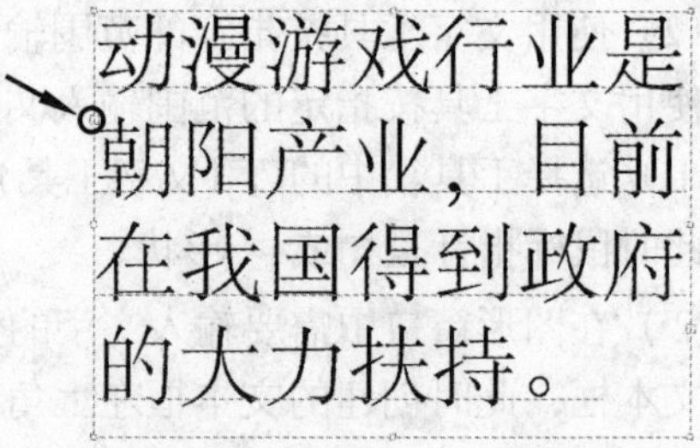

图 2-183　指定范围输入文字的显示模式

- 在旋转直接输入的文字的控制柄时，文字本身也随之旋转，如图 2-184 所示。而在旋转按指定范围输入的文字的控制柄时，文字本身不会随之旋转，如图 2-185 所示。

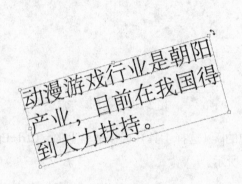

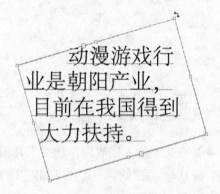

动漫游戏行业是朝阳
产业，目前在我国得
到大力扶持。

图 2-184　旋转直接输入的文字

动漫游戏行
业是朝阳产业，
目前在我国得到
大力扶持。

图 2-185　旋转指定范围输入的文字

- 在缩放直接输入文字的控制柄时，文本本身也随之缩小或放大，如图 2-186 所示。而缩放按指定范围输入的文字时，文字本身不会随着控制柄的缩放而缩放，如图 2-187 所示。

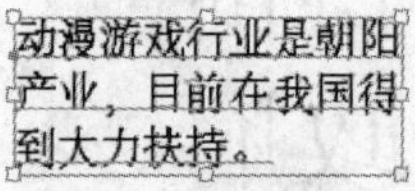

动漫游戏行业是朝阳
产业，目前在我国得
到大力扶持。

图 2-186　缩放直接输入的文字

动漫游戏
行业是朝

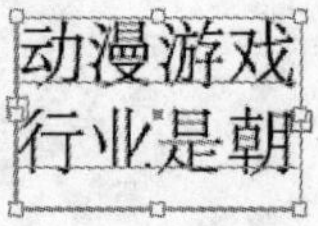

图 2-187　缩放指定范围输入的文字

2．使用区域文字工具创建区域文本

区域文本包括 (区域文字工具) 和 (直排区域文字工具) 两种。创建区域文本的具体操作步骤如下：

1) 在使用区域文本工具创建文本时，必须在视图中选取一个路径图形（该路径图形不能是复合路径、蒙版路径)，然后在选中的图形上单击鼠标，就可以在所选对象的区域中输入文本对象了，如图 2-188 所示。

2) 如果需要改变区域文本框的形状，可以使用工具箱中的 (直接选择工具) 对文本框进行编辑和变形，而区域文本框中的文本也将会随着文本框的变形，并自行调整它们的排版格式以适应新的文本框形状，如图 2-189 所示。

图 2-188　在所选对象的区域中输入文本　　　　图 2-189　文本随着文本框变形

3. 使用路径文字工具创建路径文本

路径文本包括 ⬚（路径文字工具）和 ⬚（直排路径文字工具）两种。创建路径文本的具体操作步骤如下：

1）要创建一个路径文本，首先在视图中选取一个需要创建文本的路径对象，然后在工具箱中选中 ⬚（路径文字工具）或 ⬚（直排路径文字工具），在所选路径对象上单击鼠标，就可以将路径图形转换为文本路径。接着所输入的文本将会沿着路径分布，如图 2-190 所示。

2）选中文本后，可以根据绘图的需要在路径上移动文本的位置，如图 2-191 所示。

图 2-190　文本沿着路径分布　　　　　图 2-191　在路径上移动文本的位置

2.5.2　设置字符、段落的格式

在创建了文本之后还可以设置这些文本的格式。Illustrator CS4 中的文本包括 3 种属性：字符属性、段落属性和文字块属性。

1. 设置字符格式

字符格式包括字体、字形、字号、行距、字距、水平或者垂直缩放字符、基线偏移及颜色等。通过"字符"面板可以完成这些设置，调出"字符"面板的具体操作步骤如下：

1）执行菜单中的"窗口|文字|字符"命令，即可调出"字符"面板，如图 2-192 所示。

2）此时，"字符"面板的显示并不完整。单击"字符"面板右上角的三角形，从弹出的菜单中选择"显示选项"命令，即可显示出完整的"字符"面板，如图 2-193 所示。

2. 设置段落格式

段落格式包括文本对齐、段落缩进、单词间距和字母间距的设置，以及其他的一些选项。通过"段落"面板可以完成这些设置，调出"段落"面板的具体操作步骤如下：

1）执行菜单中的"窗口|文字|段落"命令，即可调出"段落"面板，如图 2-194 所示。

2）此时,"段落"面板的显示并不完整,单击"段落"面板右上角的小三角,从弹出的菜单中选择"显示选项"命令,即可显示出完整的"段落"面板,如图 2-195 所示。

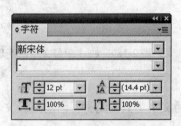

图 2-192　"字符"面板　　　　　图 2-193　显示出完整的"字符"面板

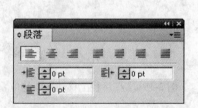

图 2-194　"段落"面板　　　　　图 2-195　显示出完整的"段落"面板

2.5.3　将文字转换为路径

在不同的计算机间进行交流协作时,为了防止因对方计算机不包含设计时使用的字体而造成的字体无法正常显示的情况出现,可以将文字转换为路径,从而就可以像编辑其他路径一样对其进行编辑。

选择菜单中的"文字|创建轮廓"命令,即可将文字转换为路径。图 2-196 是转换为路径前的文字效果,图 2-197 是转换为路径后的文字效果。

提示：将文字转换为路径后,就不可以使用文字工具对文字进行编辑了。

zhangfan zhangfan

图 2-196　转换为路径前的文字效果　　　　　图 2-197　转换为路径后的文字效果

2.5.4　图文混排

在 Illustrator CS4 中，可以使用文本绕图功能制作图文混排文件。图文混排的具体操作步骤如下：

1）将一个图像对象置于文本框的上方，然后同时选中图像对象和文本框，如图 2-198 所示。

2）执行菜单中的"对象 | 文本绕排 | 建立"命令，结果如图 2-199 所示。

图 2-198　同时选中图像对象和文本框

图 2-199　位移为 6 的图文混排效果

3）如果对文字和图像之间的距离进行调整，可以执行菜单中的"对象 | 文本混排 | 文本混排选项"命令，在弹出的如图 2-200 所示的对话框中输入相应的数值，然后单击"确定"按钮。图 2-201 为将位移由原来的 6 改为 20 的图文混排效果。

图 2-200　输入相应的数值

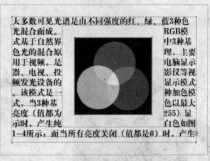

图 2-201　位移为 20 的图文混排效果

4）如果要取消图文混排效果，可以执行菜单中的"对象 | 文本混排 | 释放"命令。

2.5.5　课后练习

1. 填空题

（1）在工具箱的文本工具组中共有 6 种文本工具，它们分别是 _____、_____、_____、_____、_____ 和 _____。

（2）_____ 面板用于设置字符格式；_____ 面板用于设置段落格式。

2. 选择题

（1）通过"字符"面板可以完成下列哪些设置？（　　）

A. 字体　　　　　B. 基线偏移　　　　　C. 字号　　　　　D. 字距

（2）通过"段落"面板可以完成下列哪些设置？（　　）

    A. 文本对齐   B. 段落缩进   C. 单词间距   D. 行距

3. 简答题

（1）简述如何将文本框中未完全显示的文本在另外的图形中显示。

（2）简述创建路径文本和区域文本的方法。

2.6　渐变、渐变网格和混合

在 Illustrator CS4 中，实现一种颜色到另一种颜色过渡的方法有 3 种，它们分别是渐变、渐变网格和混合。这 3 种工具有各自的应用范围，其中，渐变工具是对单个对象进行线性或圆形渐变填充；渐变网格工具是对单个对象的不同部分进行颜色填充；混合工具是对多个对象之间进行形状和颜色的混合。

2.6.1　使用渐变填充

渐变填充是指在一个图形中从一种颜色变换到另一种颜色的特殊的填充效果。在 Illustrator CS4 中应用渐变填充，既可以使用工具箱上的▇（渐变工具），也可以使用"色板"面板中的"渐变"面板。图 2-202 为使用渐变工具制作的杯子上的高光效果。

如果需要对渐变填充的类型、颜色及角度等属性进行精确的调整控制，必须对"渐变"面板中的参数进行相关设置。执行菜单中的"窗口|渐变"命令，即可调出"渐变"面板，如图 2-203 所示。

    提示：如果单击"渐变"面板标签上的双向小三角符号，"渐变"面板将会简化显示，如图 2-204 所示。

图 2-202　制作杯子上的高光效果   图 2-203　"渐变"面板   图 2-204　简化显示的"渐变"面板

1. 线性渐变填充

线性渐变填充用于产生一种沿着线性方向使两种颜色逐渐过渡的效果，这是一种最常用的渐变填充方式。使用线性渐变填充的具体操作步骤如下：

1）如果要对图形应用线性渐变填充，必须先选中需要进行线性渐变填充的图形，然后选择工具箱中的▇（渐变工具），如图 2-205 所示。

2）在选取了▇（渐变工具）后，所选的图形还不能自动实现渐变填充，需要在"渐变"面板的"类型"下拉列表中选取渐变类型为"线性"。此时，所选图形才呈现出线性渐变填充的效果，如图 2-206 所示。

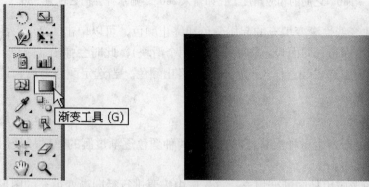

图 2-205　选择"渐变工具"　　　　　　　　　图 2-206　线性渐变效果

3）如果要改变直线渐变的渐变程度，只要选择 ▣（渐变工具），在应用了线性渐变填充的图形上拖出一条直线即可。此时直线的起点表示渐变效果的起始点，直线的终点表示渐变效果的终止点。拖出直线的位置和长短将直接影响渐变的效果，如图 2-207 所示。

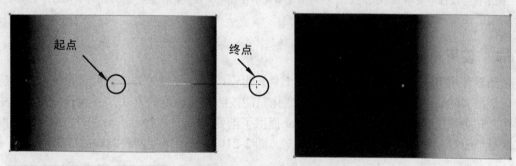

图 2-207　拖出渐变

4）如果要改变直线渐变的渐变方向，只要选取 ▣（渐变工具），然后在应用了线性渐变填充的图形上拖出一条直线即可，此时直线的方向即为渐变效果的渐变方向，如图 2-208 所示。

图 2-208　改变渐变方向

5）如果需要精确控制线性渐变的方向，可以在"渐变"面板的"角度"文本框中输入相应的数值。

提示：系统的默认值是 0。，当输入的角度值大于 180°或者小于 -180°时，系统会自动将角度转换成 -180°～180°之间的相应角度。比如输入 280°，则系将会把它转为 -80°。

6）如果需要改变线性渐变填充的起始颜色和终止颜色，可以单击"渐变"面板中的起始颜色标志或终止颜色标志（即面板色彩条下面的两个滑块），此时会弹出"颜色"面板，用户可以从"颜色"面板中选取颜色作为起始颜色或终止颜色。当选定颜色之后，该颜色将会自动应用于选定的对象上。

2．径向渐变填充

径向渐变填充用于产生一种沿着径向方向使两种颜色逐渐过渡的效果。使用径向渐变填充的具体操作步骤如下：

1）如果要对图形应用径向渐变填充，首先选中需要进行径向渐变填充的图形，然后选择工具箱上的 ▭（渐变工具）。

2）此时，所选的图形还不能自动实现渐变填充，需要在"渐变"面板的"类型"下拉列表中选取渐变类型为"径向"，这样所选图形才呈现出渐变填充的效果，如图 2-209 所示。

提示：与线性渐变填充不同的是，径向渐变填充不存在渐变角度的问题。因为径向填充的方向对于中心点而言是对称的。

2.6.2　使用渐变网格

虽然使用 Illustrator CS4 的 ▭（渐变工具）可以产生很奇妙的效果，但是渐变工具的应用有一个很大的缺陷，即渐变填充的颜色变化只能按照预先设定的方式，并且同一个图形中的渐变方向必须是相同的。为此，Illustrator 提供了渐变网格工具来弥补该缺陷。利用渐变网格可以对单个对象的不同部分进行颜色填充。图 2-210 为使用渐变网格制作的效果。

图 2-209　径向效果

图 2-210　利用渐变网格制作的花朵

1．创建渐变网格

使用 ▦（渐变网格工具）或者执行菜单中的"对象|创建渐变网格"命令，都能将一个对象转换成网格对象，下面分别进行讲解。

（1）利用 ▦（渐变网格）工具创建渐变网格

利用 ▦（渐变网格）工具创建渐变网格的具体操作步骤如下：

1）首先在画布上绘制一个需要实施渐变网格效果的图形并将其选中，如图 2-211 所示。然后选择工具箱上的 (网格工具)，如图 2-212 所示，此时，光标将变为一个带有网格图案的箭头形状，如图 2-213 所示。

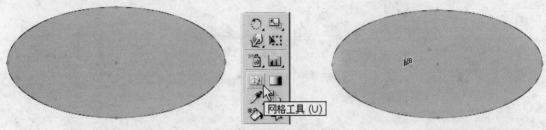

图 2-211　创建图形　　　图 2-212　选择网格工具　　　图 2-213　网格工具的光标显示

2）将光标移动到图形上，在需要制作纹理的地方单击鼠标即可添加一个网格点，多次单击可以生成一定数量的网格点，从而也就形成了一定形状的网格，如图 2-214 所示。

3）选择工具箱上的 (直接选择工具)，然后选中需要上色的网格点，接着在"颜色"面板上选择相应的颜色，则选中的网格点就应用了该颜色，如图 2-215 所示。

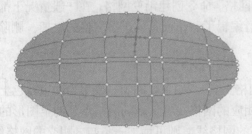
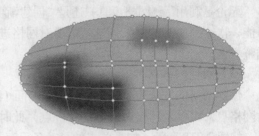

图 2-214　手动创建网格　　　　　　　　图 2-215　对网格点应用所需颜色

（2）利用"创建渐变网格"命令创建渐变网格
利用"创建渐变网格"命令创建渐变网格的具体操作步骤如下：
1）首先在画布上绘制一个需要实施渐变网格效果的图形并将其选中。
2）执行菜单中的"对象|创建渐变网格"命令，此时会弹出如图 2-216 所示的对话框。

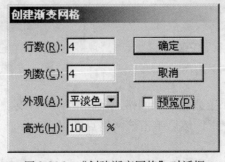

图 2-216　"创建渐变网格"对话框

在该对话框中，可以通过"行数"和"列数"文本框设置图形网格的行数和列数，从而设置网格的单元数。

在"外观"下拉列表中有"平淡色"、"至中心"和"至边缘"3个选项供用户选择。其中，"至中心"表示从图形的边缘向中心进行渐变；"至边缘"表示从图形的中心向边缘进行渐变。图2-217为两种外观方式的对比。

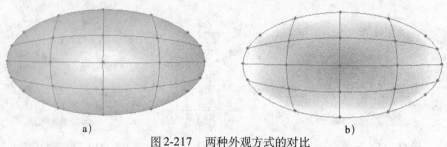

a)   b)

图2-217 两种外观方式的对比

a）至中心   b）至边缘

"高光"文本框中的值用于表示图形在创建渐变网格之后高光处的光强度。值越大，高光处的光强度越大，反之则越小。

2. 编辑渐变网格

无论是利用 ▨（网格工具）还是"创建渐变网格"命令创建渐变网格，在一般情况下都不可能一次达到所需的效果，这就需要对网格进行编辑了。下面具体讲解网格的添加、删除和调整方法。

（1）添加网格

添加网格的方法为：选择工具箱上的 ▨（网格工具），如果要添加一个用当前填充色上色的网格点，可单击网格对象上任意一点，此时相应的网格线将从新的网格点延伸至图形的边缘，如图2-218所示；如果单击的是一条已存在的网格线，则可增加一条与之相交的网格线，如图2-219所示。

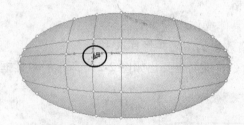

图2-218 单击网格对象上任意一点

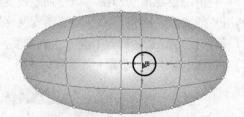

图2-219 在已有的网格线上单击

（2）删除网格

删除网格的方法为：如果要删除一个网格点及相应的网格线，可以在选中工具箱中的 ▨（网格工具）后直接按〈Alt〉键，然后单击该网格点即可。

（3）调整网格

调整网格的方法为：选择工具箱中的 ▨（网格工具），然后在渐变网格图形上单击网格点，此时该网格点将显示其控制柄，接下来即可通过拖动控制柄来对该网格点的网格线进行调整，如图2-220所示。

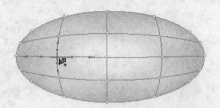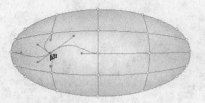

图 2-220　通过拖动控制柄对网格线进行调整

2.6.3　使用混合

混合是 Illustrator CS4 中一个比较有特色的功能，利用它可以混合线条、颜色和图形。使用 (混合工具) 可以在两个或者多个图形之间产生一系列连续变换的图形，从而实现色彩和形状的渐进变化。

混合具有以下 3 个特点：

● 混合可以用在两个或者两个以上的图形之间。图形可以是封闭的，也可以是开放的路径，甚至是群组图形、复合路径及蒙版图形。

● 混合适用于单色填充或者渐变填充的图形，对于使用图案填充的图形则只能做形状的混合，而不能做填充的混合。

● 进行过混合操作的图形会自动结合成为一个新的混合图形，并且其特征是可以被编辑修改的，但更改混合图形中的任何一个图形，整个混合图形都会自动更新。

1. 创建混合

在 Illustrator CS4 中，混合是在两个不同路径之间完成的，单击同一区域内不同路径上的定位点就可以创建出匀称平滑的混合效果。如果单击相反区域内的定位点，混合就会变得扭曲。创建混合的具体操作步骤如下：

1）如果要创建混合效果，首先需要绘制两个图形，这两条图形可以是封闭的路径，也可以是开放的路径。然后为这两条路径设置不同的画笔或者填充属性，如图 2-221 所示。

图 2-221　创建两个混合基础图形

2）选择工具箱上的 (混合工具)，分别单击两个图形，就会产生混合效果，如图 2-222 所示。

同样，也可以利用菜单命令完成混合。其方法为：选中要进行混合的图形，然后执行菜单中的"对象|混合|建立"命令。

混合分为两种：平滑混合和扭曲混合。选取两个图形上相应的点生成的混合是平滑混合，如图 2-222 所示；而选取一个图形上的起点，再选取另一条路径上的终点生成的混合是扭曲混合，如图 2-223 所示。

图 2-222　平滑混合效果　　　　　　　　　　图 2-223　扭曲混合效果

2. 设置混合参数

利用"混合选项"对话框，可以设置混合效果的各项参数，如图 2-224 所示。

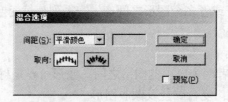

图 2-224　"混合选项"对话框

设置混合参数的具体操作步骤如下：

1）调出"混合选项"对话框。

● 选中需要混合的图形，然后双击工具箱上的（混合工具）。

● 执行菜单中的"对象|混合|混合选项"命令。

2）在"混合选项"对话框的"间距"下拉列表中有"平滑颜色"、"指定的步数"和"指定的距离" 3 个选项供用户选择。

● 如果选择"平滑颜色"选项，则表示系统将按照混合的两个图形的颜色和形状来确定混合步数。一般情况下，系统内定的值会产生平滑的颜色渐变和形状变化。

● 如果选择"指定的步数"选项，则可控制混合的步数。选中此项后，在后面的文本框中可以输入 1~300 的数值。数值越大，混合的效果越平滑。图 2-225 为不同步数的混合效果。

a)　　　　　　　　　　　　　　　　　　　　b)

图 2-225　不同的"指定的步数"的混合效果

a）指定的步数为 3　　b）指定的步数为 6

● 如果选择"指定的距离"选项，则可控制每一步混合间的距离。选中此项后，可以输入 0.1~1300pt 的混合距离。

3）"混合选项"对话框中的"取向"选项用于设定混合的方向。其中，表示以对齐页的方式混合；表示以对齐路径的方式进行混合。图 2-226 为两种对齐方式的比较。

图 2-226　不同"取向"的效果比较

3. 编辑混合图形

1）在生成了混合效果之后，如果需要改变混合效果中起始图形和终止图形的前后位置，不必重新进行混合操作，只需执行菜单中的"对象|混合|反向混合轴"命令即可。

2）如果对执行了混合操作的效果不满意，或者需要单独编辑混合效果中的起始和终止两个图形，可以执行菜单中的"对象|混合|释放"命令，将混合对象释放，从而得到混合前的两个独立图形。

3）调整混合后图形之间的脊线。其方法为：一般情况下脊线为直线，两端的节点为直线节点。但是用户可以使用工具箱上的 ▷ (转换锚点工具) 将直线点转换为曲线点，从而可以对混合图形之间的脊线进行编辑，如图 2-227 所示。

图 2-227　将直线点转换为曲线点

4）如果要混合图形按照一条已经绘制好的开放路径进行混合，可以首先绘制出一条路径，如图 2-228 所示，然后选中混合图形，如图 2-229 所示。接着执行菜单中的"对象|混合|替换混合轴"命令。此时混合图形就会依据所绘制的路径进行混合，如图 2-230 所示。

图 2-228　绘制路径　　　　　　　　　　　图 2-229　选中混合图形

图 2-230　替换混合轴效果

4. 扩展混合

混合后的图形是一个整体，不能对单独某一个图形进行填充等操作。此时，可以通过扩展命令，将其扩展为单个图形，然后再进行相应操作。扩展混合的具体操作步骤如下：

1）选中要扩展的混合图形，然后执行菜单中的"对象|扩展"命令，此时会弹出如图 2-231 所示的对话框。

2）在"扩展"对话框的"扩展"选项组中有"对象"、"填充"和"描边"3 个复选框，设置完毕后单击"确定"按钮，即可将混合图形展开。

3）展开混合图形后，它们还是一组对象，此时，可以使用 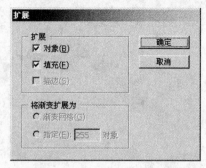（编组选择工具）选取其中的任何图形进行复制、移动、删除等操作。

图 2-231 "扩展"对话框

2.6.4   课后练习

1. 填空题

（1）在"渐变"面板的"类型"下拉列表中有两种渐变类型，它们分别是 _____ 和 _____。

（2）在"混合选项"对话框的"间距"下拉列表中有 3 个选项供用户选择，它们分别是 _____、_____ 和 _____。

2. 选择题

（1）如果要删除一个网格点及相应的网格线，可以在选中工具箱中的 ▦（网格工具）后直接按住（   ）键，然后单击该网格点即可。

    A.〈Alt〉　　　　　B.〈Shift〉　　　　　C.〈Ctrl〉　　　　　D.〈Tab〉

（2）将混合后的图形进行扩展时，"扩展"对话框中共有 3 个复选框供用户选择，它们分别是（   ）。

    A. 对象　　　　　　　　B. 填充

    C. 不透明度　　　　　　D. 描边

3. 简答题

（1）简述渐变、渐变网格和混合工具的区别和联系。

（2）简述混合具有的 3 个特点。

2.7   透明度、外观属性与效果

本节将对 Illustrator CS4 中的透明度、外观属性与效果进行具体讲解。

2.7.1   透明度

透明度是 Illustrator CS4 中一个较为重要的图形外观属性。通过在"透明度"面板中进行设置，可以将 Illustrator CS4 中的图形设置为完全透明的、半透明的或不透明的 3 种状态。

此外，在"透明度"面板中还可以对图形间的混合模式进行设置。所谓混合模式，就是指当两个图形重叠时，Illustrator CS4 提供的上下图层颜色间多种不同颜色的演算方法。不同的混合模式会带给图形完全不同的合成效果，适当的应用混合模式将使作品增色不少。

执行菜单中的"窗口|透明度"命令，可以调出"透明度"面板，如图 2-232 所示。

图 2-232　"透明度"面板

❶ 混合模式：用于设置图形间的混合属性。

❷ 不透明度：用于设置图形的透明属性。

❸ 隔离混合：选择该复选框，能够使不透明设置只影响当前组合或图层中的其他对象。

❹ 挖空组：选择该复选框，能够使透明度设置不影响当前组合或图层中的其他对象，但背景对象仍然受透明度的影响。

❺ 不透明度和蒙版用来定义挖空形状：选择该复选框，可以使用不透明蒙版来定义对象的不透明度所产生的效果有多少。

1. 混合模式

Illustrator CS4 共提供了 16 种混合模式，它们分别是：

● 正常：将上一层的图形直接完全叠加在下层的图形上，在这种模式中，上层图形只以不透明度来决定与下层图形之间的混合关系，是最常用的混合模式。

● 正片叠底：将两个颜色的像素相乘，然后再除以 255 得到的结果就是最终色的像素值。通常在执行正片叠底模式后，颜色比原来的两种颜色都深。任何颜色和黑色执行正片叠底模式得到的仍然是黑色；任何颜色和白色执行正片叠底模式后保持原来的颜色不变。简单地说，正片叠底模式就是突出黑色的像素。

● 滤色：是与"正片叠底"相反的模式，它是将两个颜色的互补色的像素值相乘，然后再除以 255 得到最终色的像素值。通常，执行滤色模式后的颜色都比较浅。任何颜色和黑色执行滤色模式，原颜色不受影响；任何颜色和白色执行滤色模式得到的是白色。而与其他颜色执行此模式都会产生漂白的效果。简单地说，"滤色"模式就是突出白色的像素。

● 叠加：图像的颜色被叠加到底色上，但保留底色的高光和阴影部分。底色的颜色没有被取代，而是和图像颜色混合，以体现原图的亮部和暗部。

● 柔光："柔光"模式根据图像的明暗程度来决定最终色是变亮还是变暗。当图像色比 50% 的灰要亮时，则底色图像变亮；如果图像色比 50% 的灰要暗，则底色图像就变暗。

● 强光："强光"模式是根据图像色来决定执行叠加模式还是滤色模式。当图像色比 50% 的灰要亮时，则底色变亮，就像执行滤色模式一样；如果图像色比 50% 的灰要暗，则就像执行叠加模式一样；当图像色是纯白或者纯黑时，得到的是纯白色或者纯黑色。

● 颜色减淡："颜色减淡"模式通过查看每个通道的颜色信息来降低对比度，使底色的颜色变亮，从而反映绘图色。和黑色混合没有变化。

● 颜色加深："颜色加深"模式通过查看每个通道的颜色信息来增加对比度，以使底色的颜色变暗,从而反映绘图色。和白色混合没有变化。

● 变暗:"变暗"模式查看各颜色通道内的颜色信息,并按照像素比较底色和图像色哪个更暗,然后以这种颜色作为最终色,使低于底色的颜色被替换,暗于底色的颜色保持不变。

● 变亮:"变亮"模式恰好与"变暗"模式相反。

● 差值:"差值"模式通过查看每个通道中的颜色信息,比较图像色和底色,用较亮的像素点的像素值减去较暗的像素点的像素值,差值作为最终色的像素值。与白色混合将使底色反相,与黑色混合则不产生变化。

● 排除:与"差值"模式类似,但是比"差值"模式生成的颜色对比度略小,因而颜色较柔和。与白色混合将使底色反相,与黑色混合则不产生变化。

● 色相:"色相"模式是采用底色的亮度、饱和度及图像色的色相来创建最终色。

● 饱和度:"饱和度"模式是采用底色的亮度、色相及图像色的饱和度来创建最终色。

● 混色:"混色"是采用底色的亮度以及图像色的色相、饱和度来创建最终色。它可以保护原图的灰阶层次,对于图像的色彩微调,给单色和彩色图像着色都非常有用。

● 亮度:与"混色"模式恰好相反,"亮度"模式采用底色的色相和饱和度,以及绘图色的亮度来创建最终色。

2. 透明度

Illustrator CS4 是用"不透明度"来描述图形的透明程度的,用户可以通过调整滑块或者直接输入数值的方式设定不透明度值,如图 2-233 所示。

图 2-233   调整不透明度数值及效果

在默认情况下,Illustrator CS4 中新创建图形的"不透明度"值为 100%。当图形的"不透明度"值为 100% 时,图形是完全不透明的,此时不能透过它看到下方的其他对象;当图形的"不透明度"值为 0 时,图形是完全透明的;当图形的"不透明度"值介于 0%~100% 之间时,图形是半透明的。图 2-234 为不同透明度的比较。

a)   b)   c)

图 2-234   不同透明度的效果比较
a) 不透明度为 0   b) 不透明度为 50   c) 不透明度为 100

"透明度"面板包含一个将图形制作为"不透明蒙版"的设置。它与下一节要讲的普通的蒙版一样。不透明度蒙版也是不可见的，但它可以将自己的不透明设置应用到它所覆盖的所有图形中。

制作"不透明蒙版"的具体操作步骤如下：

1）选中需要作为蒙版的图形。

2）单击"透明度"面板右上角的小三角，然后在弹出的快捷菜单中选择"建立不透明蒙版"命令。

2.7.2 "外观"面板

在 Illustrator CS4 中，图形的填充色、描边色、线宽、透明度、混合模式和效果等均属于外观属性。执行菜单中的"窗口|外观"命令，即可调出"外观"面板，如图 2-235 所示。

图 2-235　外观面板

"外观"面板显示了下列 4 种外观属性的类型。

● 填色：列出了填充属性，包括填充类型、颜色、透明度和效果。

● 描边：列出了边线属性，包括边线类型、笔刷、颜色、透明度和效果。

● 不透明度：列出了透明度和混合模式。

● 效果：列出了当前选中图形所应用的效果菜单中的命令。

1. 使用"外观"面板

利用"外观"面板可以浏览和编辑外观属性。

（1）通过拖动将外观属性施加到物体上

通过拖动将外观属性施加到物体上的具体操作步骤如下：

1）确定图形没有被选择。

2）拖动"外观"面板左上角的外观属性图标到该图形上，如图 2-236 所示，结果如图 2-237所示。

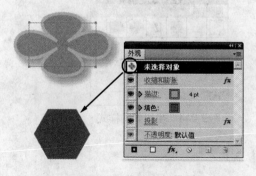

图 2-236　将图标拖到图形上

图 2-237　施加外观后的效果

（2）记录外观属性

记录外观属性的具体操作步骤如下：

1）在线稿中选择一个要改变外观属性的图形，如图 2-238 所示。

2）在"外观"面板中选择要记录的外观属性，如图 2-239 所示。

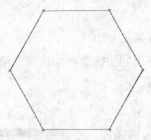

图 2-238　选择要改变外观属性的图形

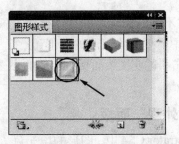

图 2-239　选择要记录的外观属性

3）在"外观"面板中向上或向下拖动外观属性到想要的位置后松开鼠标，即可将样式赋予图形，结果如图 2-240 所示。此时可以从"外观"面板中查看相关参数，如图 2-241 所示。

4）在"外观"面板中将黄色填充向上移动，如图 2-242 所示，则图形对象随之发生改变，如图 2-243 所示。然后将其拖入"图形样式"面板中，从而产生一个新的样式，如图 2-244 所示。

图 2-240　将样式赋予图形效果

图 2-241　"外观"面板

图 2-242　将黄色填充向上移动

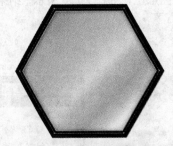

图 2-243　更改外观属性后的物体

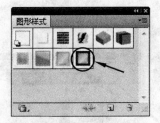

图 2-244　生成新的样式

（3）修改外观属性

修改外观属性的具体操作步骤如下：

1）在线稿中选择一个要改变外观属性的图形。

2）在"外观"面板中双击要编辑的外观属性，打开相应对话框后编辑其属性，如图 2-245 所示。

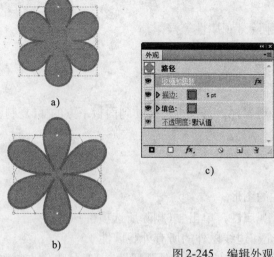
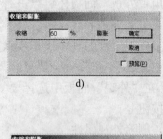
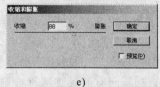

图 2-245　编辑外观属性

a）原物体　　　b）更改"收缩和膨胀"后的对象　　c）双击"收缩和膨胀"效果，调出"收缩和膨胀"对话框
d）原物体的"收缩和膨胀"对话框　　e）更改后的"收缩和膨胀"对话框

（4）增加另外的填充和描边

增加另外的填充和描边的具体操作步骤如下：

1）在"外观"面板中选择一个填充或者描边属性，然后单击面板下方的 ▣（复制所选项目）按钮，增加一个填充或描边属性（此时复制的是描边属性），如图 2-246 所示。

图 2-246　复制描边属性

2）对复制后的填色和描边属性进行设置（此时设置的是描边属性），结果如图 2-247 所示。

图 2-247　设置复制后的描边属性

2.编辑"外观"属性

利用"外观"面板还可以进行复制、删除外观属性等操作。

（1）复制外观属性

复制外观属性的具体操作步骤如下：

1）在线稿中选择一个要复制外观属性的图形。

2）在"外观"面板中选择要复制的外观属性，将其直接拖动到面板下方的 ⬚（复制所选项目）按钮上。

（2）删除外观属性

删除外观属性的具体操作步骤如下：

1）在线稿中选择一个要删除外观属性的图形。

2）在"外观"面板中选择要删除的外观属性，单击 ⬚（删除所选项目）按钮。

（3）删除所有的外观属性或删除除填充和边线以外的所有外观属性

要删除所有的外观属性或删除除填充和边线以外的所有外观属性，其具体操作步骤如下：

1）在线稿中选择一个要改变外观属性的图形。

2）删除包括填充和边线在内的所有的外观属性。其方法为：在"外观"面板中，单击 ⬚（清除外观）按钮。

3）删除除填充和边线以外的所有的外观属性。其方法为：在"外观"面板中，单击 ⬚（简化至基本外观）按钮。

2.7.3 效果

"效果"的相关命令位于"效果"菜单中，分为 Illustrator 效果和 Photoshop 效果两种类型，如图 2-248 所示。使用它们可以制作出变化多端的特殊效果。

2.7.4 课后练习

1.填空题

（1）"外观"面板显示了下列 4 种外观属性的类型，它们分别是 _____、_____、_____ 和 _____。

（2）Illustrator CS4 提供了 ____ 种混合模式，利用 ____ 面板可以对图形间的混合模式进行设置。

2.选择题

（1）在"外观"面板中，单击（　）按钮，可以删除除填充和边线以外的所有外观属性。

图2-248　"效果"菜单

A. ⬚　　　　B. ⬚　　　　C. ⬚　　　　D. ⬚

（2）在"透明度"面板中，选择（　）模式可以使任何颜色和白色混合后得到白色。

A. 滤色　　　　　　　　B. 变暗

C. 变亮　　　　　　　　D. 正片叠底

3. 简答题

(1) 简述修改图形外观属性的方法。

(2) 简述"透明度"面板中各参数的用途。

(3) 简述"效果"与"滤镜"的区别。

2.8　图层与蒙版

当创建复杂的作品时，需要在绘图页面创建多个对象。由于各图形对象的大小可能不一致，会出现小图形隐藏在大图形下面的情况，这样选择和查看都很不便。此时，可以对图层进行某些编辑，如更改图层中图形的排列顺序，在一个父图层下创建子图层，在不同的图层之间移动图形，以及更改图层的排列顺序等。

2.8.1　"图层"面板

执行菜单中的"窗口|图层"命令，可以调出"图层"面板，如图 2-249 所示。通过它可以很容易地选择、隐藏、锁定及更改作品的外观属性等，并可以创建一个模板图层，以便在临摹作品或者从 Photoshop 中导入图层时使用。

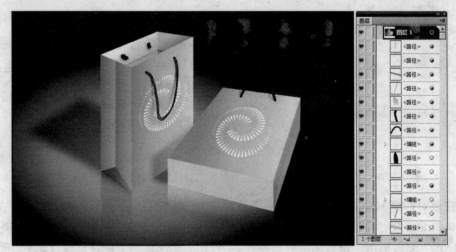

图 2-249　图层面板

● 图层名称：用于区分每个图层。

● 可视性图标 ：用于设置显示或隐藏图层。

● 锁定图标 ：用于锁定图层，以避免错误操作。

● 建立 / 释放剪切蒙版 ：用于为当前图层中的图形对象创建或释放剪切蒙版。

● 创建子图层 ：单击该按钮，可在当前工作图层中创建新的子图层。

提示：在 Illustrator CS4 中，一个独立的图层可以包含多个子图层，若隐藏或锁定其主图层，那么该图层中的所有子图层也将被隐藏或锁定。

● 创建新图层 ：单击该按钮，即可创建一个新图层。

● 删除所选图层 ：单击该按钮，即可删除当前选择的图层。

● ：单击该按钮，将弹出快捷菜单，如图 2-250 所示。利用该快捷菜单的命令可以对图层进行相关操作。

1. 新建图层

新建图层的具体操作步骤如下：

1）单击"图层"面板下方的 （创建新图层）按钮，系统会自动创建一个透明的图层，并处于被选择状态，此时可以在该图层中创建对象。

2）如果要在创建图层时设置图层的属性，可以单击"图层"面板右上方的小三角，在弹出的快捷菜单中选择"新建图层"命令，如图 2-250 所示。此时会弹出"图层选项"对话框，如图 2-251 所示。

图 2-250　图层快捷菜单

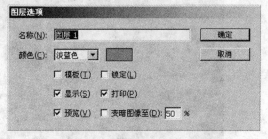

图 2-251　"图层选项"对话框

3）在该对话框中，"模板"复选框用于设置是否产生模板层，模板层是不可修改的图层，只能在 Illustrator 文件中显示，不能用于打印和输出；"锁定"复选框用于设置是否锁定当前图层；"显示"复选框用于设置图层的可视性；"打印"复选框用于设置是否打印；"预览"复选框用于控制图层是处于预视状态还是处于线条稿状态；"变暗图像至"复选框用于设置层中的图形淡化，淡化程度由该选项后的数值确定。

2. 显示和隐藏图层

在"图层"面板中可以看到每一层前面都有一个 （眼睛）图标，如图 2-252 所示。 （眼睛）图标代表层的可视性。单击眼睛图标，可隐藏该图层中的图形对象；再次单击眼睛图标，可显现该图层中的图形对象。

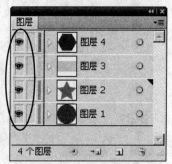

图 2-252　 （眼睛）图标

3. 锁定图层

如果对一个层中的图形修改完毕，为了避免不小心更改其中

的某些信息，最好采用锁定图层的方法。锁定图层的具体操作
步骤如下：

1）单击"图层"面板眼睛和层之间的一个空方格，即会出
现一个 🔒 图标，如图 2-253 所示，表示此图层被锁定。在解锁之
前，既不能编辑此层中的物体，也不能在此层中增加其他元素。

2）如果想对图层解锁，可再次单击 🔒 图标，使 🔒 图标隐去，
此时就可以对此层及此层中的物体进行编辑了。

图 2-253　锁定图层

4. 选择、复制和删除图层

选择、复制和删除图层的具体操作步骤如下：

1）选择图层。方法：直接在"图层"面板的图层名称上单
击，此时该图层会呈高亮度显示，并在名称后会出现一个 🔺（当
前图层指示器）标志，如图 2-254 所示，表明该图层是活动的。

> 提示：如果要选择多个连续的图层，可按住〈Shift〉键，单击第一个
> 和最后一个图层；如果要选择多个不连续的图层，可按住
> 〈Ctrl〉键，逐个单击图层。

2）复制图层。其方法为：选择并拖动图层到"图层"面板
下方的 按钮上。

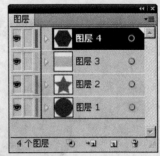

图 2-254　选择图层

3）删除图层。其方法为：选择并拖动图层到"图层"面板下方的 按钮上。

5. 层的效果定制

在"图层"面板中，可以对层施加外观属性，例如
样式、效果及透明等。当外观属性被施加到组或者层中
后，后增加的图形都会被赋予施加的外观属性，这就是
效果定制。

图层右边的图标，如图 2-255 所示，表明了是否被
施加外观属性或者是否执行了效果定制。

● ◎ ：表明图层还没有施加外观属性或者执行效
果定制命令。

● ◎ ：表明图层施加了外观属性或者执行了效果
定制命令。

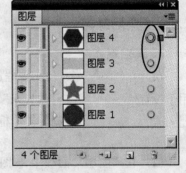

图 2-255　被施加外观属性或者执行效果定制

● ◎ ：表明图层已经执行了效果定制命令，但是还没有施加外观属性。

2.8.2　创建剪贴蒙版

剪贴蒙版可以裁剪部分线稿，使一部分图形可以透过创建的一个或多个形状得到显示。
创建剪贴蒙版的具体操作步骤如下：

1）在"图层"面板中，选择作为剪贴蒙版和被剪贴对象的组或者物体，如图 2-256 所示。

> 提示：最上面的物体将作为剪贴蒙版。

图 2-256　选择作为剪贴蒙版和被剪贴对象的组

2）单击"图层"面板底部的 按钮，或者执行菜单中的"对象 | 剪贴蒙版 | 建立"命令，如图 2-257 所示。

图 2-257　剪贴蒙版效果

2.8.3　课后练习

1. 填空题

（1）在"图层选项"对话框中，"模板"复选框用于设置＿＿＿＿＿＿＿；"锁定"复选框用于设置＿＿＿＿＿＿；"显示"复选框用于设置＿＿＿＿＿＿；"打印"复选框用于设置＿＿＿＿＿＿；"预览"复选框用于控制＿＿＿＿＿＿＿；"变暗图像至"复选框用于设置＿＿＿＿＿＿。

（2）在"图层"面板中， 图标用于设置＿＿＿＿＿＿； 图标用于设置＿＿＿＿。

2. 选择题

（1）在"图层"面板中，选择作为剪贴蒙版和被剪贴对象的组或者物体，然后单击（　）按钮，即可产生剪贴蒙版。

　　A. 　　　B. 　　　C. 　　　D.

（2）下列（　）标志表示图层执行了效果定制命令，但是还没有施加外观属性。

　　A. 　　　B. 　　　C. 　　　D.

3. 简答题

（1）简述创建剪贴蒙版的方法。

（2）简述选择、复制和删除图层的方法。

第 3 章 Illustrator CS4 的新增功能

本章重点：

本章将对 Illustrator CS4 的新增功能做一个全面讲解，通过本章的学习，应掌握 Illustrator CS4 主要的新增功能。

3.1 文档中的多个画板

在 Illustrator CS4 中可以创建包含多达 100 个不同尺寸画板的多页文件，如图 3-1 所示。所创建的多个画板可以重叠、平铺或堆叠在一起，也可以单独或统一保存、导出和打印画板。

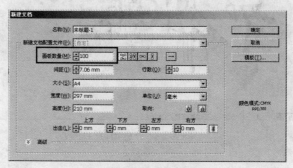

图 3-1 创建多个画板

3.2 斑点画笔工具

使用工具箱中的 ☑（斑点画笔工具）绘制的路径只有填充效果，没有描边效果。"斑点画笔"可以与具有复杂外观的图稿进行合并，条件是图稿没有描边，并且"斑点画笔"设置为在绘制时使用完全相同的填充和外观。例如，对于一个带有投影效果、用黄色填充的矩形，用户就可以为"斑点画笔"设置同样的属性，然后在矩形上绘制一条贯穿其中的路径，此时两条路径将会合并。同时还可轻松选择并编辑最终生成的形状。

提示："斑点画笔"与"橡皮擦"工具一起使用，可准确而直观地绘制矢量图。

3.3 扩展渐变面板和工具

使用增强的渐变工具，用户可以与对象本身进行渐变交互操作，比如添加或更改渐变色标，为色标添加透明效果，以及更改线性渐变或椭圆渐变的方向和角度等，如图 3-2 所示。

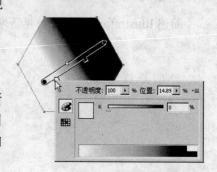

图 3-2 增强的渐变功能

3.4　分色预览面板

在打印前进行分色预览，可以避免颜色输出出现意外，比如出现意想不到的专色和不希望的叠印效果。"分色预览"面板如图 3-3 所示，使用它可轻松打开或关闭颜色，从而可看出在分色输出时可能出现的混合、透明和叠印的具体效果。

图 3-3　"分色预览"面板

3.5　具有更简洁外观的剪切蒙版

在移动和转换蒙版对象时，Illustrator CS4 只显示蒙版区域。双击蒙版对象，则以"隔离"模式打开它，从而可以查看和编辑独立于所有其他对象的蒙版。

3.6　在面板内进行外观编辑

在"外观"面板中可以直接编辑对象特征，无须打开填充、描边或效果面板。单击某个属性对应的可视性图标，即可轻松打开或关闭该属性。

3.7　练习

简述 Illustrator CS4 的主要新增功能。

第 2 部分　基础实例

第4章 基本工具

本章重点：

本章将通过 4 个实例来讲解 Illustrator CS4 基本工具的具体应用。通过本章的学习，应掌握绘制图形及设置相应填充色与线条的方法，并学会利用"旋转"、"缩放"、"镜像"、"自由变形"等工具对图形进行编辑，以及"描边"面板的应用。

4.1 钢笔工具的使用

 制作要点：

钢笔工具的使用不好掌握，但其规律其实是十分简单的。本例将从易到难，分 5 个步骤绘制一组图形，如图 4-1 所示。通过本例的学习，相信大家一定能够利用 ◊ (钢笔工具) 熟练地绘制贝塞尔曲线，并通过 ◊ (添加节点工具)、◊ (删除节点工具) 和 ◊ (转换节点工具) 对贝塞尔曲线进行修改。

操作步骤：

第 1 阶段：绘制直线

1）执行菜单中的"文件|新建"命令，在弹出的对话框中设置参数，如图 4-2 所示，然后单击"确定"按钮，新建一个文件。

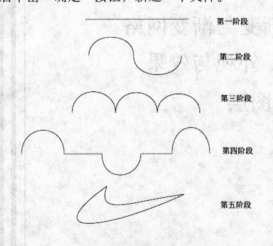

图 4-1 钢笔工具的使用

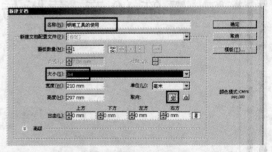

图 4-2 设置"新建文档"参数

2）选择工具箱中的 ◊ (钢笔工具)，鼠标指针会变成 × 形状。然后在需要绘制直线的地方单击，接着配合〈Shift〉键在页面合适的位置单击，这时会创建线段的另一个节点，而且在两个节点之间会自动生成一条直线段，起始点和终止点分别为该直线段的两个端点，如图 4-3 所示。

提示：在绘制直线时，配合〈Shift〉键是为了保证成45°的倍数绘制直线。

图4-3 两个节点连成一条直线

第2阶段：绘制不同方向的曲线

1）选择工具箱中的 ◊.(钢笔工具)，在需要绘制曲线的地方单击鼠标左键，则页面上会出现第一个节点。然后按住鼠标不放（配合〈Shift〉键）向上拖动，这时该节点两侧会出现两个控制柄，如图4-4所示。用户可以通过拖动控制点来调整曲线的曲率，控制柄的方向和形状决定了曲线的方向和形状。接着在页面上另外的一点单击鼠标左键并向下拖动（配合〈Shift〉键），结果如图4-5所示。

2）同理，在另外一点单击鼠标左键并向上拖动，结果如图4-6所示。

图4-4 节点两侧会出现两个控制柄　图4-5 单击鼠标左键并向下拖动　图4-6 单击鼠标左键并向上拖动

第3阶段：绘制同一方向的曲线

1）首先绘制曲线，如图4-5所示。

2）由于控制柄的方向决定了曲线的方向，此时要产生同方向的曲线，这就意味着要将下方的控制柄移到上方来。其方法为：按住工具箱中的 ◊.(钢笔工具)，在弹出的隐藏工具中选择 ▷.(转换锚点工具)，或者按〈Alt〉键切换到该工具上。然后选择下方的控制柄向上拖动（配合〈Shift〉键），使两条控制柄重合，结果如图4-7所示。

3）同理，绘制其余的曲线，结果如图4-8所示。

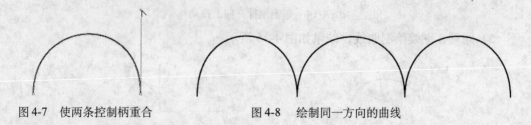

图4-7 使两条控制柄重合　　　　图4-8 绘制同一方向的曲线

第4阶段：绘制曲线和直线相结合的线段

1）首先绘制曲线，如图4-5所示。

2）将 ◊.(钢笔工具)定位在第2个节点处，此时会出现节点转换标志，如图4-9所示。然后单击该点，则下方的控制柄消失了，如图4-10所示，这意味着平滑点转换成了角点。接着配合〈Shift〉键在下一个节点处单击，从而产生一条直线，如图 4-11 所示。

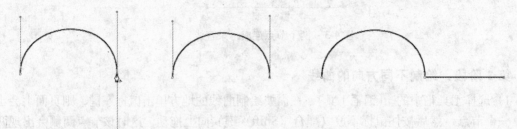

图 4-9　出现节点转换标志　　　　图 4-10　下方控制柄消失　　　　　图 4-11　曲线接直线

3）如果要继续绘制曲线，可在第 3 个节点处单击，如图 4-12 所示。然后向下拖动鼠标产生一个控制柄，如图 4-13 所示。

提示： 该控制柄的方向将决定曲线的方向。

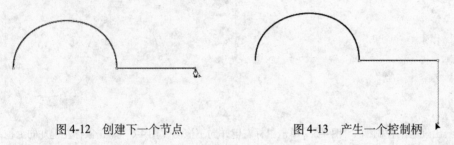

图 4-12　创建下一个节点　　　　　　　　图 4-13　产生一个控制柄

4）在页面相应位置单击鼠标并向上拖动，结果如图 4-14 所示。

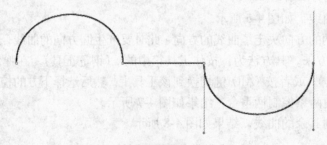

图 4-14　单击鼠标并向上拖动

5）同理，继续绘制曲线，结果如图 4-15 所示。

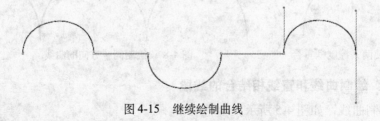

图 4-15　继续绘制曲线

第 5 个阶段：利用两个节点绘制图标

1）利用 （钢笔工具）绘制两个节点（在绘制第 1 个节点时向下拖动鼠标，在绘制第 2 个节点时向上拖动鼠标），然后将鼠标放到第 1 个节点上，此时会出现如图 4-16 所示的标记，这意味着单击该节点将封闭路径。此处单击该节点封闭路径，结果如图 4-17 所示。

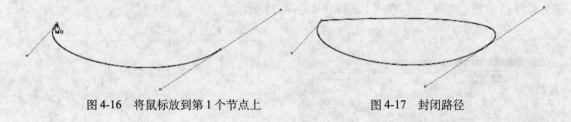

图 4-16　将鼠标放到第 1 个节点上　　　　　图 4-17　封闭路径

2）通过调整控制柄的方向和形状，来改变曲线的方向和形状，结果如图 4-18 所示。

图 4-18　改变曲线的方向和形状

4.2　旋转的圆圈

制作要点：

本例将制作旋转的圆圈效果，如图 4-19 所示。通过本例的学习，应掌握填充、线条和 （旋转工具）的应用。

图 4-19　旋转的圆圈

操作步骤：

1）执行菜单中的"文件|新建"命令，在弹出的对话框中设置参数，如图4-20所示，然后单击"确定"按钮，新建一个文件。

2）选择工具箱中的 ◯（椭圆工具），设置线条色为黑色，填充色为无色，然后按住〈Shift〉键在绘图区中拖动，从而创建一个正圆，如图4-21所示。

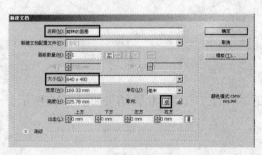

图4-20　设置"新建文档"参数

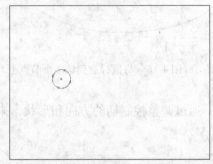

图4-21　绘制一个正圆

3）选择绘制的圆形，然后选择工具箱中的 ◯（旋转工具），按住〈Alt〉键在绘图区的中央单击，从而确定旋转的轴心点，如图4-22所示。接着在弹出的对话框中设置"角度（Angle）"为5°，如图4-23所示。再单击"复制"按钮，复制出一个圆形并将其旋转5°，结果如图4-24所示。

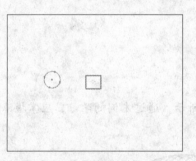

图4-22　确定旋转的轴心点

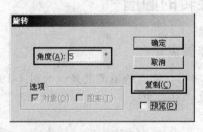

图4-23　设置旋转角度

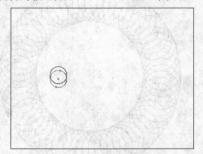

图4-24　旋转复制效果

4）多次按快捷键〈Ctrl+D〉，重复旋转操作，最终效果如图4-25所示。

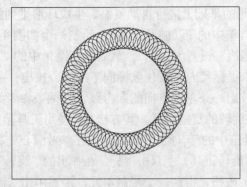

图 4-25 最终效果

4.3 制作线条规则变化的轨迹

制作要点：

"线"在平面造型上具有十分重要的作用，它是物体抽象化表现的有力手段，具有卓越的造型力。矢量图形软件一般都很擅长制作规律性变化的曲线轨迹，本例将线条放置在黑暗的背景之中，明亮的线条变化仿佛光的轨迹一般。虽然简单，但却具有惊人的力量感，如图4-26所示。通过本例的学习，应掌握利用线条制作规则轨迹的方法。

图 4-26 线条规则变化的轨迹

操作步骤：

1）执行菜单中的"文件｜新建"命令，创建一个空白图形文件，存储为"线条.ai"。

2）绘制深暗的背景。其方法为：选择工具箱中的 ▭（矩形工具），绘制一个矩形框，并将该矩形的"填充"颜色设置为一种深暗的蓝色（参考颜色数值为：CMYK（100，100，50，35）），将"描边"颜色设置为"无"。

3）本例包括3个线条图例，先制作第1个——椭圆线框图形。它的制作原理为"多重复制"，即在一个椭圆线框图形的基础上进行自动复制，生成环形排列的多重椭圆形，从而构成复杂的线条结构。选取工具箱中的 (椭圆工具)，绘制一个如图4-27所示的窄长的椭圆形（"填色"设置为"无"，"描边"设置为白色）。然后执行菜单中的"视图｜显示标尺"命令，调出标尺。再将鼠标移至水平标尺内，按住鼠标向下拖动，拉出一条水平方向参考线。接着将鼠标移至垂直标尺内，拉出一条垂直方向的参考线，使两条参考线交汇于椭圆中心。

4）制作第一个绕中心旋转的复制单元。其方法为：使用工具箱中的 (选择工具) 选中这个椭圆形，然后选择工具箱中的 (旋转工具)，先在参考圆心处单击鼠标，将圆心设为新的旋转中心点。接着在 (旋转工具) 上双击鼠标，在弹出的"旋转"对话框中设置参数，如图4-28所示，单击"复制"按钮，得到一个复制单元，最后单击"确定"按钮，一个以圆心为中心点旋转5°的新椭圆线框出现了，如图4-29所示。至此，第1个复制单元制作完成。

5）接下来进行多重复制。其方法为：反复按快捷键〈Ctrl+D〉，以相同间隔（每5°圆弧排放一个单元）进行自动多重复制，以产生出多个均匀地环绕同一圆心旋转的复制图形，如图4-30所示。

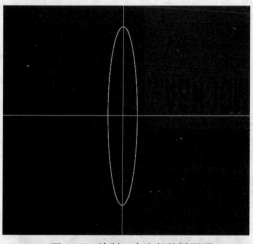

图4-27　绘制一个窄长的椭圆形

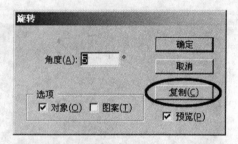

图4-28　在"旋转"对话框中定义旋转角度

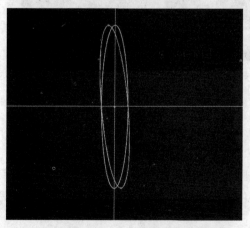

图4-29　得到第一个复制的旋转单元

图4-30　以相同间隔进行多重复制

6）利用工具箱中的 ▶ （选择工具）选中所有椭圆形，按快捷键〈Ctrl+G〉将它们组成一组。然后在工具箱中的 ◪（比例缩放工具）上双击鼠标，在弹出的对话框中设置参数，如图4-31所示，单击"确定"按钮，椭圆线框图形即被整体复制出一份，并向内收缩一圈，两层图形重叠构成如图4-32所示的复杂效果。放大重叠图形的中心部分，可见线条由于反复交叉形成了一种繁复的视觉美感，如图4-33所示。

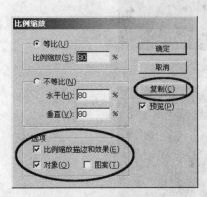

图4-31 "比例缩放"对话框

图4-32 以相同间隔进行多重复制

图4-33 线条由于反复交叉形成了一种繁复的视觉美感

7）第2个线条变化图形的制作原理与第一个椭圆线框图形类似，也是利用"多重复制"手法，但图形单元换为一条曲线路径，复制不是通过旋转而是通过平移的方式进行的。下面先绘制这条曲线路径，其方法为：选用工具箱中的 ◯（钢笔工具），在页面中绘制如图4-34所示的曲线路径。绘制完之后，还可利用工具箱中的 ▷（直接选择工具）调节锚点及其手柄以修改曲线形状。然后将"填充"颜色设置为"无"，将"描边"颜色设置为黄色（参考颜色数值为：CMYK（0，0，70，0））。接着打开"描边"面板，将"粗细"设置为0.25pt。

提示：由于复制后线条数量较多且有重叠，因此应设置较细的线型。

8）利用工具箱中的 ▶（选择工具）选中这条曲线路径，按住〈Alt〉键向左下方稍微移动路径，可以复制出一条路径，作为第1个复制单元，如图4-35所示。

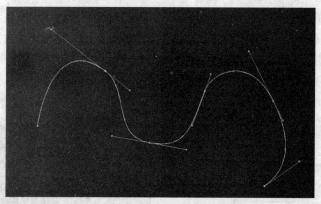

图 4-34   绘制一条曲线路径

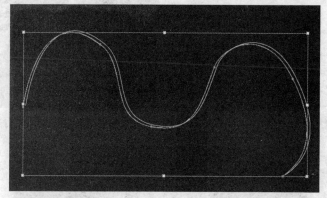

图 4-35   往左下方复制出一条曲线路径作为第 1 个复制单元

9）接下来进行多重复制。其方法为：反复按快捷键〈Ctrl+D〉，复制出多条等距离往左下方排列的曲线路径。此时曲线重复排列形成了优美的线条效果，重叠部分的色彩明度显著增加，自然形成了一种微妙的光效，如图 4-36 所示。

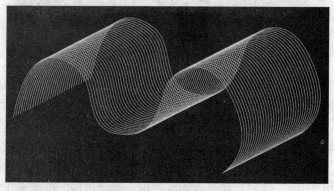

图 4-36   一种微妙的光效

10）　现在制作第 3 个线条变化的奇妙图形。该类图形的制作原理为两个单元形之间的形状（颜色）渐变，主要应用 Illustrator 中的"混合"功能来实现。本例中采用的单元形为八边形，先绘制位于中心较小的八边形。其方法为：利用工具箱中的 (多边形工具) 绘制出一个普通多边形（默认情况下绘制出的是六边形），在绘制过程中（没有松开鼠标按键时）按键盘上的上移键可以增加多边形的边数，按下移键可以减少多边形的边数。然后将多边形的"填充"颜色设置为"无"，将"描边"颜色设置为黄色（参考颜色数值为：CMYK（0，0，80，0））。接着打开"描边"面板，将"粗细"设置为 0.25pt，效果如图 4-37 所示。

11）利用工具箱中的 ▶（选择工具）选中这个多边形，执行菜单中的"编辑｜复制"命令，然后执行菜单中的"编辑｜贴在前面"命令，将多边形复制一份。接着，按住〈Alt〉键和〈Shift〉键向外拖动八边形的任意一个控制手柄，使复制图形向外扩大，如图 4-38 所示。最后，将它的"填充"颜色设置为"无"，将"描边"颜色设置为深蓝色（参考颜色数值为：CMYK（100，100，50，0））。

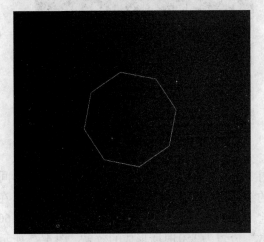

图 4-37　绘制第一个八边形

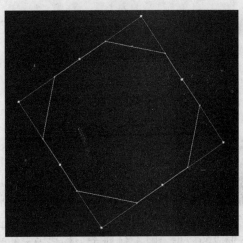

图 4-38　复制出一个八边形并向外扩大

12）由于所生成 多边形的外形过于平整，需要在图形"混合"之前先对其外形进行修改。方法为：使用工具箱中的 ▶（选择工具），按〈Shift〉键依次选中这两个多边形，然后执行菜单中的"效果｜扭曲和变换｜收缩和膨胀"命令，在弹出的"收缩和膨胀"对话框中设置参数，如图 4-39 所示，单击"确定"按钮，结果如图 4-40 所示。可见，两个多边形形成了向外放射的曲线图形。

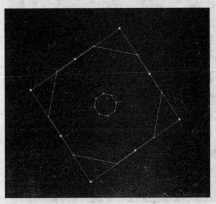

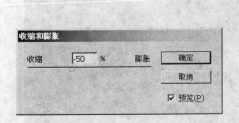

图 4-39　"收缩和膨胀"对话框

图 4-40　两个多边形形成了向外放射的曲线图形

13）在两个基本图形单元制作完后，接下来进行图形的"混合"操作。可以先将"混合"想象成几个对象的外形（颜色）相互融合所产生的效果。其方法为：在保持两个多边形选中的前提下，执行菜单中的"对象｜混合｜建立"命令，然后执行菜单中的"对象｜混合｜混合选项"命令，在弹出的对话框中设置参数，如图4-41所示，单击"确定"按钮，结果如图4-42所示。

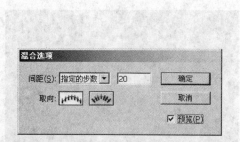

图4-41 在"混合选项"对话框中设置步数为20　　　图4-42 步数为20时的产生的混合效果

14）读者可以多做几次试验，尝试设置不同"指定的步数"。较小的步数将在两个图形间清晰地分布对象，而较大的步数则产生出浓密的线条排列。由于其颜色渐变效果较平滑，在深暗的背景里容易在视觉上形成强烈的发光感觉。图4-43所示为将"指定的步数"设置为60时所形成的效果，图4-44所示为将"指定的步数"设置为150时所形成的效果。图4-45所示为放大局部的效果，从图中可以清晰地看到线条的重复排列和颜色间的过渡。

提示：几个图形对象的"混合"操作还可以沿弯曲的路径进行。

15）至此，3个基于"线条重复"原理制作出的呈规律性变化的曲线图形全部完成，总体效果如图4-46所示。读者可以依据本例介绍的几种思路，制作出变化更加丰富的线条图形。

图4-43 步数为60时产生的混合效果　　　　　图4-44 步数为150产生的混合效果

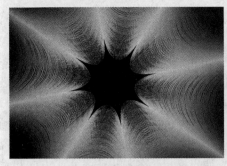

图 4-45　放大局部效果　　　　　　　图 4-46　3 个呈规律性变化的曲线图形

4.4　制作由线构成的海报

**制作要点：**

　　本例取材于《莫斯科之声》期刊封面，在暗红色的背景中，细微的线条极具规律地按圆或直线轨迹进行重复，是以线为主要造型元素的抽象设计作品之一，如图 4-47 所示。通过本例的学习，应掌握"多重复制"功能的应用。

图 4-47　由线构成的海报

操作步骤：

　　1）执行菜单中的"文件 | 新建"命令，创建一个空白图形文件，存储为"由线构成的海报.ai"。

　　2）绘制暗红色的背景。方法：选择工具箱中的（矩形工具），绘制一个矩形框. 然后按快捷键〈F6〉，打开"颜色"面板，在面板右上角弹出的菜单中选择"CMYK"选项，将该矩形的"填充"颜色设置为一种稍暗的红色（参考颜色数值为：CMYK（30，100，100，10）），将"描边"颜色设置为"无"。

3）接下来要制作一系列沿同一个中心不断旋转复制的圆形线框。其制作原理是 Illustrator 软件中常用的多重复制功能，即以一个单元图形（圆形线框）为基础，环绕同一中心点进行自动复制，生成极其规范的沿环形排列的多重圆形。首先选择工具箱中的▨（椭圆工具），按住〈Shift〉键绘制出一个正圆形，并将该圆形的"填充"颜色设置为"无色"，"描边"颜色设置为白色（或浅灰色）。然后按快捷键〈Ctrl+F10〉，打开"描边"面板，将"粗细"设置为 0.5pt。接着执行菜单中的"视图｜显示标尺"命令，调出标尺，各拉出一条水平方向和垂直方向的参考线，使两条参考线交汇于一点，如图 4-48 所示。

4）在"多重复制"之前，先生成第 1 个绕中心旋转的复制单元。其方法为：选择工具箱中的▨（选择工具）选中该圆形线框，然后选择工具箱中的▨（旋转工具），先在参考中心处单击鼠标，设置新的旋转中心点。接着，按住〈Alt〉键拖动圆形向一侧移动，复制出一个沿中心点旋转的圆形线框图形，作为第一个复制单元，如图 4-49 所示。

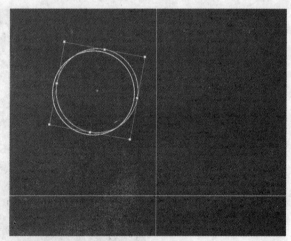

图 4-48　绘制一个白色圆形线框　　　　图 4-49　得到第一个沿中心旋转的复制单元

5）接下来进行多重复制。其方法为：反复按快捷键〈Ctrl+D〉，以相同间隔进行自动多重复制，以产生出多个均匀地环绕同一圆心旋转的复制图形，形成如图 4-50 所示的线圈结构。

6）将圆形线圈中的局部圆形的"描边"改变为红色。其方法为：利用工具箱中的▨（选择工具）选中圆形线圈中上部的一部分圆形，然后将选中的这些圆形的"描边"颜色更改为红色（参考颜色数值为：CMYK（0，100，80，0）），如图 4-51 所示。最后，将所有圆形线框图形一起选中，按快捷键〈Ctrl+G〉将它们组成一组。

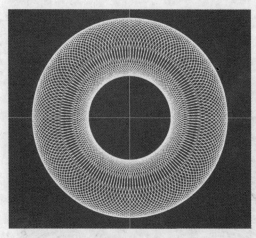

图 4-50　多个均匀环绕同一圆心旋转的图形

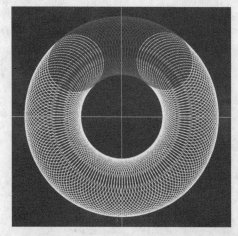

图 4-51　将上部一些圆形的"描边"改变为红色

7）在线圈内部区域添加一个黄灰色的圆形。方法：选择 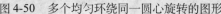(椭圆工具)，同时按住〈Shift〉和〈Alt〉键，然后从参考线的交点出发向外拖动鼠标，绘制出一个从中心向外扩散的正圆形。接着将其"填充"颜色设置为一种黄灰色（参考颜色数值为：CMYK（10，20，50，20）），将"描边"颜色设置为白色。再在"描边"面板中将"粗细"设置为1pt，效果如图4-52所示。

8）线圈制作完成后，在线圈的中心位置绘制黑色剪影式的主题图形。参考如图4-53所示的效果，利用工具箱中的 (钢笔工具) 先描绘出轮廓路径，然后将所有路径的"填充"颜色设置为黑色。当画到顶端部分时，较细的直线可用工具箱中的 (直线段工具) 来绘制。

图 4-52　在线圈内部添加一个黄灰色圆形

图 4-53　绘制黑色剪影式的主题图形

9）可视情况将图形中一些主要部分填充为黑灰渐变色，从而增加一些视觉变化的因素。方法：先利用工具箱中的 (选择工具) 选中位于中间部位较粗的路径。然后按快捷键〈Ctrl+F9〉打开"渐变"面板，设置填充色为"黑色—灰色–黑色"的三色线性渐变（灰色参考数值为：K40），如图4-54所示。对于位于右下角位置的3个小闭合路径的渐变色请读者自行设置，效果如图4-55所示。

提示：自动填充的渐变色方向不一定理想，作为一种常用的调节方法，可在工具箱中选择▦(渐变工具)，然后在已填充渐变的图形上拖出一条直线，且直线的方向和长度分别控制渐变的方向与色彩分布。

图4-54 "渐变"面板中设置三色渐变　　图4-55 将几个主要闭合路径填充为黑灰渐变色

10）在黑色剪影式图形的左上部分添加一个抽象的黑色人形，也以剪影的形式来表现，利用工具箱中的▨(钢笔工具) 直接绘制填色即可，效果如图4-56所示。

11）以图形"混合"的方法来制作海报底部排列的圆形。先绘制出3个基本的圆形，然后在这3个圆形间以"混合"方式进行复制。其方法为：选择工具箱中的◎(椭圆工具)，按住〈Shift〉键绘制出1个正圆形（"描边"设置为白色，"粗细"设置为0.25pt）。然后选择▨(选择工具)，按住〈Alt〉键向右拖动该圆形（拖动的过程中按住〈Shift〉键可保持水平对齐），得到1个复制单元。同理，再复制出1个圆形，如图4-57所示排列。最后，将位于两侧的两个圆形的"描边"颜色设置为红色（参考颜色数值为：CMYK（30，100，100，10））。

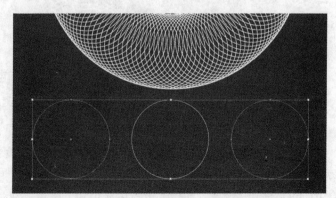

图4-56 添加黑色人形剪影　　　　　图4-57 绘制出3个基本圆形

12）选择▨(选择工具)，按住〈Shift〉键将3个圆形同时选中，接下来进行图形的"混合”操作。其方法为：执行菜单中的“对象｜混合｜建立”命令，然后执行菜单中的“对象｜混合｜混合选项”命令，在弹出的对话框中设置参数，如图 4-58 所示，单击“确定”按钮，结果如图 4-59 所示。可见，3 个圆形间自动生成了一系列水平排列的复制图形，并且颜色也形成了从两侧到中心的渐变效果。

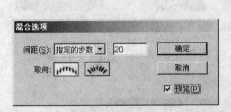

图 4-58 “混合选项”对话框　　　图 4-59 在 3 个圆形间自动生成了一系列水平排列的复制图形

13）在海报上添加文字。其方法为：选择工具箱中的 ⊤（文字工具），输入文本“MBOPNT MOCKBA…”。然后在“工具”选项栏中设置“字体”为“Arial”，“字体样式”为“Bold”。接着执行“文字｜创建轮廓”命令，将文字转换为如图 4-60 所示的由锚点和路径组成的图形。最后使用 ▶（选择工具）对文字海报进行拉伸变形（本例将标题文字设计为窄长的风格），并将“填充”颜色设置为白色，然后放置到如图 4-61 所示的海报中靠上的位置。

图 4-60 将文字转换为由锚点和路径组成的图形

图 4-61 将标题文字置于海报中靠上的位置

14）使用工具箱中的 ▶（选择工具）选中标题文字，然后执行菜单中的“效果｜风格化｜投影”命令，在弹出的对话框中设置参数，如图 4-62 所示，在文字右下方添加黑色的投影，以增强文字的立体效果，如图 4-63 所示。

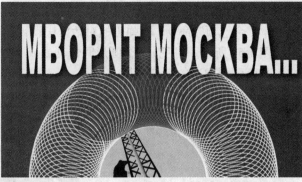

图 4-62 "投影"对话框　　　　　　　　图 4-63 在文字右下方添加投影的效果

15）同理，输入文本"GOVORIT MOSKVA…"，并制作投影效果，如图 4-64 所示。至此，整个海报制作完毕，最终效果如图 4-65 所示。

图 4-64 制作标题下小字的效果

图 4-65 最终效果

4.5 练习

（1）制作交通警示牌效果，如图 4-66 所示。参数可参考配套光盘中的"课后练习\第 4 章\交通警示牌.ai"文件。

（2）制作标志效果，如图 4-67 所示。参数可参考配套光盘中的"课后练习\第 4 章\标志.ai"文件。

图 4-66　交通警示牌效果

图 4-67　标志效果

（3）制作苹果图形效果，如图 4-68 所示。参数可参考配套光盘中的"课后练习\第 4 章\苹果图形.ai"文件。

图 4-68　苹果图形效果

第5章 绘图与着色

本章重点：

本章将通过4个实例来具体讲解绘图与着色的相关知识。通过本章的学习，应掌握对图形上色的方法，以及"路径查找器"面板和"色板"面板的应用。

5.1 齿轮

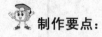 **制作要点：**

本例将制作齿轮效果，如图5-1所示。通过本例的学习，应掌握"路径查找器"面板的应用。

操作步骤：

1）执行菜单中的"文件|新建"命令，在弹出的对话框中设置参数，如图5-2所示，然后单击"确定"按钮，新建一个文件。

2）为了绘制同心圆，下面利用参考线来确定同心圆的中心点。其方法为：执行菜单中的"视图|显示标尺"命令，调出标尺，然后分别从水平和垂直标尺中拉出两条参考线，如图5-3所示。

图5-1 齿轮

> **提示：** Illustrator CS4的参考线默认是锁定的，这样可以有效避免参与路径查找器运算。如果要移动参考线的位置，可以取消勾选菜单中的"视图|参考线|锁定参考线"选项，解锁参考线。

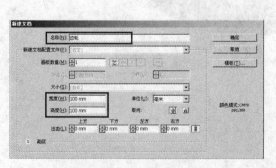

图5-2 设置"新建文档"属性

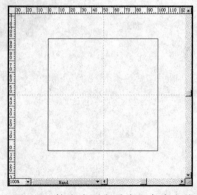

图5-3 拉出水平和垂直两条参考线

3）选择工具箱中的 （椭圆工具），配合〈Shift+Alt〉组合键，以参考线的交叉点为中心绘制一个正圆形，如图5-4所示。

4）选择工具箱中的 （星形工具），绘制一个16边星形，如图5-5所示。

提示: 在绘制星形时可以通过向上箭头键增加星形数目,通过向下箭头键减少星形数目;在绘制星形的过程中,还可使用〈Ctrl〉键在不改变外径尺寸的情况下改变内径的尺寸。

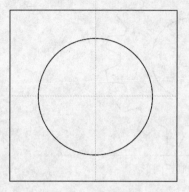

图5-4 绘制正圆形

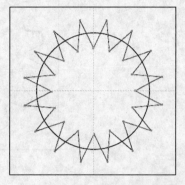

图5-5 绘制16边星形

5)执行菜单中的"窗口 | 路径查找器"命令,调出"路径查找器"面板,然后单击 （与形状区域相交)按钮(见图5-6),结果如图5-7所示。

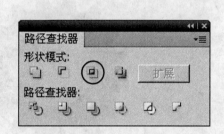

图5-6 单击 按钮

图5-7 与形状区域相交后的效果

6)选择工具箱中的 (椭圆工具),配合〈Shift+Alt〉组合键,以参考线的交叉点为中心绘制一个正圆形,如图5-8所示。

7)同时选择两个图形,在"路径查找器"面板中单击 （与形状区域相加)按钮(见图5-9),结果如图5-10所示。

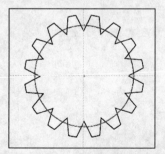

图5-8 绘制正圆形

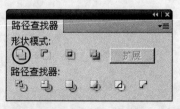

图5-9 单击 按钮

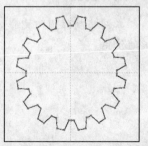

图5-10 与形状区域相加后的效果

8)选择工具箱中的 (椭圆工具),配合〈Shift+Alt〉组合键,以参考线的交叉点为中心绘制一个正圆形,如图5-11所示。

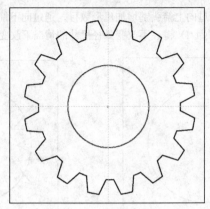

图 5-11　绘制正圆形

9）选择所有图形，在"路径查找器"面板中单击 （与形状选区相减）按钮（见图 5-12），结果如图 5-13 所示。

10）至此，齿轮制作完毕。为了便于观看效果，将齿轮填充为黑色，结果如图 5-14 所示。

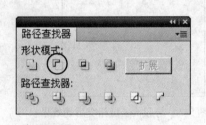

图 5-12　单击相关按钮

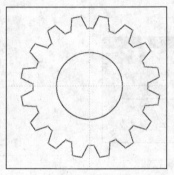

图 5-13　与形状选区相减后的效果

图 5-14　齿轮效果

5.2　阴阳文字

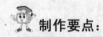 **制作要点：**

本例将制作阴阳文字效果，如图 5-15 所示。通过本例的学习，应掌握"路径查找器"面板的使用。

图 5-15　阴阳文字

操作步骤：

1）执行菜单中的"文件|新建"命令，在弹出的对话框中设置参数，如图5-16所示，然后单击"确定"按钮，新建一个文件。

2）选择工具箱中的 **T**（文字工具），输入文字，字色为黄色（RGB（255，125，0）），字号为72，如图5-17所示。

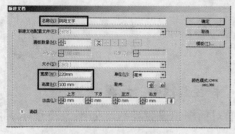

图5-16 设置"新建文档"参数

图5-17 输入文字

3）利用工具箱中的（自由变形工具）将文字适当地拉长，如图5-18所示。

4）选择工具箱中的（矩形工具），在文字下部绘制一个矩形，如图5-19所示。

图5-18 将文字适当地拉长

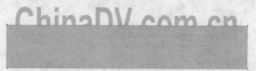

图5-19 在文字下部绘制一个矩形

5）执行菜单中的"窗口|路径查找器"命令，调出"路径查找器"面板。然后选择文字和矩形，按住〈Alt〉键，单击（排除重叠形状选区）按钮（见图5-20），结果如图5-21所示。

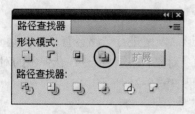

图5-20 单击 按钮

图5-21 排除重叠形状选区后的效果

5.3 五彩圆环

制作要点：

本例将制作互相缠绕的五环效果，如图5-22所示。通过本例的学习，应掌握吸管工具和

"路径查找器"面板的应用。

图 5-22 缠绕的五彩圆环

操作步骤:

方法 1:利用线条"扩展"为图形,再进行"路径查找器"运算

1)执行菜单中的"文件|新建"命令,在弹出的对话框中设置参数,如图 5-23 所示,然后单击"确定"按钮,新建一个文件。

2)选择工具箱中的 ◯ (椭圆工具),设置填充色为无色,描边色为蓝色,然后在绘图区中绘制一个圆环。接着选择工具箱中的 ▸ (选择工具),配合键盘上的〈Alt〉键复制出其余 4 个圆环,并赋给它们不同的描边色,结果如图 5-24 所示。

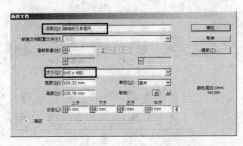

图 5-23 设置"新建文档"参数

图 5-24 绘制圆环

3)此时 5 个圆环是线条状态,下面将它们转换为图形,以便进行"路径查找器"运算。其方法为:选择绘图区中的所有图形,然后执行菜单中的"对象|扩展"命令,在弹出的对话框中设置参数,如图 5-25 所示,单击"确定"按钮,结果如图 5-26 所示。

图 5-25 设置"扩展"参数

图 5-26 "扩展"后的结果

4）执行菜单中的"窗口|路径查找器"命令，调出"路径查找器"面板。然后选择绘图区中的所有图形，单击 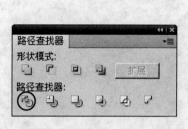（分割）按钮，如图5-27所示。此时，5个圆环中相交和不相交的区域会分离开，且在图形相交处会产生新的节点，如图5-28所示。

图5-27 单击 （分割）按钮

图5-28 "分割"后的结果

5）选择工具箱中的 （群组选择工具），选中分离后的黄色图形，如图5-29所示。然后选择工具箱中的 （吸管工具）吸取蓝色，结果如图5-30所示。

图5-29 选中分离后的黄色图形

图5-30 吸取蓝色后的结果

6）同理，对其余圆环进行处理，最终效果如图5-31所示。

图5-31 最终效果

方法2：直接对图形进行"路径查找器"运算

1）执行菜单中的"文件|新建"命令，新建一个文件。

2）选择工具箱上的 （椭圆工具），设置填充色为蓝色，描边色为无色，然后在绘图区中绘制一个圆环。接着双击 （比例缩放工具），在弹出的对话框中设置参数，如图5-32所示，单击"复制"按钮，复制出一个大小为原来的80%的圆形，如图5-33所示。

3）选择工具箱中的 ▶ （选择工具），框选一大一小两个圆形，然后单击"路径查找器"面板中的 ♌ （与形状选区相减）按钮，从大圆中减去小圆，结果如图5-34所示。

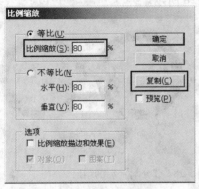

图5-32　设置参数

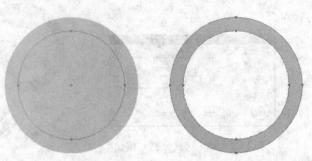

图5-33　比例缩放效果　　　图5-34　与形状选区相减后的效果

4）复制其余4个圆环，并赋给它们不同的颜色。然后对其执行方法1中的第4）步和第5）步，最终效果如图5-31所示。

5.4　制作重复图案

制作要点：

在设计中，通过一个核心基本图形，进行连续不断地反复排列，称为重复基本形。大的基本形重复，可以产生整体构成后的秩序的美感；细小、密集的基本形重复，可以产生类似肌理的效果。本例要制作的重复图案属于基本图形组合的重复（即以多个形体为一组进行重复排列），如图5-35所示。通过本例的学习，应掌握利用Illustrator CS4软件制作无缝连接图案的一种主要思路。

图5-35　重复图案效果

操作步骤：

1）执行菜单中的"文件｜新建"命令，创建一个空白图形文件，存储为"图案.ai"。然后选取工具箱中的◎（多边形工具），绘制一个如图5-36所示的正六边形（如果绘制出来的六边形摆放角度不对，可以对它进行旋转操作）。接着，执行菜单中的"视图｜参考线｜建立参考线"命令，将这个六边形转换为参考线，再执行菜单中的"视图｜参考线｜锁定参考线"命令，将其位置锁定。

2）参照这个六边形的外形，将其想像成一个立方体造型的外轮廓。然后选择工具箱中的图（钢笔工具），依次绘制出立方体的3个面，并分别填充为黑（参考色值：K100）、深灰（参考色值：K40）、浅灰（参考色值：K10）3种颜色，如图5-37所示。

提示：可从标尺中拖出水平和垂直参考线，以定义六边形的中心点。

3）选择工具箱中的▶（选择工具），按住〈Shift〉键将立方体的3个构成面都选中，然后按快捷键〈Ctrl+G〉将它们组成一组。接着，执行菜单中的"编辑｜复制"命令，将组合后的图形复制一份，再执行菜单中的"编辑｜贴在前面"命令，将复制出的图形原位粘贴在原图形的前面。

4）选择工具箱中的图（比例缩放工具），在如图5-38所示的位置单击鼠标，设置缩放的中心点，然后同时按住〈Alt〉键和〈Shift〉键向内拖动鼠标，得到一个中心对称的等比例缩小的立方体图形（也可以在放缩工具图标上双击鼠标，打开"比例缩放"对话框，在"比例缩放"栏内输入50%，得到一个缩小一半的立方体）。

图5-36 绘制一个六边形作为参考线　　图5-37 绘制出立方体的3个面　　图5-38 复制缩小的中心对称的立方体

5）执行菜单中的"对象｜变换｜旋转"命令，在弹出的"旋转"对话框中设置参数，如图5-39所示，让缩小的立方体图形旋转180°。单击"确定"按钮，结果如图5-40所示。可见，两个叠放的立方体图形由于强烈的灰度对比，形成了一定程度上的凹陷的错觉。再用工具箱中的▶（选择工具），将两个立方体图形一起选中，按快捷键〈Ctrl+G〉将它们组成一组，共同构成一个单元图形。

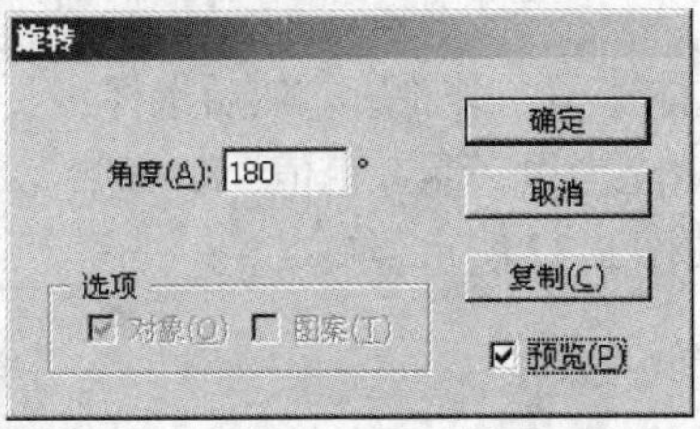

图 5-39 “旋转”对话框

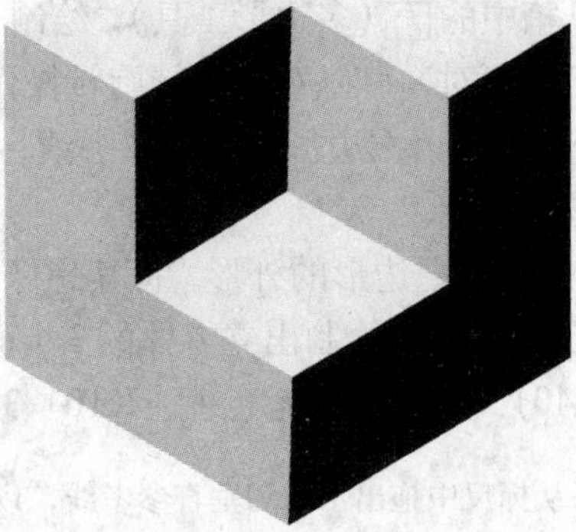

图 5-40 将中间的小立方体旋转 180°

6）本例中要制作完全拼接的六边形重复式图案，如果以前面步骤制作的单元六边图形作为图案单元，使用（选择工具）将其直接拖入到“色板”面板中，填充后将得到如图 5-41 所示的效果，即六边形以行排列的形式进行重复，中间会不可避免地留下白色的空间，这是因为 Illustrator CS4 软件中的基本图案单元都是以矩形为单位来定义的。

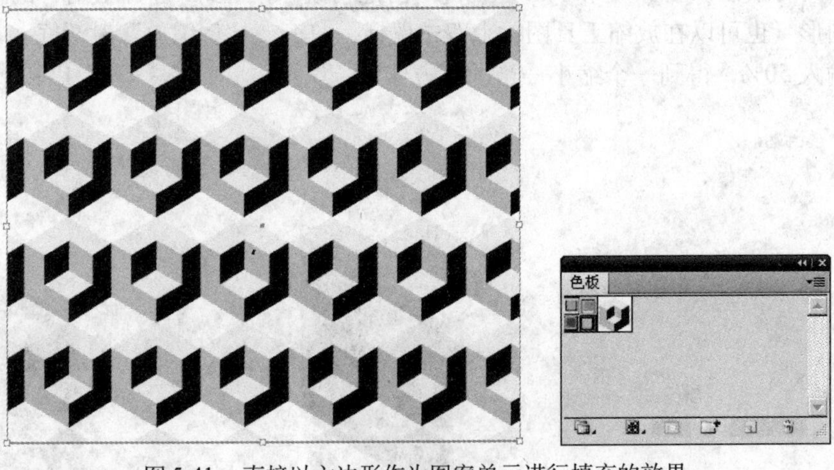

图 5-41 直接以六边形作为图案单元进行填充的效果

7） 如何将六边形完全地紧密拼接在一起呢？下面介绍一个小决窍：将六边形复制 6 次，按如图 5-42 所示的效果拼在一起，形成环状结构，这就是我们需要的图形单元。但是到此步为止，图案单元还未制作完成。选择工具箱中的（矩形工具），绘制一个矩形框，并将其置于如图 5-43 所示的位置，该矩形框定义了图案拼贴的边界。用于定义图案的矩形框必须符合以下两个条件：

- 矩形必须是没有“填充”和“描边”的纯路径。
- 执行菜单中的“对象 | 排列 | 置于底层”命令，将矩形框移至图案单元图形之下。

最后，将 7 个六边形和下面的矩形框同时选中，按快捷键〈Ctrl+G〉将它们组成一组。

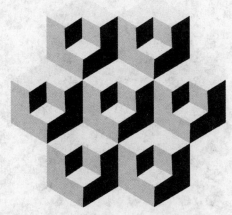

图 5-42 将 7 个六边形拼成环状结构 图 5-43 绘制矩形定义图案拼贴的边界

8）执行菜单中的"窗口｜色板"命令，打开"色板"面板，将刚才成组的图案单元用 （选择工具）直接拖入到"色板"面板中，生成一个新的图案小图标。现在图案单元制作完成了，用矩形工具绘制一个大面积的矩形框，单击"色板"面板中新建立的小图标，即可得到均匀而整齐的六边形填充图案效果，此时，六边形自动拼接在一起，没有任何间隙，如图 5-44 所示。

图 5-44 最后填充的图案效果

5.5 练习

（1）制作印第安人头像效果，如图 5-45 所示。参数可参考配套光盘中的"课后练习＼第 5 章＼印第安头像.ai"文件。

（2）制作印有图案的桌布效果，如图 5-46 所示。参数可参考配套光盘中的"课后练习＼第 5 章＼桌布.ai"文件。

图 5-45　印第安头像效果

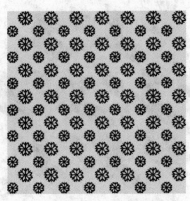

图 5-46　桌布效果

第6章 图表、画笔与符号

本章重点：

本章将通过4个实例来讲解Illustrator CS4的图表、画笔与符号在实际设计工作中的具体应用。通过本章的学习，应掌握图表、画笔与符号的使用方法。

6.1 制作自定义图表

制作要点：

使用大家熟悉的Office办公软件，可以制作出各种类型的图表，但是如果要将自己绘制的图形定义为图表图案，那将是非常复杂的操作，而使用Illustrator CS4则可以轻松地完成。本例将教大家制作自定义的图表，如图6-1所示。通过本例的学习，应掌握工具箱中的图表工具的使用，以及将图形定义为参考线和将自定义图案指定到图表中的方法。

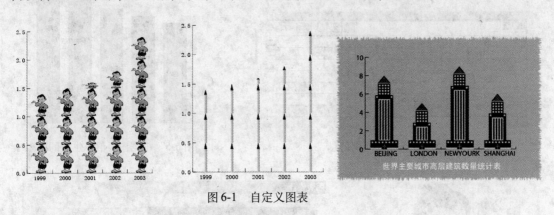

图6-1 自定义图表

操作步骤：

1. 制作原始图表

1）执行菜单中的"文件|新建"命令，在弹出的对话框中设置参数，如图6-2所示，然后单击"确定"按钮，新建一个文件。

2）选择工具箱中的 ，在页面的工作区中单击，弹出一个对话框，如图6-3所示。在对话框中可以精确输入长和宽的具体数值，也可以用 ![图标] 拖出一个图表区域，然后在弹出的对话框中设置参数，如图6-4所示，单击"确定"按钮，则在刚才拖拉的图表区域中会产生一个图表，如图6-5所示。

2. 将自定义的图案指定到图表中去

1）将配套光盘中的"素材及结果\第6章 图表、画笔与符号\6.1 制作自定义图表\小人.ai"文件复制到当前文件中，如图6-6所示。

2）选中小人图形，执行菜单中的"对象|图表|设计"命令，在弹出的"图表设计"对话框中单击"新建设计"按钮，从而将小人图形定义为图表图案，如图6-7所示，然后单击"确定"按钮。

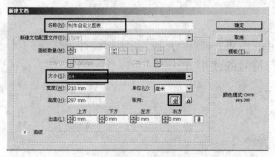

图6-2 设置"新建文档"参数

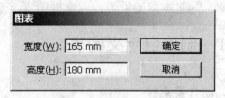

图6-3 "图表"对话框

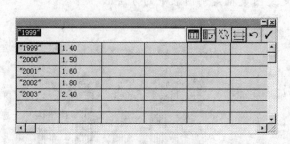

图6-4 输入图表所需信息

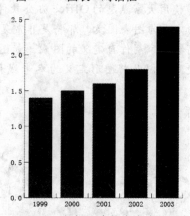

图6-5 根据图表信息生成的图表

图6-6 复制图形到当前文件

图6-7 将小人图形定义为图表图案

3）选择工作区中的图表单击鼠标右键，在弹出的快捷菜单中选择"列"命令，接着在弹出的"图表列"对话框中设置参数，如图6-8所示，单击"确定"按钮，结果如图6-9所示。

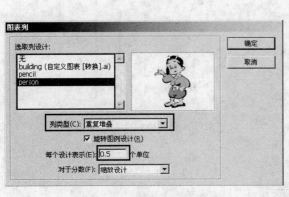

图6-8 设置"图表列"参数

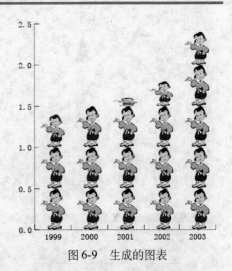

图6-9 生成的图表

4）同理，可将其他图形定义为图表图案，并将定义的图案指定到图表中，如图6-10和图6-11所示。

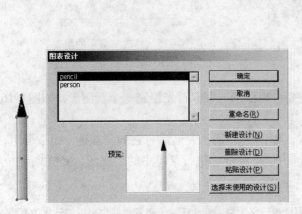

图6-10 将图案指定到图表中

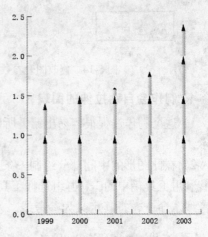

图6-11 自定义图案的图表

3. 修改图表图案在图表中的分布

1）此时铅笔间距垂直过近。为了解决这个问题，可以在铅笔外面绘制一个矩形，并设置其填充色和描边色均为无，效果如图6-12所示。然后将其定义为图表图案，并指定到图表中，结果如图6-13所示。

提示： 此时铅笔位于矩形内部，重复的图形为矩形。

2）此时铅笔水平间距过大。为了解决这个问题，可以用鼠标右键单击图表，在弹出的快捷菜单中选择"类型"命令，然后在弹出的对话框中设置参数，如图6-14所示，再单击"确定"按钮，结果如图6-15所示。

图 6-12　将填充色和描边色均设置为无

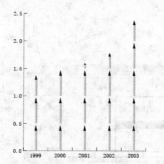

图 6-13　将图案指定到图表中

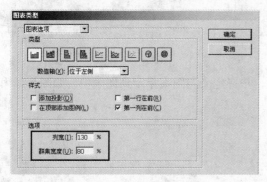

图 6-14　修改图表参数

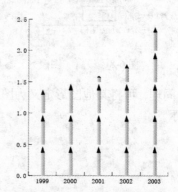

图 6-15　修改参数后的图表

4．制作会自动拉伸的图表

1）这个制作过程很容易出错，所以需要讲得详细一些。首先绘制一个新图形，如图 6-16 所示。

2）在此图形的中间部分绘制一条直线，如图 6-17 所示，然后将它们全部选中组成群组，接着利用工具箱中的 ⬚（群组选择工具）选中这条直线，执行菜单中的"视图 | 参考线 | 建立参考线"命令，将其定义为参考线。

提示：在 Illustator CS4 中，任意一条曲线都可以被定义为参考线，任意一条参考线也可以被转化为直线。

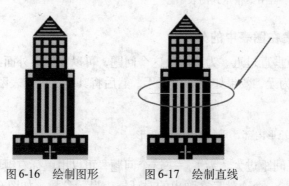

图 6-16　绘制图形　　　图 6-17　绘制直线

3）选中图 6-17 中的所有图形，执行菜单中的"对象 | 图表 | 设计"命令，在弹出的"图表设计"对话框中单击"新建设计"按钮，从而将其定义为图表图案，如图 6-18 所示。

4）单击"确定"按钮，将图案应用到新的图表中，如图6-19所示。此时会发现结果和前面的例子并没有什么不同，这并不是我们想要的结果，下面进行进一步处理。

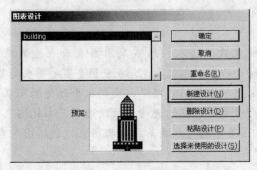

图6-18　定义为图表图案

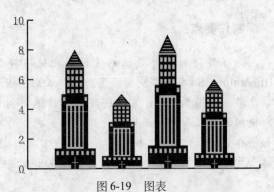

图6-19　图表

5）用鼠标右键单击图表，在弹出的对话框中进行如图6-20所示的修改，修改后的结果如图6-21所示。

提示：将直线定义为参考线的目的是为了以该参考线为标准拉伸图形。

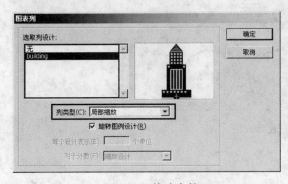

图6-20　修改参数

图6-21　修改参数后的图表

6）此时，参考线没有消失，执行菜单中的"视图|参考线|隐藏参考线"命令，将其隐藏即可。

7）将文字背景等修饰加到这几个图表上，结果如图6-22所示。

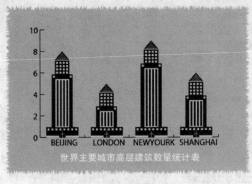

图6-22　最终效果

6.2 制作趣味图表

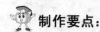 制作要点：

为了获得对各种数据的统计和比较直观的视觉效果，人们通常采用图表来表达数据。Illustrator CS4 将其强大的绘图功能引入到了图表的制作中，也就是说，在应用丰富的图表类型创建了基础图表之后，用户还可以尽情地将创意思想融入到图表之中，定制出个性化的图表，以使图表的显示生动而富有情趣。本例将制作一个对普通饼状图进行设计改造的艺术化图表，如图 6-23 所示。通过本例的学习，应掌握自定义图案笔刷、创建基础数据图表、创建图案表格、文字的区域内排版和沿线排版等知识的综合应用。

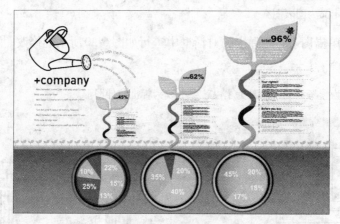

图 6-23　趣味表格

操作步骤：

1）执行菜单中的"文件 | 新建"命令，在弹出的对话框中设置参数，如图 6-24 所示，然后单击"确定"按钮，新建一个名称为"图表.ai"的文件。

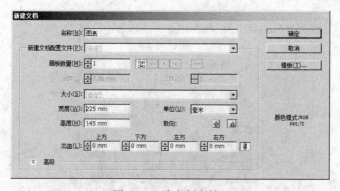

图 6-24　建立新文档

2）这是一个以饼状图为主的图表，使图表与周围环境浑然一体是表格趣味化的核心，因此先来设置环境并划分版面中大的板块。方法：选择工具箱中的 □ (矩形工具)，绘制一个与页面等宽的矩形，并使其顶端位于标尺横坐标 100mm 的位置，使其底端与页面底边对齐。然后按快捷键〈Ctrl+F9〉打开"渐变"面板，设置如图 6-25 所示的从上至下的线性渐变（参考数值分别为：CMYK（28，50，60，0），CMYK（50，60，75，5）)，并将"描边"设置为无。

3）紧靠矩形的上部绘制一个很窄的矩形条，将其填充为从上至下的线性渐变（参考数值分别为：CMYK（35，0，95，0），CMYK（50，60，75，5）)，并将"描边"设置为无，如图 6-26 所示。

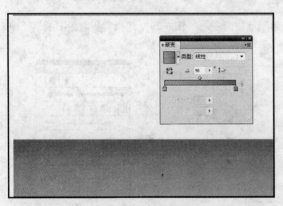

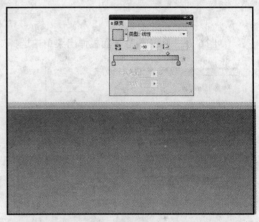

图 6-25　绘制与页面等宽的矩形并填充为渐变色　　　　图 6-26　紧靠矩形上部绘制一个很窄的矩形条

4）该艺术图表通过不断生长的植物来象征网络营销的优势分析，在页面中多次出现了植物形象，下面先利用"自定义画笔"来制作位于页面中部的一排处于萌芽状态的小苗。方法：先利用工具箱中的 📝（钢笔工具）绘制出如图 6-27 所示的小苗图形，并将其填充为草绿色（参考颜色数值为：CMYK（40，10，100，0）)，然后利用工具箱中的 ▢（矩形工具）绘制出一个矩形框（"填充"和"描边"都设置为无）。再利用 ▧（选择工具）同时选中该矩形框和小苗图形，按〈F5〉键打开"画笔"面板，在面板弹出菜单中选择"新建画笔"命令，如图 6-28 所示。此时在弹出的"新建画笔"对话框中列出了 Illustrator 可以创建的 4 种画笔类型，这里选择"新建图案画笔"项，如图 6-29 所示，单击"确定"按钮。接着在弹出的"图案画笔选项"对话框中采用默认设置，如图 6-30 所示，单击"确定"按钮，此时新创建的画笔会自动出现在"画笔"面板中，如图 6-31 所示。

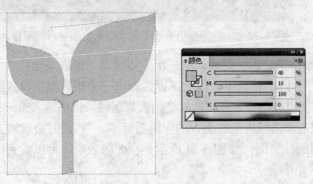

图 6-27　绘制出小苗的图形

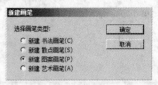

图6-28 在"画笔"面板弹出菜单中选择"新建画笔"命令   图6-29 选择"新建图案画笔"项

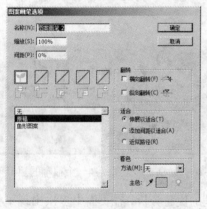

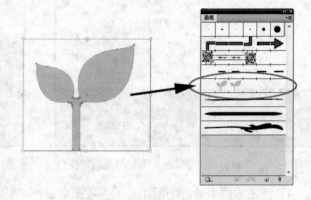

图6-30 "图案画笔选项"对话框   图6-31 新建画笔出现在"画笔"面板中

提示： 矩形框的宽度以及它与小苗图形两侧的距离很重要，它将决定后面自定义画笔形状点的间距，因此矩形框的宽度不能太大。

5）将小苗"种植"在页面中间的矩形框上。方法：先利用工具箱中的 ◻（直线段工具）绘制出一条横跨页面的直线，然后在"画笔"面板下方单击 ◻（新建画笔）图标，此时小苗图形会沿直线走向进行间隔排列，效果如图6-32所示。

图6-32 小苗图形沿直线走向在矩形上面进行间隔排列

6）下面开始制作饼状图，先输入第一组表格数据，形成基础柱状图表。方法：选择工具箱中的 ▦（柱形图工具），在页面上拖动鼠标绘制出一个矩形框来设置图表的大小，然后松开鼠标，此时会弹出图表数据输入框。接着在图表数据输入框中输入第一组比较数据，如图6-33所示，数据输入完后单击输入框右上方的应用图标"√"，此时会自动生成图表，默认状态下生成的图表是普通的柱形图，如图6-34所示。在此图表中，可以看到网络商店的6项销售额分别以不同灰色的矩形表示。

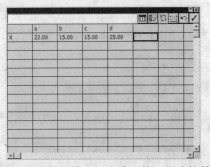

图6-33 在图表数据输入框中输入第一组比较数据

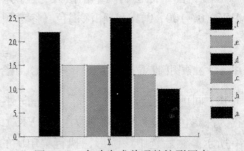

图6-34 自动生成普通的柱形图表

7）利用工具箱中的 选中柱形图，然后在工具箱中的 上双击鼠标，接着在弹出的"图表类型"对话框中单击 按钮，如图6-35所示，再单击"确定"按钮，此时柱形图表会转换为如图6-36所示的饼状图表。

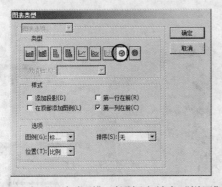

图6-35 在"图表类型"对话框中单击"饼图"按钮

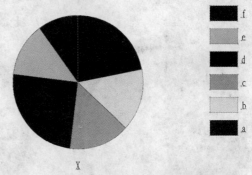

图6-36 柱形图表转换为饼状图表

8）现在的饼图是黑白效果的，要改变其中每一个小块的颜色，必须先将其进行解组。方法为：按3次快捷键〈Shift+Ctrl+G〉解除表格的组合（第1次按快捷键〈Shift+Ctrl+G〉时，会弹出如图6-37所示的警告对话框，单击"是"按钮）。在解除表格的组合之后，利用 分别选中右侧的一列小色块以及饼图下面的"X"字母，按〈Delete〉键将它们删除。然后分别选中饼图中的各分解块，将填充色修改为鲜艳的彩色（颜色请读者自行设置）。最后设置稍微粗一些的轮廓描边，效果如图6-38所示。

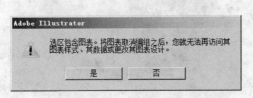

图6-37 拆组时会弹出警告对话框

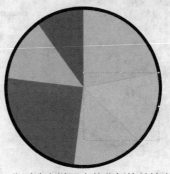

图6-38 分别选中饼图中的分解块并填充为彩色

9）在饼图下面绘制两个稍微大一些的同心圆形，并分别填充为品红色（参考颜色数值为：CMYK（0，100，0，0））和深褐色（参考颜色数值为：CMYK（90，85，90，80）），如图6-39所示。

提示： 在饼图圆心位置按住〈Alt+Shift〉组合键，可绘制出从同一圆心向外发射的正圆形。

10）同理，再绘制一个从同一圆心向外扩展的正圆形，并将其"填充"设置为无，"描边"设置为深褐色（参考颜色数值为：CMYK（90，85，90，80）），"描边粗细"设置为4pt，如图6-40所示。然后选中该圆形，执行菜单中的"对象｜路径｜轮廓化描边"命令，将描边转换为圆环状图形。接着按快捷键〈Shift+Ctrl+F10〉打开"透明度"面板，将"不透明度"设置为40%，此时，几圈描边的颜色使饼图形成了按钮般的卡通效果，如图6-41所示。

11）选择工具箱中的 T（文字工具），分别输入百分比数据文本，然后在工具选项栏中设置"字体"为 Arial Black，字体颜色为白色。接着将它们分别放置到饼图上相应的分区，如图6-42所示。

图6-39 在饼图下面绘制两个稍微
大一些的同心圆形

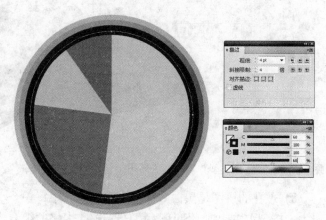

图6-40 再绘制出一个从同一圆心向外
扩展的圆环形

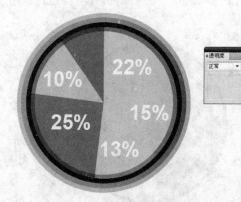

图6-41 改变圆环状图形的不透明度

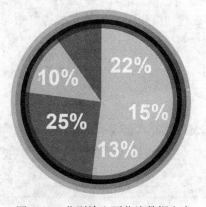

图6-42 分别输入百分比数据文本

12）继续制作另外两个饼图，它们都只具有 4 组比较数据，请用户参照图 6-43 和图 6-44 中所提供的数据表来分别创建两个柱形图，再将它们转换为饼图。在黑白的饼状图表生成后，按 3 次快捷键〈Shift+Ctrl+G〉解除组合，然后就可以自由地进行块的上色、描边等操作了（具体步骤可参看本例步骤 9）～10）的讲解）。最后将完成的 3 个饼状图表放置到页面中，效果如图 6-45 所示。

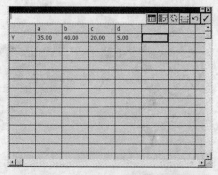

图 6-43　第二个饼图的参考数据

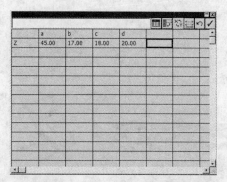

图 6-44　第三个饼图的参考数据

图 6-45　将完成的 3 个饼状图表放置到页面中

13）制作位于页面视觉中心位置的小树苗，然后使小树苗的生长高度依据表格数据而变化。先来绘制一棵小树苗图形。方法：利用工具箱中的（钢笔工具）绘制出如图 6-46 所示的小苗形状闭合路径，并将它填充为草绿色（参考颜色数值为：CMYK（40，10，100，0）），然后沿如图 6-47 所示的位置绘制出 5 条水平线段，下面将用这些线段把下部的图形截断裁开。

图 6-46　绘制小苗图形并填充为草绿色

图 6-47　绘制出 5 条水平直线段

14）利用（选择工具），配合〈Shift〉键同时选中树苗图形和 5 条直线段，然后按快捷键〈Shift+Ctrl+F9〉打开"路径查找器"面板，如图6-48所示。其中单击 （分割）按钮，此时图形被裁成许多局部块，再按快捷键〈Shift+Ctrl+A〉取消选取。接着利用 （直接选择工具）重新选中裁开的局部图形，改变其填充颜色，从而得到如图6-49所示的效果。最后沿着树苗的右侧边缘，利用 （钢笔工具）绘制出一些曲线图形，并将它们填充为"浅绿—草绿"的线性渐变，如图6-50所示，以增加树苗的图形复杂度和视觉上的立体效果。

图6-48　"路径查找器"面板　　　　图6-49　点选小苗茎部裁开的　　图6-50　绘制一些曲线图形并将其填
　　　　　　　　　　　　　　　　　　　　　　图形改变填充颜色　　　　　　　　充为"浅绿—草绿"的渐变

15）选中刚才绘制的曲线图形，按快捷键〈Shift+Ctrl+F10〉打开"透明度"面板，改变"混合模式"为"正片叠底"。色彩在经过处理后会整体变暗，形成一道窄窄的阴影，如图6-51所示。

16）至此，树苗图形绘制完成。下面利用 （选择工具）选中组成小树苗的所有图形，然后按快捷键〈Ctrl+G〉组成群组。

17）在树苗图形绘制完成后，要将它定义为图表的设计单元，以便与图表数据发生关联。方法：利用 （选择工具）选中树苗图形组，然后执行菜单中的"对象|图表|设计"命令，在弹出的"图表设计"对话框中单击"新建设计"按钮，此时可以看到列表中多了一个（树苗）选项（下面的预览框中出现了该图案的预览图），如图6-52所示。接着单击"重命名"按钮，在弹出的对话框中输入新的名称tree。最后单击"确定"按钮，将小树苗作为图表图案单元存储起来。

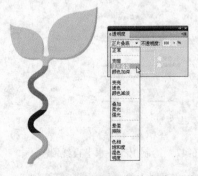

图6-51　色彩经过处理后整体变暗，形成一
　　　　　道窄窄的阴影

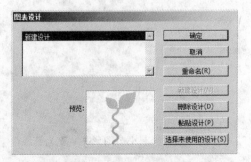

图6-52　小树苗被作为图表图案单元存储起来

18) 创建另一个基础柱状图表。方法：选择工具箱中的 🛄 (柱形图工具)，在页面上拖动鼠标绘制出一个矩形框，用来设置图表的大小，然后松开鼠标，在弹出的图表数据输入框中输入一组三个季度营业增长率的数据，如图 6-53 所示。在数据输入完后，单击输入框右上方的应用图标 "✓"，此时会生成柱形图表，如图 6-54 所示。

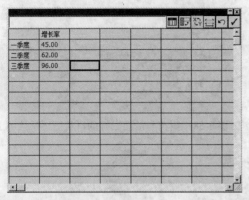

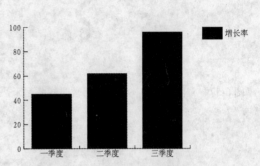

图 6-53　在图表数据输入框中输入一组比较增长率的数据　　　图 6-54　自动生成的柱形图表

19) 用树苗图案替换刻板的柱形图。方法：利用工具箱中的 🛝 (编组选择工具) 选中所有的黑色柱形 (在一个柱形内连续单击鼠标 3 次)，然后执行菜单中的 "对象 | 图表 | 柱形图" 命令，在弹出的 "图表列" 对话框中单击 "tree" 选项，如图 6-55 所示。并且在 "列类型" 右侧列表框中选择 "一致缩放" 选项 (这个选项的功能是将图案单元按柱形图高度进行等比例缩放)，单击 "确定" 按钮，得到如图 6-56 所示的非常形象生动的增长率图表。

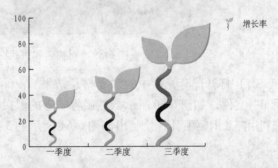

图 6-55　在 "图表列" 对话框中单击 "tree" 选项　　　图 6-56　图案单元按柱形图高度进行等比例缩放

20) 为了使版面美观，同时保持图表的数据属性 (也就是还可以不断地更改数据)，下面将图表中的文字与轴都暂时隐藏起来。方法：利用工具箱中的 🛝 (编组选择工具) 选中所有要隐藏的内容，然后将它们的 "填充" 与 "描边" 都设置为无，效果如图 6-57 所示。接着将图表移至页面中如图 6-58 所示的位置。此时树苗与前面做好的饼状图还拼接不上，下面还需利用 🛝 (编组选择工具) 进行位置的细致调整，从而得到如图 6-59 所示的上下衔接效果。

　　提示：如果要再次修改图表原始数据，可以利用 🖑 (选择工具) 选中整个 (已替换为图案的) 图表，然后执行菜单中的 "对象 | 图表 | 数据" 命令，在弹出的图表数据输入框中重新修改数据，然后单击输入框右上方的应用图标 "✓"。

图 6-57　将图表中的文字与轴都暂时隐藏起来

图 6-58　树苗与前面做好的饼状图还拼接不上

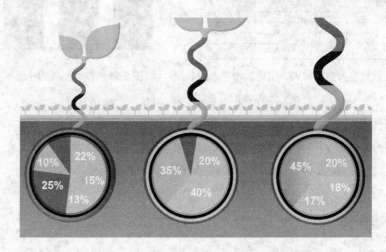

图 6-59　对树苗和饼状图的位置进行细致调整

21）打开配套光盘中的"素材及结果\第6章 图表、画笔与符号\6.2 制作趣味图表\喷壶.ai"文件，如图 6-60 所示，然后将喷壶的黑白卡通图形复制粘贴到目前的图表页面中。接着利用 🖊（钢笔工具）绘制出如图 6-61 所示的 3 条曲线路径，以模仿从喷壶中喷出的水流形状。

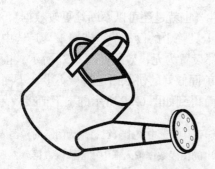

图 6-60　光盘中提供的素材图"喷壶.ai"

图 6-61　绘制出 3 条曲线路径

22）制作文字沿线排版的效果。方法：选择工具箱中的 [图]（路径文字工具），在最上面的一条路径左侧端点上单击鼠标，然后直接输入文本，并在属性栏内设置"字体"为 Arial，"字号"为 8pt，文字颜色为蓝绿色，此时输入的文本会自动沿曲线路径排列，如图 6-62 所示。同理，在另外两条曲线路径上也输入文字，得到如图 6-63 所示的效果。最后，在喷壶的下方添加标题文字和几行小字，字体和字号请读者自行设定，完成后的效果如图 6-64 所示。

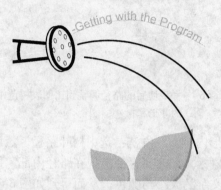
图 6-62　输入的文本自动沿路径排列

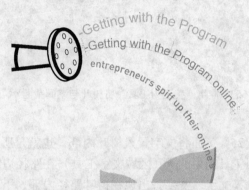
图 6-63　在另外两条曲线路径上也输入文字

图 6-64　在喷壶的下方添加标题文字和几行小字

23）由于树苗图表中影响观感的表轴与数据等都被隐藏了，因此需要直接将文字置入树叶内部，以取得醒目的效果。方法：先将前面绘制的树苗图形复制一份，然后选择工具箱中的 [刀]（美工刀工具），按住〈Alt〉键，以直线的方式将树叶与茎间裁断，如图 6-65 所示。接着按快捷键〈Shift+Ctrl+A〉取消选择，再利用工具箱中的 [图]（直接选择工具）选中下面的茎部，按〈Delete〉键将其删除。

24）按快捷键〈F7〉打开"图层"面板，然后单击图层面板下方的 [按钮]（创建新图层）按钮，新建"图层 2"。接着将刚才裁切后剩下的树叶图形移至图表（最右侧）树苗上，再进行适当放缩。最后利用 [图]（直接选择工具）调整锚点与方向线，使它比图表树苗中的叶形稍微小一圈，如图 6-66 所示。

提示：在调整"图层 2"中的树叶形状时，可以先将"图层 1"暂时锁定。

图 6-65　应用"美工刀工具"将树叶与茎间裁断　　图 6-66　将裁切后的路径调整到比图表树苗中
　　　　　　　　　　　　　　　　　　　　　　　　　　　　　的叶形稍微小一圈

25）下面将文字置入树叶内部，也就是所谓的图形内排文。方法：选中树叶路径，然后利用工具箱中的 （区域文字工具）在路径边缘单击鼠标，此时光标会出现在路径内部。接着输入文字，文字将出现在树叶路径内部，下面修改文字的大小与颜色，从而得到如图 6-67 所示的效果。同理，制作另外两片树叶中的区域内文字，最后效果如图 6-68 所示。

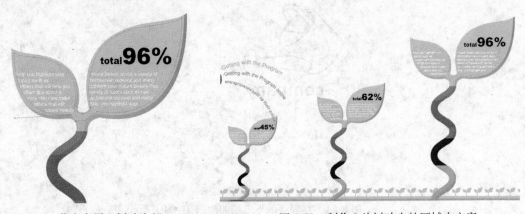

图 6-67　将文字置入树叶内部　　　　　　　图 6-68　制作 3 片树叶中的区域内文字

26）在树苗的附近需要添加标注文字，先来绘制一些虚线作为段落的分隔线。方法：选择工具箱中的 （直线段工具），按住〈Shift〉键，绘制出 6 条水平线条，然后打开"描边"面板，在其中设置参数，如图 6-69 所示（注意虚线参数的设置），从而将 6 条水平线条都转换为虚线，如图 6-70 所示。

27）在每条虚线的右侧末端绘制一个圆形框，并调整圆形的边线为黑色的虚线，如图 6-71 所示，然后制作纵向分隔线。方法：利用工具箱中的 （直线段工具）绘制出一条直线段（在第 1，2 条水平虚线之间左侧），然后设置"描边粗细"为 0.25pt，描边颜色为灰色（参考颜色数值为：CMYK (0, 0, 0, 60)），如图 6-72 所示。接着执行菜单中的"效果|风格化|添加箭头"命令，在弹出的如图 6-73 所示的对话框中分别选取箭头"起点"和"终点"的形状（起点为三角形，终点为圆形），单击"确定"按钮，从而得到如图 6-74 所示的箭头图形。

图6-69　在"描边"面板中设置虚线参数　　　　图6-70　将6条水平线条都转换为虚线

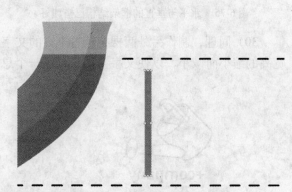

图6-71　在每条虚线的右侧末端绘制一个圆形虚线框　　　图6-72　制作纵向分隔线

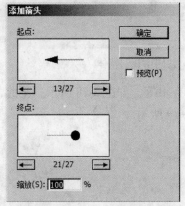

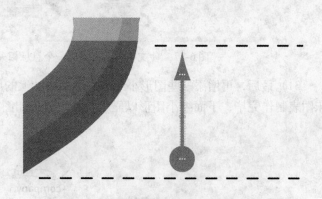

图6-73　"添加箭头"对话框　　　　图6-74　箭头两端分别被添加上三角形和圆形

28）将箭头图形复制几份，然后分别进行纵向垂直对齐的排列，效果如图6-75所示。

29）现在水平与垂直的框架结构已搭建好，下面开始添加文字内容。方法：利用工具箱中的 T（文字工具）输入文本（标题与正文分别都是独立的文本块），字体字号请读者自行设定，但为了版面的美观与统一，文字段落的颜色主要为灰色（参考颜色数值为：CMYK（0，0，0，60））和黑色交替出现。最右侧树苗旁的文字整体排版效果如图6-76所示。

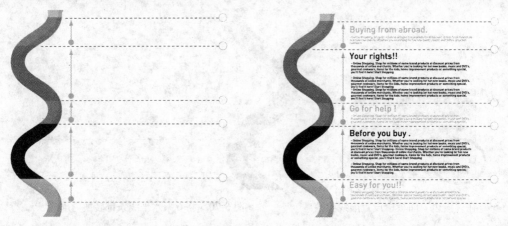

图 6-75　水平与垂直的框架结构已搭建好　　　　图 6-76　最右侧树苗旁的文字整体排版效果

30）同理，制作另外两棵树苗右下方的文字与线条框架，字号和线条的粗细要随着树苗宽高的缩小而减小，以使文字与图表构成一个息息相关、共同增长的整体，如图 6-77 所示。

图 6-77　使文字与图表构成一个息息相关、共同增长的整体

31）最后，再增添一些图形小细节，例如树叶上的甲壳虫等，如图 6-78 所示。至此，趣味图表制作完毕，下面缩小图形以显示全页，效果如图 6-79 所示。

图 6-78　添加到树叶上的甲壳虫

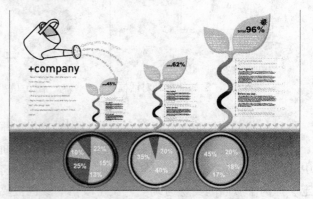

图 6-79　最后完成的艺术图表效果

6.3 锁链

制作要点:

本例将制作锁链效果,如图 6-80 所示。通过本例的学习,应掌握菜单中"轮廓化描边"命令,"混合"命令和"图案"画笔的综合应用。

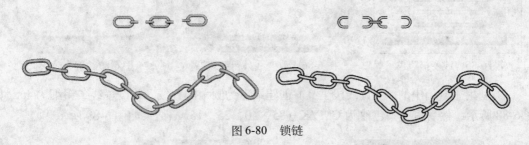

图 6-80 锁链

操作步骤:

1. 制作单个锁节

1) 执行菜单中的"文件 | 新建"命令,在弹出的对话框中设置参数,如图 6-81 所示,然后单击"确定"按钮,新建一个文件。

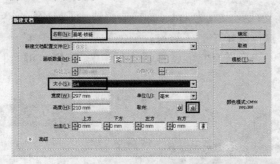

图 6-81 设置"新建文档"参数

2) 选择工具箱中的 ▢(圆角矩形工具),然后设置填充色为 ▨(无色),描边色为蓝色,如图 6-82 所示,并设置线条粗细为 4pt。接着在绘图区单击,在弹出的对话框中设置参数,如图 6-83 所示,单击"确定"按钮,创建出一个圆角矩形,结果如图 6-84 所示。

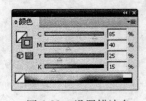

图 6-82 设置描边色

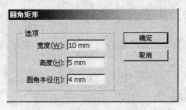

图 6-83 设置圆角矩形参数

图 6-84 绘制圆角矩形

3）将圆角矩形原地复制一个，然后改变描边色如图6-85所示，并设置线条粗细为1pt，结果如图6-86所示。

4）同时选中两个圆角矩形，执行菜单中的"对象|混合|建立"命令，将两个图形进行混合，结果如图6-87所示。

图6-85　改变描边色　　　图6-86　改变线条粗细效果　　　图6-87　混合效果

5）利用工具箱中的 \（直线段工具）创建端点为圆角的直线，并设置线条粗细为4pt，如图6-88所示。然后将线条色改为CMYK（85，40，25，15），结果如图6-89所示。

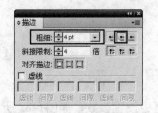

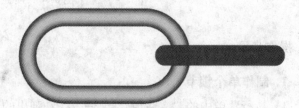

图6-88　设置描边参数　　　　　图6-89　改变线条色效果

6）复制一条直线并将线宽设置为1pt，将描边色改为CMYK（40，15，10，5）。

7）选中两条直线，执行菜单中的"对象|路径|轮廓化描边"命令，将它们全部转换为图形，结果如图6-90所示。然后选择它们，执行菜单中的"对象|混合|建立"命令进行混合，结果如图6-91所示。

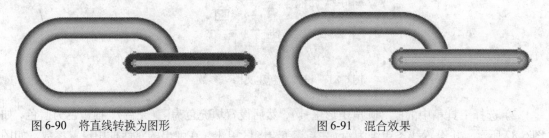

图6-90　将直线转换为图形　　　　　　图6-91　混合效果

8）将混合后的直线扩展为图形。其方法为：执行菜单中的"对象|扩展"命令，在弹出的对话框中设置参数，如图6-92所示，从而得到一组单独的可编辑的对象，如图6-93所示。此时可通过菜单中"视图|轮廓"命令来查看，如图6-94所示。

提示：扩展直线的目的是为了下面进行在"路径查找器"面板中的计算，去除多余的部分。

9）利用"路径查找器"面板，删除锁链中多余的部分。其方法为：绘制矩形，如图6-95所示，然后同时选中混合后的直线和矩形，单击"路径查找器"面板中的 ⬚（修边）按钮，如

图6-96所示，将混合后的直线与矩形重叠的区域删除。接着利用工具箱中的 ✎ （编组选择工具）选中矩形并删除，结果如图6-97所示。

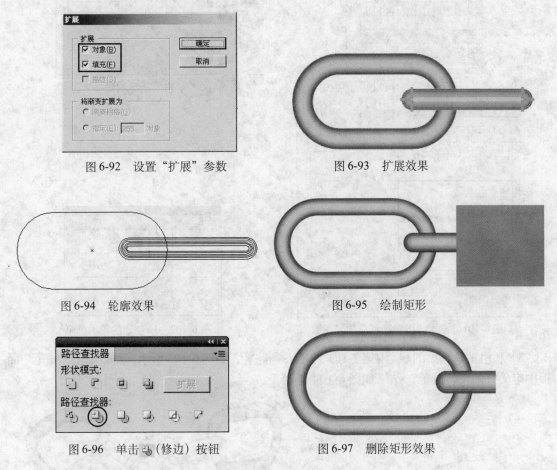

图6-92 设置"扩展"参数

图6-93 扩展效果

图6-94 轮廓效果

图6-95 绘制矩形

图6-96 单击 ✎ （修边）按钮

图6-97 删除矩形效果

10）同理，制作出其余的锁链，结果如图6-98所示。

图6-98 制作出其余的锁链

2. 制作整条锁链

1）执行菜单中的"窗口|色板"命令，调出"色板"面板。然后分别将制作的3个链节图形拖入到"色板"面板中，将它们定义为图案，结果如图6-99所示。

2）执行菜单中的"窗口|画笔"命令，调出"画笔"面板。然后单击 ⊐ （新建画笔）按钮，在弹出的对话框中设置参数，如图6-100所示，单击"确定"按钮。接着在弹出的对话框中设置参数，如图6-101所示，单击"确定"按钮，完成图案画笔的创建。此时，"画笔"面板如图6-102所示。

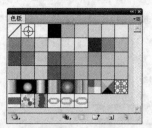

图 6-99 将图形拖入到"色板"面板中

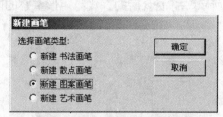

图 6-100 单击"新建图案画笔"

图 6-101 设置"图案画笔选项"参数

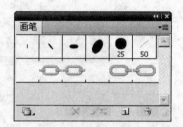

图 6-102 所创建的图案画笔

3）利用工具箱上的 ◊ (钢笔工具) 绘制一条路径，如图 6-103 所示，然后单击"画笔"面板中定义好的锁链画笔，结果如图 6-104 所示。

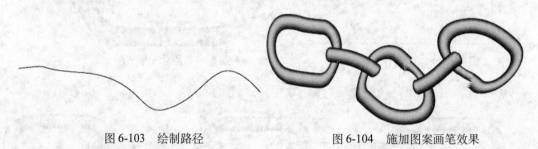

图 6-103 绘制路径   图 6-104 施加图案画笔效果

4）此时锁链链节比例过大。为了解决这个问题，可在"描边"面板中将线条粗细由 1pt 改为 0.25pt，如图 6-105 所示，结果如图 6-106 所示。

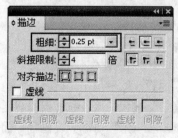

图 6-105 改变线条粗细

图 6-106 最终效果

6.4 制作沿曲线旋转的重复图形

制作要点：

本例将制作一个沿曲线旋转的重复图形，效果如图 6-107 所示。这个案例具有一定的典型性，锯齿状的三角图形沿圆弧线（或螺旋线）向中心排列，而旋转至边缘时又逐渐消失，这样的效果会令人想到"多重复制"或"图形混合"的制作思路。但仔细观察一下，图形沿螺旋线向外消失其实并不是在逐渐变小，而是显示的面积逐渐减小而已，这种情况应用"自定义画笔"功能来实现更简便恰当。通过本例的学习，应掌握利用自定义画笔制作重复图形的方法。

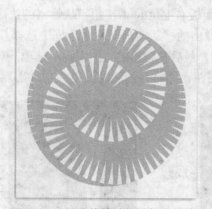

图 6-107 沿曲线旋转的重复图形效果

操作步骤：

1）执行菜单中的"文件 | 新建"命令，新建一个名称为"沿曲线旋转的重复图形.ai"的文件，并将文档的宽度与高度均设置为 100mm。

2）利用工具箱中的 （椭圆工具）绘制出一个正圆形（按住〈Shift〉键可绘制正圆形），并将其填充为绿色（参考颜色数值为：CMYK（50，0，90，0）），如图 6-108 所示。然后利用工具箱中的 （螺旋线工具）绘制出如图 6-109 所示的螺旋线（绘制螺旋线时不要松开鼠标）。

图 6-108 绘制出一个正圆形

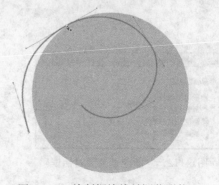

图 6-109 绘制螺旋线并调节形状

提示：按键盘上的向上和向下方向键可以增减螺旋线的圈数。如果对绘制的螺旋线形状不满意，还可以利用 ⬚（直接选择工具）调节锚点和方向线，以改变曲线形状。

3）这个案例的核心点是"自定义画笔"，下面先来绘制画笔的单元图形，单元图形一般要尽可能简洁与概括。方法：利用工具箱中的 ⬚（钢笔工具）绘制出一个窄长的小三角形，并填充为白色（为了便于观看，暂时将背景设置为深蓝色），然后利用工具箱中的 ⬚（矩形工具）绘制出一个矩形框（"填充"和"描边"都设置为无），如图 6-110 所示。

提示：矩形框的宽度以及它与小三角形两侧的距离很重要，它将决定后面自定义画笔形状点的间距，因此矩形框的宽度不能太大。

4）利用工具箱中的 ⬚（选择工具）同时选中这个矩形框和小三角形，然后按〈F5〉键打开"画笔"面板，接着单击面板右上角的 ⬚ 按钮，从弹出的快捷菜单中选择"新建画笔"命令，如图 6-111 所示。再在弹出的"新建画笔"对话框中选择"新建图案画笔"项，如图 6-112 所示，单击"确定"按钮。最后在弹出的"图案画笔选项"对话框中保持默认设置，如图 6-113 所示。单击"确定"按钮，此时新创建的画笔会自动出现在"画笔"面板中。

图 6-110　绘制出一个小三角形和一个矩形框

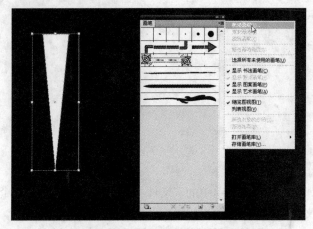

图 6-111　选择"新建画笔"命令

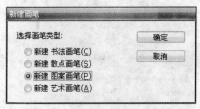

图 6-112　"新建画笔"对话框

图 6-113　"图案画笔选项"对话框

5）选中刚才绘制的螺旋线，然后在"画笔"面板中单击新创建的画笔图标，此时刚才绘制的小三角形会沿螺旋线的走向进行向心排列，从而形成有趣的锯齿状图形，效果如图 6-114 所示。

6）利用工具箱中的 🌀（螺旋线工具）绘制出另一条螺旋线，然后将其旋转到如图 6-115 所示的角度。接着利用工具箱中的 ▶（直接选择工具）调节锚点和方向线。最后在"画笔"面板中单击新创建的画笔图标。此时，小三角形会沿螺旋线走向进行向心排列，效果如图 6-116 所示。

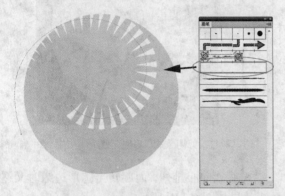

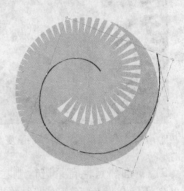

图 6-114　选中螺旋线，在"画笔"面板中单击新创建的画笔图标　　　　图 6-115　绘制出另一条螺旋线

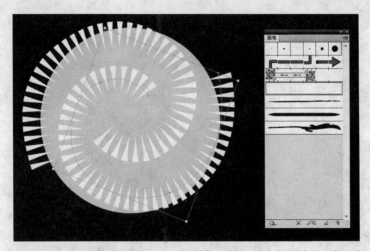

图 6-116　选中新的螺旋线，在"画笔"面板中单击新创建的画笔图标

7）利用 ▢（矩形工具）绘制一个黑色的背景，此时能看出白色的画笔图形其实延伸到了绿色圆形之外，因此还需要利用 Illustrator 中的"剪切蒙版"将多余的画笔裁掉。下面先制作作为"剪切蒙版"的剪切形状。方法：利用工具箱中的 ▶（选择工具）先选中绿色的正圆形，然后按快捷键〈Ctrl+C〉进行复制，再按快捷键〈Ctrl+F〉原位粘贴一份，接着按快捷键〈Shift+Ctrl+]〉将其置于顶层，效果如图 6-117 所示。最后将新复制出的圆形的"填充"和"描边"都设置为无色，这样，"剪切蒙版"的剪切形状就准备好了。

8）利用"剪切蒙版"裁切圆形以外的画笔图形。方法为：在按住〈Shift〉键的同时利用工具箱中的 ▣（选择工具）单击选择刚才制作好的圆形"蒙版"和所有的画笔图形，然后执行菜单中的"对象｜剪切蒙版｜建立"命令，此时画笔图形超出圆形的部分就被裁掉了，效果如图6-118所示。

图6-117　将绿色的正圆形原位复制一份　　图6-118　通过"剪切蒙版"将画笔图形超出圆形的部分裁掉

9）下面将黑色背景进行删除，此时一个沿螺旋线向心排列，而旋转至圆形边缘时又逐渐消失了的锯齿状图形序列就制作完成了，最终效果如图6-119所示。

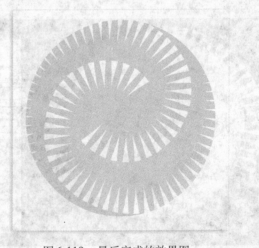

图6-119　最后完成的效果图

6.5　水底世界

制作要点：

本例将制作一个绚丽的水底世界，如图6-120所示。通过本例的学习，应掌握 ❧.（钢笔工具）、▣（渐变工具）、❧.（混合工具）、符号工具、"透明度"面板，"图层"面板和蒙版的综合应用。

图 6-120 水底世界

 操作步骤：

1. 制作背景

1）执行菜单中的"文件|新建"命令，在弹出的对话框中设置参数，如图 6-121 所示，然后单击"确定"按钮，新建一个文件。

图 6-121 设置"新建文档"参数

2）选择工具箱中的 □(矩形工具)，设置描边色为无色，填充色的设置如图 6-122 所示。然后在绘图区中绘制一个矩形，结果如图 6-123 所示。

3）单击"图层"面板下方的 □(创建新图层) 按钮，新建图层。然后使用工具箱中的 ♦(钢笔工具) 绘制水底岩石的形状，并用黑色进行填充，结果如图 6-124 所示。

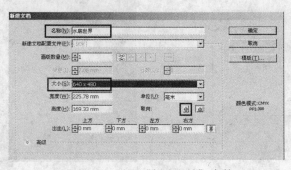

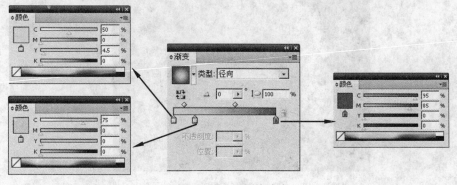

图 6-122 设置渐变色

图6-123　绘制矩形

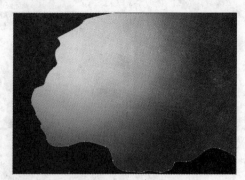

图6-124　绘制岩石区域

2. 制作水母

水母是通过混合和蒙版来制作的。

1）首先新建"水母"图层，为了操作方便，将其余层锁定，如图6-125所示。

2）利用工具箱中的 ◯ (椭圆工具) 绘制椭圆，并设置描边色为白色，填充色为无色，结果如图6-126所示。

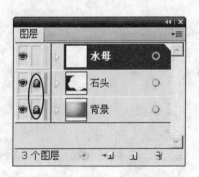

图6-125　新建"水母"层并锁定其他层

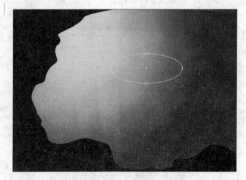

图6-126　绘制椭圆

3）选中椭圆，执行菜单中的"编辑 | 复制"命令，然后执行菜单中的"编辑 | 贴在前面"命令，原地复制一个椭圆。接着利用工具箱中的 ▹ (直接选择工具) 调整节点的位置，结果如图6-127所示。

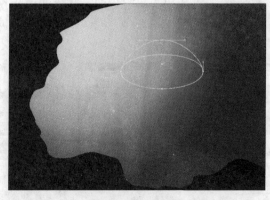

图6-127　绘制并调整椭圆节点的位置

4) 双击工具箱中的 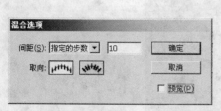(混合工具)，在弹出的对话框中设置参数如图6-128所示，单击"确定"按钮。然后分别单击两个椭圆，对它们进行混合，结果如图6-129所示。

图6-128　设置"混合选项"参数　　　　　　图6-129　混合效果

5) 绘制直线。选择工具箱中的 (旋转工具)，在如图6-130所示的位置上单击，从而确定旋转的轴心点。接着在弹出的对话框中设置参数，如图6-131所示，再单击"复制"按钮，结果如图6-132所示。

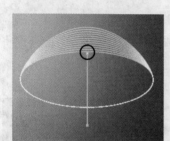

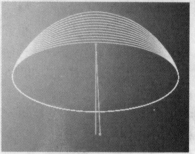

图6-130　确定旋转轴心　　　图6-131　设置旋转角度　　　图6-132　旋转复制效果

6) 按快捷键〈Ctrl+D〉，重复旋转操作，结果如图6-133所示。

7) 将所有的直线选中，然后执行菜单中的"对象|编组"命令，将它们成组。接着执行菜单中的"对象|排列|后移一层"命令，将成组后的直线放置到混合图形的下方。

8) 将刚才复制的椭圆粘贴过来，如图6-134所示。

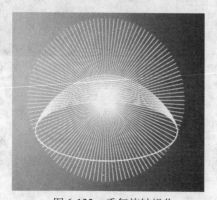

图6-133　重复旋转操作　　　　　　图6-134　将刚才复制的椭圆粘贴过来

9）同时选择复制后的椭圆和成组后的直线，执行菜单中的"对象|剪切蒙版|建立"命令，结果如图6-135所示。

10）制作水母的须。其方法为：绘制曲线如图6-136所示，然后利用 ✎（混合工具）对它们进行混合，结果如图6-137所示。

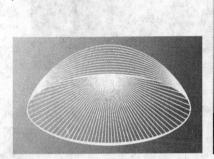
图6-135　剪切蒙版效果

图6-136　绘制曲线

图6-137　混合效果

11）同理，制作水母其余的须，结果如图6-138所示。

12）制作水母在水中的半透明效果。其方法为：选中水母造型，在"透明度"面板中将其"不透明度"设为20%，如图6-139所示，使之与环境相适应，结果如图6-140所示。

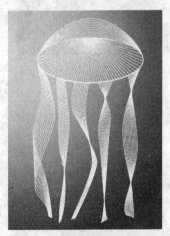
图6-138　制作水母其余的须

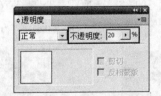
图6-139　将"不透明度"设为20%

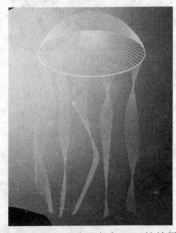
图6-140　不透明度为20%的效果

3. 制作具有层次感的水草

1）执行菜单中的"窗口|符号库|自然"命令，调出"自然"元件库，如图6-141所示。

2）新建"水草"图层，然后使用工具箱中的 ▣（符号喷枪工具），在"水草"图层添加各式水草，结果如图6-142所示。

图 6-141 "自然界"元件库

图 6-142 添加各式水草

提示：1）符号工具与复制图形相比，将图形定义为符号不仅可以让文件变小，而且可以对其进行移动、
缩放、旋转、填充、改变不透明度、调节疏密程度和施加样式等极具创造性的操作。比如，以前
制作夜空中的繁星等复杂背景的物体，只能通过重复复制和粘贴等操作来完成。如果再对个别物
体进行少许的变形，那将是非常复杂的。现在就都变得简单了，只要将其定义成符号即可。

2）几乎所有的 Illustrator 元素，都可以作为符号存储起来。唯一例外的是一些复杂的组合（例如
图表的组合）和嵌入的艺术对象（不是链接）。

3）此时水草没有层次感。下面通过改变水草的图层混合模式来获得水草的层次感，如图
6-143 所示，结果如图 6-144 所示。

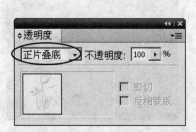

图 6-143 改变远处水草的混合模式

图 6-144 水草的层次感

4. 添加水中各种鱼类

新建"鱼"图层，然后使用 ▨（符号喷枪工具）添加各种鱼类，并使用 ▨（旋转器工具）、
▨（符号移位器工具）、▨（符号缩放器工具）和 ▨（符号滤色器工具）对符号进行调整，此时
图层的分布如图 6-145 所示，结果如图 6-146 所示。

图 6-145　图层分布　　　　　　　　图 6-146　绘制各种鱼类

5. 制作带有高光的气泡

在 Illustrator CS4 中除了可以使用其自带的符号外，还可以自定义符号。前面利用了 Illustrator CS4 自带的"符号库"来制作水草和鱼类。下面将制作一个气泡，然后将其指定为"符号"，从而制作出其余的气泡。

1）为了便于操作，新建"水泡"图层，如图 6-147 所示。

2）选择工具箱中的 ◯（椭圆工具），设置线条色为无色，并在"渐变"面板中将渐变类型设为"径向"，将渐变色设为蓝—白渐变，如图 6-148 所示。然后在绘图区中绘制一个圆形，并用 ▢（渐变工具）调整渐变位置，结果如图 6-149 所示。

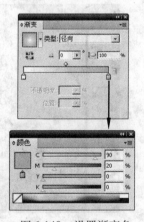

图 6-147　新建"水泡"图层　　　图 6-148　设置渐变色　　　图 6-149　绘制圆形

3）制作水泡的高光效果。其方法为：利用工具箱中的 ◆（钢笔工具），绘制图形作为基本高光，如图 6-150 所示。然后绘制一个大一些的图形作为高光外部对象（描边色和填充色均为无色），如图 6-151 所示。接着执行菜单中的"对象|混合|混合选项"命令，在弹出的对话框中设置参数，如图 6-152 所示，单击"确定"按钮。最后同时选中这两个图形，执行菜单中的"对象|混合|建立"命令，结果如图 6-153 所示。

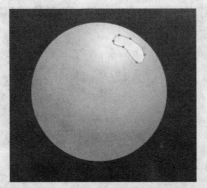

图 6-150 绘制图形作为基本高光

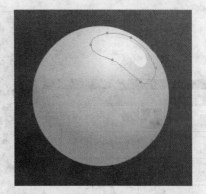

图 6-151 描边和填充均为无色的效果

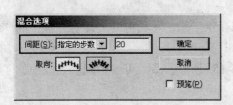

图 6-152 设置"混合选项"参数

图 6-153 混合效果

4）制作水泡的透明效果。其方法为：在"透明度"面板中将混合后的高光的"不透明度"设为 80%，如图 6-154 所示。将气泡的"不透明度"设置为 50%，结果如图 6-155 所示。

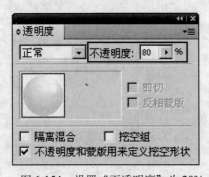

图 6-154 设置"不透明度"为 20%

图 6-155 调整不透明度效果

5）复制气泡。其方法为：执行菜单中的"窗口|符号"命令，调出"符号"面板。然后框选气泡和高光，拖入到"符号"面板中，从而将其定义为符号，此时"符号"面板如图 6-156 所示。接着选择工具箱中的 █（符号喷枪工具）添加气泡，并用 █（符号缩放器工具）调整气泡大小，用 █（符号紧缩器工具）调整气泡的疏密程度，结果如图 6-157 所示。

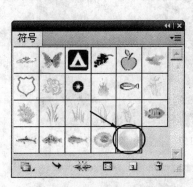

图 6-156　将水泡定义为符号

图 6-157　最终效果

6.6　练习

（1）用另一种图案画笔制作锁链，如图 6-158 所示。参数可参考配套光盘中的"课后练习\第 6 章\画笔-锁链.ai"文件。

（2）利用符号工具制作海报效果，如图 6-159 所示。参数可参考配套光盘中的"课后练习\第 6 章\海报.ai"文件。

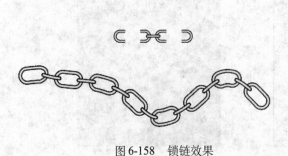

图 6-158　锁链效果

图 6-159　海报效果

第7章 文本

本章重点：

本章将通过5个实例来具体讲解Illustrator CS4的文本在实际设计工作中的具体应用。通过本章的学习，应掌握文本工具、文本路径工具、创建轮廓、偏移路径等命令的使用，以及利用封套变形制作变形文字的方法。

7.1 文字勾边效果

制作要点：

本例将制作文字勾边效果，如图7-1所示。通过本例的学习，应掌握"创建轮廓"和"偏移路径"命令的综合应用。

图7-1 文字勾边效果

操作步骤：

1. 对文字进行渐变填充

1）执行菜单中的"文件 | 新建"命令，在弹出的对话框中设置参数，如图7-2所示，然后单击"确定"按钮，新建一个文件。

2）选择工具箱中的 T.（文字工具），在工作区中输入文字，如图7-3所示。

图7-2 设置"新建文档"参数   图7-3 输入文字

3）为了衬托文字，下面执行菜单中的"窗口 | 图层"命令，调出"图层"面板。然后单击 ◻（创建新图层）按钮，新建"图层2"图层，并将其拖动到"图层1"下方。接着选择工具箱中的 ◻（矩形工具），设置描边色为无色，填充色为CMYK（65，5，15，0），在该层上绘制一个矩形，结果如图7-4所示，此时的图层分布如图7-5所示。

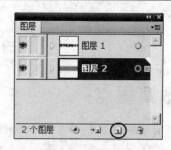

图 7-4　绘制矩形　　　　　　　　　　　　　　　　图 7-5　图层分布

4）选择文字，执行菜单中的"文字|创建轮廓"命令，将文字转换为轮廓。

5）对文字分别进行不同颜色的渐变填充。其方法为：利用工具箱中的 （群组选择工具）选择相应的文字，设置渐变色如图 7-6 所示，结果如图 7-7 所示。

提示：此时文字为一个组，如果要选择单个文字，可以通过 （编组选择工具）进行选择，或者执行菜单中的"对象|取消编组"命令，将文字解组后用 （选择工具）进行选取。

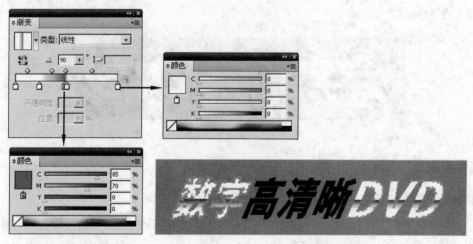

图 7-6　设置渐变色　　　　　　　　　　　　图 7-7　渐变效果

6）同理，对剩余的文字进行渐变处理，如图 7-8 所示，结果如图 7-9 所示。

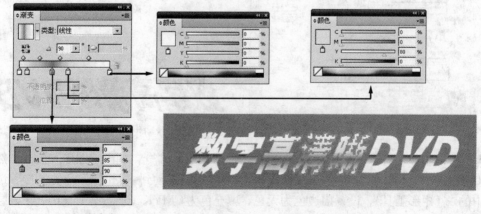

图 7-8　设置渐变色　　　　　　　　　　　　图 7-9　填充效果

2. 制作文字描边效果

1）制作文字的黑色描边效果。其方法为：选择轮廓文字，执行菜单中的"编辑|复制"命令，然后执行菜单中的"编辑|贴在后面"命令，将复制后的轮廓文字粘贴到文字后面。接着执行菜单中的"对象|路径|偏移路径"命令，在弹出的对话框中设置参数，如图7-10所示，单击"确定"按钮。最后将其颜色更改为黑色，结果如图7-11所示。

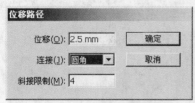
图7-10　设置参数

图7-11　黑色描边效果

2）制作文字的白色描边效果。其方法为：执行"编辑|贴在后面"命令，再次粘贴文字。然后执行菜单中的"对象|路径|偏移路径"命令，在弹出的对话框中设置参数，如图7-12所示，单击"确定"按钮，创建一个偏移路径。接着将其颜色更改为白色，最终结果如图7-13所示。

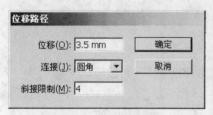
图7-12　设置参数

图7-13　白色描边效果

提示：在第一次"偏移路径"后，使用"文字|创建轮廓"命令，然后将填充设为白色，将线条设为黑色，可以得到类似的效果。但此时有些部分的勾边是不美观的，如图7-14所示。这种情况应该避免。

图7-14　最终效果

7.2　立体文字效果

制作要点：

本例将制作一个立体文字效果，如图7-15所示。通过本例的学习，应掌握 （混合工具）的使用。

图 7-15   立体文字效果 1

操作步骤：

1）执行菜单中的"文件|新建"命令，在弹出的对话框中设置参数，如图 7-16 所示，单击"确定"按钮，新建一个文件。

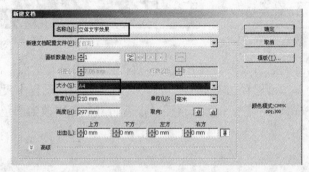

图 7-16   设置"新建文档"参数

2）选择工具箱中的 T.（文字工具），直接输入文字"数字中国"，并设置"字体"为"汉仪中隶书简"，"字号"为 72pt（见图 7-17），结果如图 7-18 所示。

提示：此时采用的是直接输入文字的方法，而不是按指定的范围输入文字。

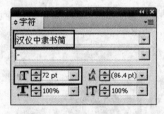

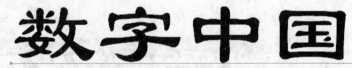

图 7-17   设置文本属性   图 7-18   输入文字

3）将文字的描边色设置为黄色，填充色设置为无色，结果如图 7-19 所示。

4）选中文字，按快捷键〈Ctrl+C〉进行复制，然后按快捷键〈Ctrl+V〉粘贴，从而复制出一个文字副本。接着移动文字位置，并设置文字描边色为红色，填充色为黄色，结果如图 7-20 所示。

图 7-19   设置文字描边为黄色   图 7-20   将复制的文字描边色设为红色，将填充色设为黄色

5）选择工具箱中的 （混合工具），分别单击两个文字，从而将两个文字进行混合，结果如图7-21所示。

　　提示：也可以同时选中两个文字，执行菜单中的"对象|混合|建立"命令，将文字进行混合，结果是一致的。

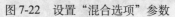

图7-21　混合效果

6）此时，混合后的文字并没有产生需要的立体纵深效果，这是因为两个文字之间的混合数过少的原因，下面就来解决这个问题。其方法为：选中混合后的文字，执行菜单中的"对象|混合|混合选项"命令，在弹出的"混合选项"对话框中将"指定的步数"的数值由1改为200，如图7-22所示，然后单击"确定"按钮，最终结果如图7-23所示。

图7-22　设置"混合选项"参数　　　　　　图7-23　混合效果

7.3　变形的文字

制作要点：

　　本例将制作变形的文字效果，如图7-24所示。通过本例的学习，应掌握利用"封套扭曲"命令来变形文字的方法。

图7-24　变形的文字

操作步骤：

1. 创建描边文字

1）执行菜单中的"文件|新建"命令，在弹出的对话框中设置参数，如图7-25所示，然

后单击"确定"按钮，新建一个文件。

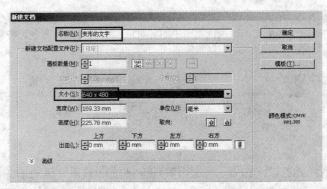

图7-25 设置"新建文档"参数

2）利用工具箱中的 **T**（文字工具），输入文字"ChinaDV"，并设置"字体"为Arial Black，"字号"为72pt。然后选择文字，单击"外观"面板右上角的小三角，在弹出的快捷菜单中选择"添加新填色"命令，为文本添加一个渐层填充（见图7-26），结果如图7-27所示。

图7-26 设置渐变色

图7-27 渐变填充效果

3）为了美观，对文字添加两种颜色的描边（见图7-28），结果如图7-29所示。

图7-28 对文字添加两种颜色的描边

图7-29 描边效果

2. 对文字进行弯曲变形

选择文字，执行菜单中的"对象|封套扭曲|用变形建立"命令，然后在弹出的对话框中设置参数，如图7-30所示，再单击"确定"按钮，结果如图7-31所示。

提示：弯曲一共有15种标准形状，如图7-32所示，通过它们可以对物体进行方便的变形操作。

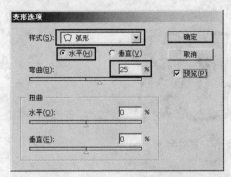

图 7-30 设置"变形选项"参数

图 7-31 变形效果

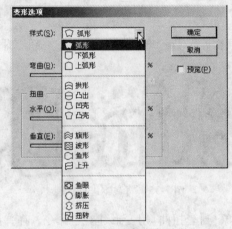

图 7-32 15种弯曲类型

3．对文字进行变形

1）执行菜单中的"对象 | 封套扭曲 | 释放"命令，对文字取消弯曲变形。

2）绘制变形图形。方法：利用工具箱中的矩形工具绘制矩形，然后执行菜单中的"对象 | 路径 | 添加锚点"命令两次为矩形添加节点，接着利用工具箱上的 ▶.（直接选择工具）移动节点，结果如图 7-33 所示。

图 7-33 添加并调整节点形状

3）同时选择文字和变形后的矩形，执行菜单中的"对象 | 封套扭曲 | 用顶层对象建立"命令，结果如图 7-34 所示。此时，文字会随着矩形的变形而发生变形。

图 7-34　文字会随着矩形的变形发生变形

4．使用弯曲创建一种曲线透视效果

1）选中文字，执行菜单中的"对象|封套扭曲|扩展"命令，将文本进行扩展，结果如图 7-35 所示。

提示：封套后文本不能够再次进行封套处理，如果要产生再次变形效果，必须将其"扩展"为图形。

图 7-35　将文本进行扩展

2）执行菜单中的"对象|封套扭曲|用变形建立"命令，在弹出的对话框中设置参数，如图 7-36 所示，单击"确定"按钮，最终结果如图 7-37 所示。

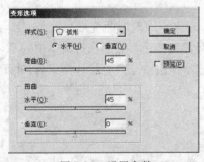

图 7-36　设置参数　　　　　　　　　　图 7-37　封套扭曲效果

7.4　商标

 制作要点：

本例将制作一个图标，如图 7-38 所示。通过本例的学习，应掌握 [✎]（路径文字工具）的使用和对文字进行渐变色处理的方法。

图 7-38 商标

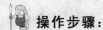 **操作步骤：**

1）执行菜单中的"文件|新建"命令，在弹出的对话框中设置参数，如图 7-39 所示，然后单击"确定"按钮，新建一个文件。

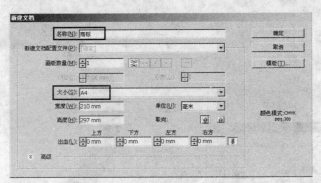

图 7-39 设置"新建文档"参数

2）选择工具箱中的 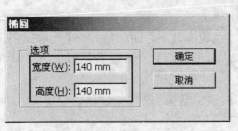（椭圆工具），设置描边色为 RGB（255，0，0），填充色为无色。然后在绘图区单击，在弹出的对话框中设置参数，如图 7-40 所示，单击"确定"按钮，结果如图 7-41 所示。

图 7-40 设置椭圆参数　　　　　　　　图 7-41 绘制椭圆

3）确定圆形为选中状态，双击工具箱中的 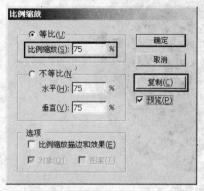（比例缩放工具），然后在弹出的对话框中设置参数，如图7-42所示，接着单击"复制"按钮，结果如图7-43所示。

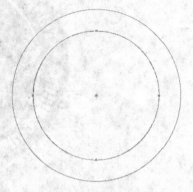

图7-42　设置"比例缩放"参数　　　　　　　图7-43　缩放复制效果

4）复制一个缩小后的圆形作为文字环绕的路径，为便于操作，下面执行菜单中的"对象|隐藏|所选对象"命令，将其隐藏。

5）同时选择一大一小两个圆形，在"路径查找器"面板中设置参数，如图7-44所示，然后用红色填充选区，结果如图7-45所示。

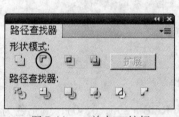

图7-44　　单击 按钮　　　　　　　图7-45　　与形状区域相减的效果

6）执行菜单中的"对象|显示全部"命令，将前面隐藏的作为文字环绕的圆形路径显现出来，然后利用 （路径文字工具）创建白色文字。接着执行菜单中的"文字|创建轮廓"命令，将文字转换为轮廓，结果如图7-46所示。

7）制作文字阴影。其方法为：选择白色轮廓文字，执行菜单中的"编辑|复制"命令，然后执行菜单中的"编辑|贴在后面"命令，在白色轮廓文字后面粘贴另一个轮廓文字。接着将粘贴后的轮廓文字的填充更改为黑色，并略微移动一下，以形成位置阴影，结果如图7-47所示。

8）同理，制作出其余的环绕图形及阴影效果，结果如图7-48所示。

图 7-46 将文字转换为轮廓　　　图 7-47 制作文字阴影　　　图 7-48 制作出其余环绕图形及阴影效果

9）绘制一个正圆形，然后设置它的描边色为无色，填充渐变色如图 7-49 所示，结果如图 7-50 所示。

10）创建文字，结果如图 7-51 所示。

图 7-49 设置渐变色

图 7-50 绘制正圆形　　　　　　图 7-51 创建文字

提示： 文字是由 Apple 和 Center 两组轮廓文字组成的。其中，轮廓文字 Apple 的填充色如图 7-52 所示；轮廓文字 Center 的填充色如图 7-53 所示。文字白边效果是通过执行菜单中的"对象|路径|偏移路径"命令来实现的。

11）同理，制作文字的阴影效果，结果如图 7-54 所示。

12）在文字右上方添加修饰的图形。方法：利用工具箱中的 ☆（星形工具）绘制五角星，然后用橙黄色渐变填充，结果如图 7-55 所示。

图 7-52　设置左侧文字渐变色

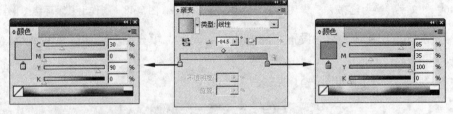

图 7-53　设置右侧文字渐变色

图 7-54　制作文字的阴影效果

图 7-55　绘制并填充五角星

13）选择五角星，执行菜单中的"效果 | 扭曲和变换 | 收缩和膨胀"命令，在弹出的对话框中设置参数，如图 7-56 所示，然后单击"确定"按钮，结果如图 7-57 所示。

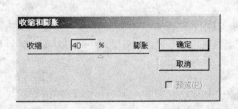

图 7-56　设置"收缩和膨胀"参数

图 7-57　"收缩和膨胀"效果

14）利用工具箱中的 ⬚（路径文字工具）制作波浪文字效果，结果如图 7-58 所示。

15）为了美观，在波浪文字下方添加修饰图形，最终结果如图 7-59 所示。

图 7-58　制作波浪文字

图 7-59　添加修饰图形

7.5　单页广告版式设计

制作要点：

　　Illustrator 不仅是一个超强的绘图软件，还是一个应用范围广泛的文字排版软件。本例选取的是杂志中的一个单页广告的版式案例，如图 7-60 所示。这幅广告的版式设计巧妙地采取了"视觉流线"的方法，在特定的视觉空间里，将文字处理成线乃至流动的块面，按照设计师的刻意安排形成一种引导性的阅读方式，把读者的注意力有意识地引入版面中的重要部位。Illustrator 软件具有使文字沿任意线条和任意形状排列的功能，因此很容易实现这种"视觉流线"的效果。通过本例的学习，应掌握利用 Illustrator CS4 制作单页广告版式设计的方法。

操作步骤：

　　1）执行菜单中的"文件 | 新建"命令，在弹出的对话框中设置参数，如图 7-61 所示，然后单击"确定"按钮，新建一个文件（该杂志页面尺寸为标准 16 开），

图 7-60　单页广告版式设计

并存储为"杂志内页.ai"。该杂志的版心尺寸为 190mm × 265mm，上下左右的边空为 10mm。

　　提示：本例设置的页面大小只是杂志单页的尺寸，不包括对页。

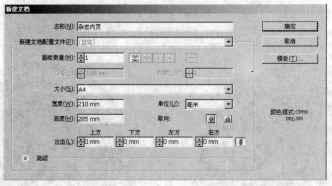

图 7-61　建立新文件

2）该广告版面为图文混排型，图片元素共 7 张，其中 6 张为配合正文编排的小图片，1 张为占据视觉中心的面积较大的饮料摄影图片。先将这张核心图片置入页面中，其方法为：执行菜单中的"文件 | 置入"命令，在弹出的对话框中选择配套光盘中的"素材及结果 \ 第 7 章 文本 \ 7.5 单页广告版式设计 \ 广告版面素材 \ 饮料.tif"，如图 7-62 所示，单击"置入"按钮将图片原稿置入到"杂志内页.ai"页面中，如图 7-63 所示。

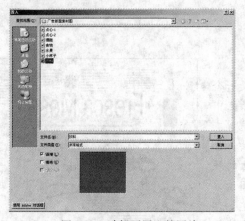

图 7-62　选择要置入的图片

图 7-63　置入的饮料摄影图片

3）整个广告版面在水平方向上可分为 3 栏，分别有水平线条进行视觉分割。下面先来定义这 3 栏的位置。其方法为：执行菜单中的"视图 | 显示标尺"命令，调出标尺。然后将鼠标移至水平标尺内，按住鼠标向下拖动，拉出 2 条水平方向的参考线，且上面一条位于纵坐标 65mm 处，下面一条位于 255mm 处，将页面分割为 3 部分。接着利用工具箱中的 ▶ （选择工具）单击选中刚才置入的饮料图片，将它放置到页面的右下部分（版心之内），使底边与第 2 条参考线对齐，如图 7-64 所示。

提示：从标尺中同时拖出 4 条参考线，分别置于距离四边 10mm 的位置，定义版心的范围。

4）目前，广告内的主要图片的外形为矩形，这样的图片规范但无特色，本例要制作的是色彩明快的饮料与食品广告，因此版面中的趣味性，也就是形式美感是非常重要的，要根据广告的整体风格来营造一种活泼的版面语言。下面先来修整图片的外形，使它形成类似杯子轮廓的优美曲线外形。其方法为：利用工具箱中的 ⬚（钢笔工具），在页面中绘制如图 7-65 所示的闭合路径（类似酒杯上半部分的圆弧形外轮廓）。在绘制完之后，还可用工具箱中的 ⬚（直接选择工具）调节锚点及其手柄，以修改曲线形状。然后用工具箱中的 ⬚（选择工具）将它移动到图片上面。

提示：将该路径的"填充"颜色和"描边"颜色都设置为无。

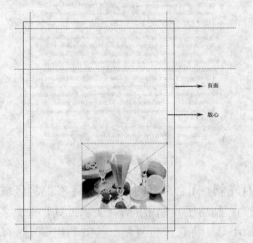

图 7-64 用参考线将版面进行水平分割   图 7-65 绘制作为剪切蒙版的闭合路径

5）下面利用绘制好的弧形路径作为蒙版形状，在底图上制作剪切蒙版效果，以使底图在路径之外的部分全部被裁掉。其方法为：利用 ⬚（选择工具），按住〈Shift〉键将路径与底图同时选中。然后执行菜单中的"对象｜剪切蒙版｜建立"命令，将超出弧形路径之外的多余图像部分裁掉，效果如图 7-66 所示。

图 7-66 超出弧形路径之外的多余的图像部分被裁掉

6）为了与图形边缘的弧线取得和谐统一的风格，使文字排版不显得孤立，需要将主体图形周围的正文也处理成圆弧形状，这就要用到 Illustrator 中的"区域排文"功能。其方法为：先用工具箱中的 ⬚（钢笔工具），在饮料图形的左侧绘制如图 7-67 所示的闭合路径，其右侧的弧线与饮料图形边缘要采取相同的弧度。然后利用工具箱中的 T（文字工具）输入一段文字。接着在"工具"选项栏中设置"字体"为 Times New Roman，"字号"为 6pt，如图 7-68 所示。此段的文字数量要多一些，也可以直接将 Word 等文本编辑软件中生成的文本文件通过执行菜单中的"文件｜置入"命令进行置入。

　　提示： 由于主要是学习排版的技巧，因此广告中的文字内容请用户自行输入即可。

图 7-67　在饮料图片左侧绘制闭合路径　　　　图 7-68　输入一段文本

　　7）接下来将文字放置到刚才绘制的（位于图片左侧）闭合路径内，以使文字在路径区域内进行排版，形成一种文本图形化的效果。其方法为：利用工具箱中的 **T** （文字工具）将文字全部涂黑选中，如图 7-69 所示。然后按快捷键〈Ctrl+C〉将它进行复制。接着利用 （选择工具）单击选中闭合路径，再利用工具箱中的 （区域文字工具）在如图 7-70 所示的路径边缘单击，此时路径上会出现一个跳动的文本输入光标，最后按快捷键〈Ctrl+V〉，将刚才复制的文本粘贴到路径内，即可形成如图 7-71 所示的"区域内排版"效果。

　　8）"区域内排版"功能可以实现文字在任意形状内的排版，这种图形化语言已成为正文编排的一种有效的发展趋势。在这种编排方式中，文字被视为图形化的元素，其排列形式不同程度地传达出广告的情绪色彩。延续这种段落文本的排版风格，下面再来处理分散的小标题文字，小标题文字的设计采取的是"沿线排版"思路。先用工具箱中的 （钢笔工具）绘制如图 7-72 所示的一段开放曲线路径。注意，这条曲线的弧度要与区域文本的外形相符。

图 7-69　将文本全部涂黑选中

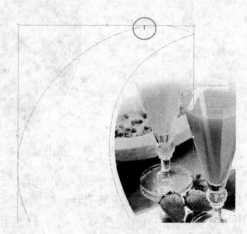

图 7-70　利用"区域文字工具"在路径边缘单击

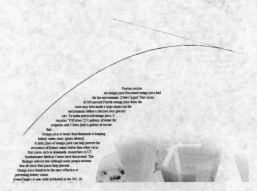

图 7-71　文字在路径区域内的排版效果　　　　　图 7-72　绘制一段开放的曲线路径

　　9）在曲线路径上输入文本，使文字沿着曲线进行排版。其方法为：先选中这段曲线路径，然后应用工具箱中的 ▣（路径文字工具）在曲线左边的端点上单击，此时路径左端上出现了一个跳动的文本输入光标，直接输入文本，则所有新输入的字符都会沿着这条曲线向前进行排列，效果如图 7-73 所示。接着，将路径上的文字全部涂黑选中，按快捷键〈Ctrl+T〉打开"字符"面板，在其中设置如图 7-74 所示的字符属性（注意，"字符间距"要设为 60pt）。

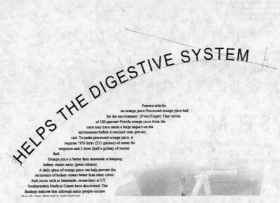

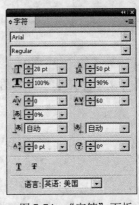

图 7-73　文字沿着曲线进行排版的效果　　　　　　　图 7-74　"字符"面板

　　10）再绘制出几条曲线路径，形成如图 7-75 所示的一种向外发散的线条轨迹。同理，利用工具箱中的 ▣（路径文字工具）在每条曲线左边的端点上单击，当路径左端上出现跳动的文本输入光标后，直接输入各行文本，即可形成多条沿曲线排版的小标题文字。在文字沿线排版效果制作完成后，利用工具箱中的 ▹（直接选择工具）单击选中文字，此时弧形路径便会显示出来，然后调节锚点及其手柄修改曲线形状，此时曲线上排列的文字也会随之发生相应的变化，如图 7-76 所示。文字属性的具体设置可参见图 7-77 所示的"字符"面板。

　　提示：沿线排版中的文字小到一定程度，就会在视觉上产生连续的"线"的效果，这是一种采用间接的巧妙手法产生的视觉上的线。线本身就具有卓越的造型力，如图 7-78 所示，多条弧线文字有节奏地编排在一起，形成了轻松有趣的视觉韵律，引导读者的视线，在阅读过程中产生丰富的感受和自由的联想。

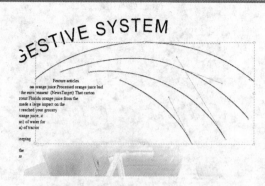

图 7-75　再绘制出几条曲线路径

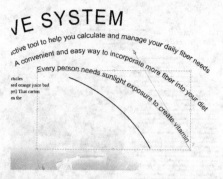

图 7-76　文字随曲线形状的调整发生改变

图 7-77　"字符"面板

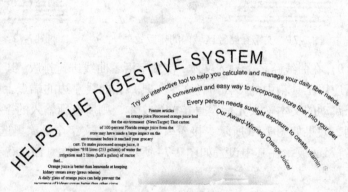

图 7-78　多条沿线排版的小标题文字效果

　　11）为了使"线"的效果更加具有特色，下面利用工具箱中的 $\mathbf{T}$（文字工具）将曲线路径上的局部文字涂黑选中，如图 7-79 所示。然后将它们的"填充"颜色设置为草绿色或桔黄色。

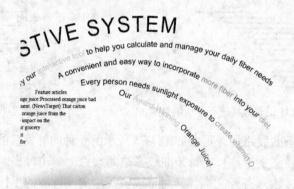

图 7-79　将曲线路径上的局部文字设置为草绿色或桔黄色

　　12）刚才制作的都是小标题文字，现在来制作醒目的大标题。大标题也是以沿线的形式来排列的，但不同的是，每个字母的摆放角度不同，因此，必须将标题拆分成单个字母来进行艺术化处理。其方法为：利用工具箱中的 $\mathbf{T}$（文字工具）输入文本"SOPRS"，在"工具"选项栏中设置"字体"为 Arial。然后执行菜单中的"文字|创建轮廓"命令，将文字转换为如图 7-80 所示的由锚点和路径组成的图形。

图 7-80 将文字转换为由锚点和路径组成的图形

13）将该单词转换为路径后，每个字母都变为独立的闭合路径，现在需要将其中的字母 "O" 和 "R" 宽度增加。其方法为：利用工具箱中的 ，按住〈Shift〉键逐个选中字母 "O" 和 "R"，然后执行菜单中的 "对象｜路径｜位移路径" 命令，在弹出的对话框中设置参数，如图 7-81 所示，单击 "确定" 按钮，结果如图 7-82 所示。可以看到文字被复制了一份，并且轮廓明显地向外扩展。

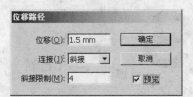

图 7-81 "位移路径" 对话框   图 7-82 "位移路径" 后文字被复制且轮廓明显地向外扩展

14）进行 "位移路径" 后实际上文字被复制了一份，下面对原来的字母图形进行删除。其方法为：按快捷键〈Shift+Ctrl+A〉取消选取，然后利用 ，按住〈Shift〉键逐个选中如图 7-83 所示的字母 "O" 和 "R" 的原始图形，再按〈Delete〉键将它们删除。

将原始字母图形删除

将原始字母图形删除

图 7-83 选中扩边前的原始路径并将其删除

15）利用工具箱中的 选中字母 "O"，将其 "填充" 颜色设置为桔黄色（参考颜色数值为：CMYK（10，50，100，0）），将字母 "R" 的 "填充" 颜色设置为桔红色（参考颜色数值为：CMYK（10，70，100，0）），效果如图 7-84 所示。

图 7-84 改变字母 "O" 和字母 "R" 的颜色

16）标题文字与副标题文字排列风格一致，都是沿着从左下至右上的圆弧线进行编排的。其方法为：利用工具箱中的 ![直接选择工具图标] (直接选择工具) 分别选中每个字母，然后利用工具箱中的 ![自由变换工具图标] (自由变换工具) 将它们各自旋转一定角度，调整大小并按如图7-85所示的位置关系进行排列，放在前面步骤制作好的沿线排版的小标题文字上面。

17）执行菜单中的"文件｜置入"命令，在弹出的对话框中选择配套光盘中的"素材及结果\第7章 文本\7.5 单页广告版式设计\广告版面素材\小杯子.tif"文件，单击"置入"按钮。然后将图片原稿缩小放置到如图7-86所示的位置。

提示：由于本例广告为白色背景，因此所有相关小图片都在Photoshop中事先做了去底的处理。

图7-85　逐个调整标题每个字母的角度和大小　　　　图7-86　再置入一张杯子的小图片

18）前面说过，在水平方向上该广告版面共分为3栏，现在中间面积最大的一栏已大体完成，效果如图7-87所示。下面处理最上面的一栏，这部分以文字为主体，且文字内穿插了3张食品饮料主题的小图片。先来制作醒目的标题。其方法为：参照如图7-88所示的效果，先输入文本"Fresca Mesa"，在"工具"选项栏中设置"字体"为Arial。然后执行菜单中的"文字｜创建轮廓"命令，将文字转换为由锚点和路径组成的图形。接着利用工具箱中的 ![矩形工具图标] (矩形工具) 绘制出一个与文字等宽的矩形，将其"填充"颜色设置为一种橙色（参考颜色数值为：CMYK (0, 60, 100, 0)），"描边"设置为无。最后再输入下面的一排小字（如果输入的原文是英文小写字母，可以执行菜单中的"文字｜更改大小写｜大写"命令，将其全部转为大写字母）。

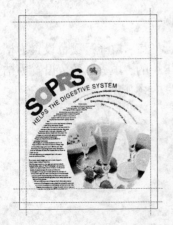

Fresca Mesa

图7-87　中间面积最大一栏的整体效果　　　　图7-88　最上面一栏醒目的标题

19）利用工具箱中的（选择工具），将上一步制作的两行文字和一个矩形色块都选中，然后按快捷键〈Shift+F7〉打开“对齐”面板，如图 7-89 所示。在其中单击“水平居中对齐”按钮，使三者居中对齐，然后按快捷键〈Ctrl+G〉将它们组成一组。最后将其放置到版面水平居中的位置，效果如图 7-90 所示。

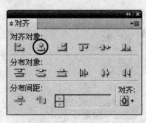

对齐
对齐对象:
分布对象:
分布间距:
对齐:

图 7-89　“对齐”面板

Fresca Mesa
2007 BEST OF FOOD AWARD IN THE JUICE CATEGORY! HERE'S THE REASON

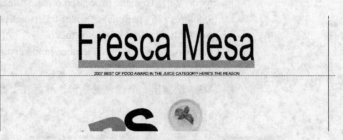

图 7-90　将三者居中对齐，然后放置到版面居中的位置

20）继续制作版面最上面一栏中的正文效果。这一栏内的正文纵向分为 4 部分，也就是 4 个小文本块，其中 3 个都用到了色块内嵌到文字内部（也称为图文互斥）的效果，可以通过修改文本块外形来实现。其方法为：新输入一段文本，在“工具”选项栏中设置“字体”为 Times New Roman，“字号”为 5pt。然后利用工具箱中的（直接选择工具）单击文字块，使文本块周围显示出矩形路径。接着利用工具箱中的（添加锚点工具）在左侧路径上增加 4 个锚点，如图 7-91 所示。最后利用（直接选择工具）将靠中间的两个新增锚点向右拖动到如图 7-92 所示的位置，则文本块中的文字将随着路径外形的改变而自动发生调整。

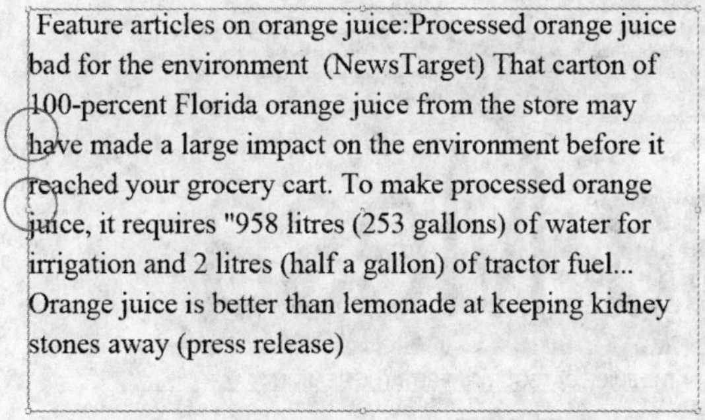
Feature articles on orange juice:Processed orange juice
bad for the environment (NewsTarget) That carton of
100-percent Florida orange juice from the store may
have made a large impact on the environment before it
reached your grocery cart. To make processed orange
juice, it requires "958 litres (253 gallons) of water for
irrigation and 2 litres (half a gallon) of tractor fuel...
Orange juice is better than lemonade at keeping kidney
stones away (press release)

图 7-91　在左侧路径上增加 4 个锚点

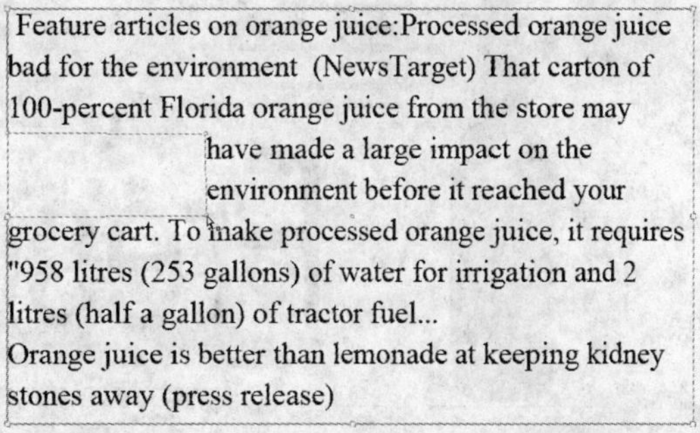
Feature articles on orange juice:Processed orange juice
bad for the environment (NewsTarget) That carton of
100-percent Florida orange juice from the store may
have made a large impact on the
environment before it reached your
grocery cart. To make processed orange juice, it requires
"958 litres (253 gallons) of water for irrigation and 2
litres (half a gallon) of tractor fuel...
Orange juice is better than lemonade at keeping kidney
stones away (press release)

图 7-92　文字随着路径外形改变而自动调整

21）绘制一个红色的矩形，并将它移至文本块左侧中间空出的位置，然后在上面添加白色文字，效果如图 7-93 所示。同理，制作出如图 7-94 所示的另外两个“图文互斥”的文本块，放置于版面顶部。注意，一定要位于版心之内。

22）执行菜单中的“文件｜置入”命令，在弹出的对话框中分别选择配套光盘中的“素材及结果\第 7 章 文本\7.5 单页广告版式设计\广告版面素材\酒瓶.tif”，“水果.tif”，“点心–1.tif”文件，单击“置入”按钮。然后将置入的图片原稿进行缩小，并放置到如图 7-95 所示的位置。

Feature articles on orange juice:Processed orange juice bad for the environment (NewsTarget) That carton of 100-percent Florida orange juice from the store may have made a large impact on the environment before it reached your grocery cart. To make processed orange juice, it requires "958 litres (253 gallons) of water for irrigation and 2 litres (half a gallon) of tractor fuel...
Orange juice is better than lemonade at keeping kidney stones away (press release)

图 7-93　绘制出一个红色的矩形，然后在上面添加白色文字

图 7-94　制作完成的 3 个"图文互斥"的文本块

图 7-95　加入 3 张小图片的版面效果

23）上部最右侧还有一个小文本块，设置正文的"字体"为 Times New Roman，"字号"为 5pt。设置最上面 3 行内容的"字体"为 Arial，"字号"为 7pt，文字颜色为品红色 CMYK（0，95，30，0）。然后利用工具箱中的 T（文字工具）将小文本块中的全部文字涂黑选中，接着按快捷键〈Alt+Ctrl+T〉打开"段落"面板，如图 7-96 所示，在其中单击"右对齐"按钮，使文字靠右侧对齐排列。再缩小画面，按快捷键〈Ctrl+；〉暂时隐藏参考线，查看目前的整体效果，如图 7-97 所示。

24）在页面靠下部的第 3 栏版式中包括两张小图片、两个数字和一段文本，其制作方法此处不再赘述，用户可参考图 7-98 自行制作。

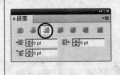

图 7-96　右侧文本块排版方式为"右对齐"　　　　图 7-97　隐藏参考线，查看目前的整体版面效果

图 7-98　页面靠下部的第 3 栏版式

25）现在版面右侧中部显得有点空，需要在此位置添加一行沿弧线排列的灰色文字，如图 7-99 所示。至此，整幅广告制作完成。这个例子主要学习了在版面空间中如何将文字处理成线乃至块面，以形成文本图形化的艺术效果。最后完成的效果如图 7-100 所示。

图 7-99　再添加一行沿弧线排列的灰色文字　　　　图 7-100　版面的最终效果

7.6 练习

（1）制作阴影文字效果，如图 7-101 所示。参数可参考配套光盘中的"课后练习 \ 第 7 章 \ 阴影文字.ai"文件。

图 7-101 阴影文字效果

（2）制作立体文字效果，如图 7-102 所示。参数可参考配套光盘中的"课后练习 \ 第 7 章 \ 立体文字.ai"文件。

（3）制作小球环绕的文字效果，如图 7-103 所示。参数可参考配套光盘中的"课后练习 \ 第 7 章 \ 小球环绕文字效果.ai"文件。

图 7-102 立体文字效果　　　　图 7-103 有小球环绕的文字效果

（4）制作钱币效果，如图 7-104 所示。参数可参考配套光盘中的"课后练习 \ 第 7 章 \ 钱币.ai"文件。

图 7-104 钱币效果

第 8 章　渐变、混合与渐变网格

本章重点：

本章将通过 4 个实例来具体讲解 Illustrator CS4 的渐变、混合与渐变网格在实际设计工作中的具体应用。通过本章的学习，应掌握渐变、混合与渐变网格的使用方法。

8.1　手表

制作要点：

本例将制作一块带光晕的手表，如图 8-1 所示。通过本例的学习，应掌握 ⬚（光晕工具）、⬚（渐变工具）和"透明度"面板的综合应用。

操作步骤：

1. 绘制背景

1）执行菜单中的"文件 | 新建"命令，在弹出的对话框中设置参数，如图 8-2 所示，然后单击"确定"按钮，新建一个文件。

2）为了衬托手表，使用工具箱中的 ⬚（矩形工具）创建一个矩形，作为背景，并用黑—白—黑线性渐变进行填充，结果如图 8-3 所示。然后执行菜单中的"对象 | 锁定 | 所选对象"命令，将其锁定，以便于以后的操作。

图 8-1　手表

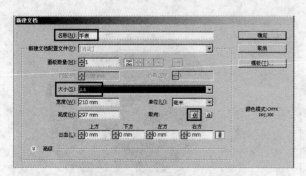

图 8-2　设置"新建文档"参数

图 8-3　用黑—白—黑线性渐变填充背景

2. 制作表盘

1）首先逐层绘制表盘的大体结构，如图8-4所示。

2）制作表盘上的反光。其方法为：首先绘制一个表盘大小的圆形，并用线性渐变色进行填充，结果如图8-5所示。

图8-4 绘制表盘的大体结构　　　　　图8-5 用线性填充表盘

3）为了将表盘上的反光与表盘有机结合，将渐变填充的圆形的图层混合模式设为"滤色"，如图8-6所示，结果如图8-7所示。

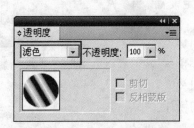

图8-6 将混合模式设为"滤色"　　　　图8-7 滤色效果

4）此时发光过于强烈，在"透明度"面板中适当降低"不透明度"的数值，如图8-8所示，结果如图8-9所示。

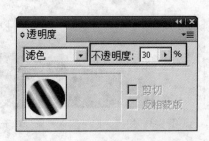

图8-8 将"不透明度"设置为30%　　　图8-9 降低"不透明度"的效果

3. 制作表带和其余零件

1）利用工具箱上的 ⚲（钢笔工具）绘制表带造型，并用黑—白—黑线性渐变色进行填充，结果如图 8-10 所示。

2）同理，制作出手表的其余部分，结果如图 8-11 所示。

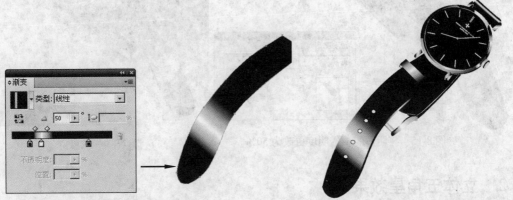

图 8-10　绘制并填充表带造型　　　　　　　　图 8-11　制作出手表的其余部分

4. 制作阴影

1）利用工具箱中的 ⚲（钢笔工具），绘制阴影形状并用渐变色进行填充，结果如图 8-12 所示。

2）对表带阴影进行模糊处理。其方法为：执行菜单中的"效果|模糊|高斯模糊"命令，在弹出的对话框中设置参数，如图 8-13 所示，然后单击"确定"按钮，结果如图 8-14 所示。

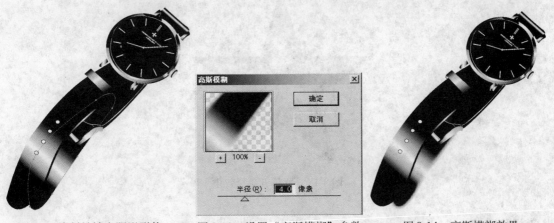

图 8-12　绘制并填充阴影形状　　　图 8-13　设置"高斯模糊"参数　　　图 8-14　高斯模糊效果

3）此时阴影过于明显，需要在"透明度"面板中将阴影的"不透明度"设置为 50%，如图 8-15 所示。

5. 添加镜头光晕效果

将制作好的手表放入背景中，然后选择工具箱中的 🔘（光晕工具），在表盘上添加镜头光晕，最终结果如图 8-16 所示。

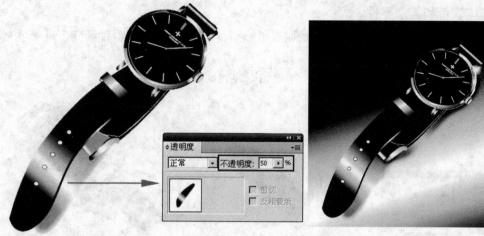

图 8-15　将阴影的不透明度更改为 50%　　　　图 8-16　最终效果

8.2　立体五角星效果

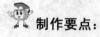 **制作要点：**

　　本例将制作一个立体五角星效果，如图 8-17 所示。通过本例的学习，应掌握 （混合工具）与 （比例缩放工具）的综合应用。

图 8-17　立体五角星效果

操作步骤：

　　1）执行菜单中的"文件|新建"命令，新建一个文件。

　　2）选择工具箱中的 （星形工具），设置描边色为无色，填充色为红色，配合〈Shift〉键，绘制一个正五角星，结果如图 8-18 所示。

　　3）选中五角星，双击工具箱中的 （比例缩放工具），在弹出的对话框中设置参数，如图 8-19 所示，然后单击"复制"按钮，复制出一个大小为原来的 20% 的星形。再将填充色更改为黄色，结果如图 8-20 所示。

图 8-18 绘制正五角星　　图 8-19 设置"比例缩放"参数　　图 8-20 将小五角星填充为黄色

4）选择工具箱中的 （混合工具），分别单击两个五角星，以产生立体的五角星效果，如图 8-21 所示。

5）如果要改变立体五角星的颜色，可以利用工具箱中的 （编组选择工具）选择混合后的五角星，然后更改其填充颜色，如图 8-22 所示。

图 8-21 立体的五角星效果　　　　　　图 8-22 更改其填充颜色

8.3 玫瑰花

制作要点：

本例将制作一朵逼真的玫瑰花，如图 8-23 所示。通过本例的学习，应掌握利用 （渐变网格工具）对同一物体的不同部分进行上色的方法。

操作步骤：

1. 创建背景

1）执行菜单中的"文件|新建"命令，在弹出的对话框中设置参数，如图 8-24 所示，然后单击"确定"按钮，新建一个文件。

图 8-23　玫瑰花

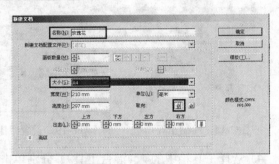

图 8-24　设置"新建文档"参数

2）为了衬托玫瑰花，在此绘制了一个黑色矩形作为背景。然后执行菜单中的"对象 | 锁定 | 所选对象"命令，将其锁定，以便于以后绘制玫瑰花，结果如图 8-25 所示。

2. 利用渐变网格工具绘制玫瑰花花瓣

绘制玫瑰花的原则是由内向外进行绘制。

1）选择工具箱中的 （钢笔工具），然后在绘图区中绘制图形，并将其填充为白色，结果如图 8-26 所示。

图 8-25　绘制黑色矩形作为背景

图 8-26　绘制图形

2）选择工具箱中的 （渐变网格工具），对图形添加渐变网格。然后利用 （套索工具）对相应位置上的节点分别进行上色，并利用 （直接选择工具）改变节点的位置，从而形成自然的颜色过渡，结果如图 8-27 所示。

> 提示：将渐变网格应用到单色或渐变层填充的对象上，可以对多点创建平滑颜色过渡（但不能将复合路径转换为网格对象）。

3）同理，制作其余的花瓣，并调整它们的先后顺序，最终结果如图 8-28 所示。

提示：对于使用单色填充的对象，执行菜单中的"对象|创建渐变网格"命令（这样用户能够指定网格结构的细节）或使用▣(渐变网格)工具单击，都可以转换为渐变网格；对于渐变填充的对象，可以执行菜单中的"对象|扩展"命令，在弹出的对话框中设置参数，如图 8-29 所示，将其转化为一个网格对象。这样渐变色就会被保留下来，而且网格的经纬线还会根据用户的渐变色方向进行排列。

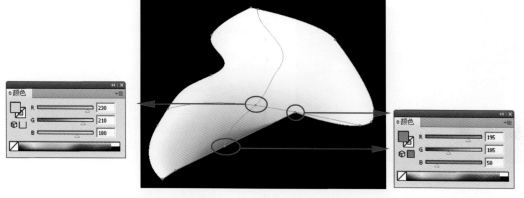

图 8-27　对花瓣的不同部分上色

图 8-28　最终效果

图 8-29　设置"扩展"参数

8.4　手提袋设计

制作要点：

本例将制作两个手提纸袋在虚拟环境中的立体展示效果图，如图 8-30 所示。制作在一定环境中的立体效果必须要考虑透视变化、光线方向、投影效果等因素，因此，本例手提袋表面的图形设计虽然简单（主要以渐变色为主），但制作的难点主要在于立体造型的构成和纸袋表面图形的透视变形，以及一些细节（如折痕、提手、绳结等）的制作与手提袋不同部位投影（侧面、提绳及整体在地面上的投影）的制作。通过本例的学习，读者应掌握手提袋立体展示效果图的制作方法。

操作步骤：

1）执行菜单中的"文件｜新建"命令，在弹出的对话框中设置参数，如图8-31所示，然后单击"确定"按钮，新建一个名称为"手提袋.ai"的文件。

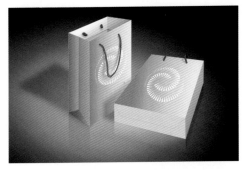

图8-30　手提袋设计

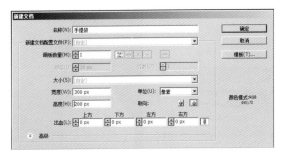

图8-31　建立新文档

2）设置一个深灰色渐变的背景，也就是本例中的虚拟环境。方法：选择工具箱中的 （矩形工具），绘制一个与页面等大的矩形，然后按快捷键〈Ctrl+F9〉，打开"渐变"面板，设置如图8-32所示的3色径向渐变（3色参考数值从左至右分别为：CMYK（15，40，80，0），CMYK（25，15，30，80），CMYK（80，75，80，80））。

3）对渐变的起始和终止位置，以及渐变方向进行手动调节。方法：选择工具箱中的 （渐变工具），在矩形内部从中心向外拖动鼠标拉出一条直线，此时会出现一个渐变控制框。然后调节椭圆形边缘上的控制手柄改变颜色的渐变范围，如果移动椭圆中心可改变渐变的中心点，如图8-33所示。

图8-32　设置3色径向渐变

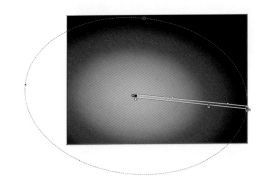

图8-33　调节渐变控制框

4）绘制手提袋的基本造型。先设计一个摆放商品时很常见的视角，在这个视角中手提纸袋主要由4个侧面构成，下面开始进行绘制。方法：选择工具箱中的 （钢笔工具），以直线段的方式绘制出如图8-34（左图）所示的两个侧面，并将其暂时填充为深浅不同的灰色，以暗示造型，再将"边线"设置为无。然后利用 （钢笔工具）勾画出其余两个侧面（右图）。接着按快捷键〈Ctrl+[〉，将这两个侧面移至后面一层。

5）此时纸袋的边缘锚点没有对齐，因此线条会出现锯齿状，下面将纸袋中（控制垂直线）的锚点进行对齐。方法：利用 ▶ （直接选择工具）选择位于垂直方向上的锚点（按住〈Shift〉键可同时点选多个锚点），然后单击工具选项栏内的 ᇋ （水平左对齐）按钮，修整纸袋中的垂直线段，如图 8-35 所示。

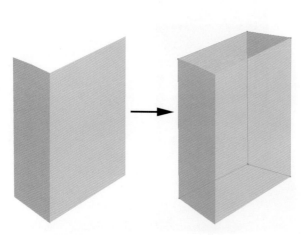

图 8-34　先绘制出手提袋的基本造型　　　　图 8-35　先将纸袋中（控制垂直线）的锚点对齐

6）这个纸袋在设计上没有特别细碎烦琐的文字与图形，主要以大面积渐变底色填充（辅以简单标志）为主，是一种较为简洁与大气的设计。下面先来添加正侧面的渐变并将它存储起来。方法：利用工具箱中的 ▶ （选择工具）选中纸袋正侧面图形，然后在"渐变"面板中设置一种"米色—桔黄色"的两色线性渐变（颜色参考数值分别为：CMYK（0，10，30，0），CMYK（0，70，90，0）），效果如图 8-36 所示。接着将"渐变"面板中调整好的渐变色拖动到"色板"中保存起来，如图 8-37 所示。

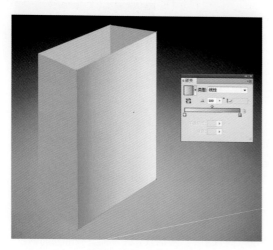

图 8-36　在包装袋正侧面图形内填充渐变颜色

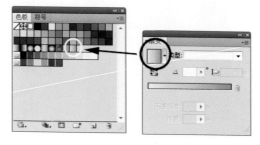

图 8-37　将渐变色拖动到"色板"中保存起来

7）接下来，选中纸袋的左侧面图形，在"色板"中单击刚才保存的渐变，将其填充到左侧面内。

8）为了形成立体的视觉效果，此时假定手提袋的正面为受光面，左侧面为背光面，因此必须将左侧面的颜色整体调暗一些。下面将"渐变"面板中的起始颜色分别增加30%的K值（但保持色相不变），效果如图8-38所示。

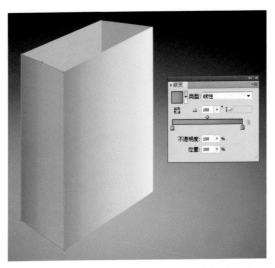

图8-38　将左侧面渐变颜色整体调暗一些

9）进一步处理左侧面由于折叠而引起的微妙光效。方法：选择工具箱中的 (钢笔工具)，以直线段的方式绘制出如图8-39所示的侧面折叠形状，并将它的"填充"颜色设置为浅灰色（参考颜色数值为：CMYK（0，0，0，30）），然后按快捷键〈Shift+Ctrl+F10〉打开"透明度"面板，改变透明"混合模式"为"正片叠底"，如图8-40所示。此时，灰色块经过透叠使左侧折叠面颜色获得了变暗的效果，如图8-41所示。

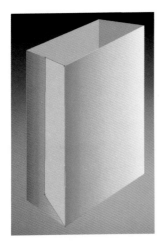  

图8-39　绘制折叠形状并填充为浅灰色　　图8-40　"透明度"面板中　　图8-41　左侧面折叠部分的颜色变暗
改变混合模式

10）选择工具箱中的 (钢笔工具)，以直线段的方式再绘制出如图8-42所示的三角形折叠形状，并将它的"填色"设置为浅灰色（参考颜色数值为：CMYK（0，0，0，40）），然后在"透明度"面板中改变透明"混合模式"为"正片叠底"，此时，三角形折叠面颜色也变暗了一些，从而表现出了纸袋侧面折叠的痕迹。

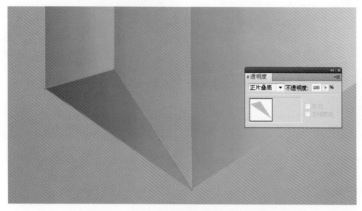

图 8-42　三角形折叠面颜色经过透叠变暗

11）左侧面处理完成后，再对纸袋两个内侧面进行加工，先制作内部折边的效果。方法：利用工具箱中的 ![钢笔工具图标] （钢笔工具）绘制出如图 8-43 所示的两个四边形，并将它们分别填充为深浅不同的灰色渐变，且左侧图形比右侧图形要亮一些，然后多次按快捷键〈Ctrl+[〉，将它们调整到如图 8-44 所示的位置。

图 8-43　绘制出两个四边形并分别填充为深浅不同的灰色渐变

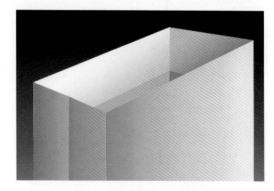

图 8-44　将两个四边形后翻几层

12）利用工具箱中的 ![直线段工具图标] （直线段工具）在两个四边形的底边位置绘制出两条斜线，并设置线条的颜色为深灰色（左边的线条比右边的线条颜色稍浅一些），设置描边"粗细"为 0.3pt，效果如图 8-45 所示。

13）这是一个打眼穿绳作为提手的纸袋，因此提手部分也需要精心绘制并强调光影。下面先来制作内侧面上的绳结。方法：利用工具箱中的 ![铅笔工具图标] （铅笔工具）绘制两个外形随意的绳结形状，并填充"黑色—深褐色"的线性渐变，设置描边"粗细"为 0.25pt，设置描边颜色为深褐色（参考颜色数值为：CMYK（0，30，0，90）），效果如图 8-46 所示。

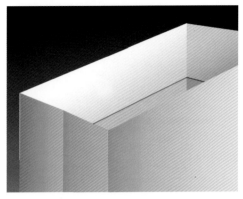

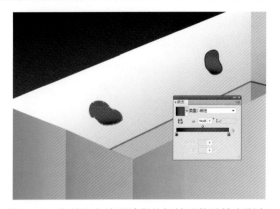

图 8-45 添加边线后的纸袋侧面效果　　　　图 8-46 绘制两个外形随意的绳结形状并填充渐变

14）在制作立体展示效果图的时候，细节部分的真实感处理是至关重要的。下面为绳结制作投影效果。方法：先选中左侧绳结，执行菜单中的"效果｜风格化｜投影"命令，在弹出的对话框中设置参数，如图 8-47 所示，然后单击"确定"按钮，此时绳结左下方将出现虚化的投影。同理，参照如图 8-48 所示的"投影"对话框中的参数，为右侧绳结也添加一个偏左下方的投影。两个绳结的投影效果如图 8-49 所示，这样的处理会使画面细节生动许多。现在缩小全图，查看目前的整体效果，如图 8-50 所示。

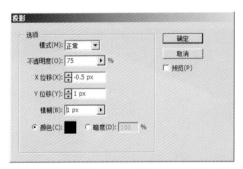

图 8-47 左侧绳结的"投影"对话框设置　　　图 8-48 右侧绳结的"投影"对话框设置

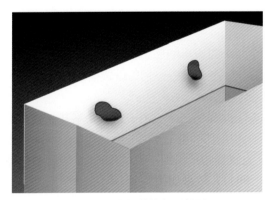

图 8-49 两个绳结的投影效果　　　　　图 8-50 目前的整体效果

15）下面继续制作手提袋正侧面上的褐色软绳提手。方法：利用工具箱中的 （钢笔工具）象征性地绘制出一条曲线，如图 8-51 所示。然后按快捷键〈Ctrl+F10〉打开"描边"面板，将线条的"描边粗细"设置为2pt，将线条的颜色设置为深褐色（参考颜色数值为：CMYK（60，70，90，50））。另外，注意要将"线端"设置为"圆头端点"，如图 8-52 所示。

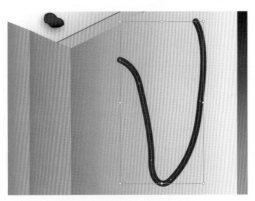

图 8-51　绘制一条曲线路径

图 8-52　将线条设为圆头端点

16）现在看起来，线条粗细过于均等而显得生硬，与自然的绳带效果不符，下面制作图形边缘的随意性。方法：首先执行菜单中的"对象｜路径｜轮廓化描边"命令，将路径变为普通的闭合图形，如图 8-53 所示。然后利用工具箱中的 （铅笔工具）在路径边缘拖动，随意地修改路径外形，且可以自动增加锚点以使形状复杂化。同时，还可以利用工具箱中的 （平滑工具）对线条进行修饰，效果如图 8-54 所示。

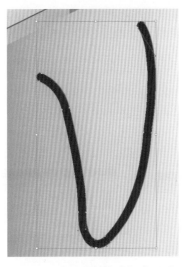
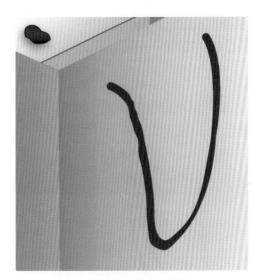

图 8-53　将路径转换为闭合图形

图 8-54　使图形边缘产生随意性

17）在随意性的基础上，为了给线条增加一定的立体凸起感，下面对其添加内发光效果。方法：选中曲线路径，执行菜单中的"效果｜风格化｜内发光"命令，在弹出的对话框中设置参数，如图 8-55 所示，然后单击"确定"按钮。增加了（稍亮一些的颜色的）内发光后，线条增添了立体的感觉，如图 8-56 所示。

提示：线条内发光的参考颜色数值为 CMYK（25，45，65，0）。

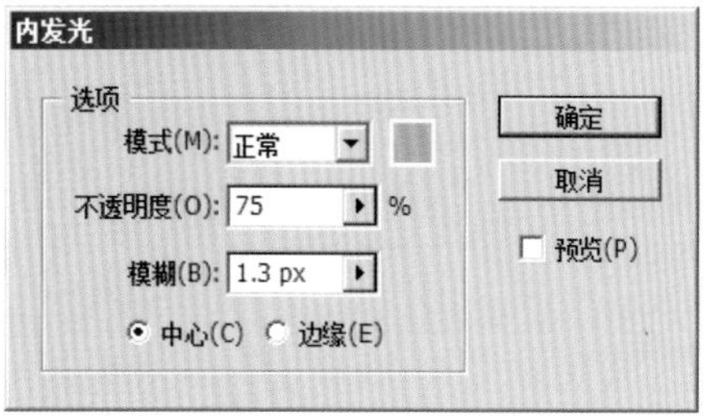

图 8-55 “内发光”对话框

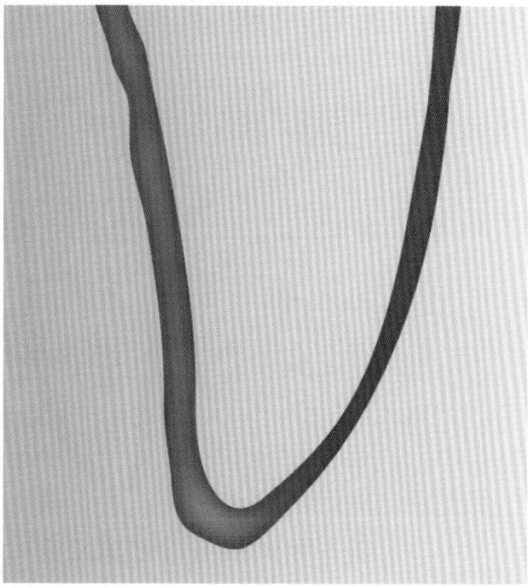

图 8-56 添加内发光后线条增加了立体感

18）软绳投影往往是手提袋中比较生动和重要的细节，下面为软绳提手添加一个左下方的投影。方法：利用工具箱中的 （选择工具）选中提绳图形，将其原位复制一份（复制后按快捷键〈Ctrl+F〉进行原位粘贴），然后将复制图形旋转一定的角度。还可以利用 （自由变换工具）对图形进行变形处理，从而得到如图 8-57 所示的效果。接下来，按快捷键〈Shift+F6〉打开“外观”面板，将其中列出的“内发光”选项拖动到右下角垃圾桶内删除，如图 8-58 所示。最后打开“渐变”面板，在其中选择“黑色—透明背景”的渐变色彩模式，如图 8-59 所示。

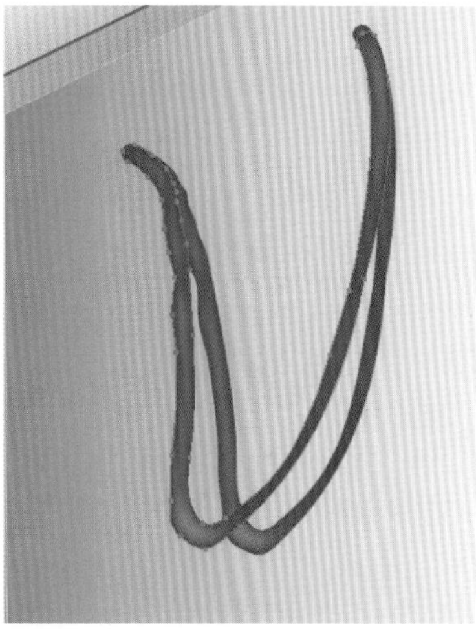

图 8-57 将复制图形旋转一定的角度

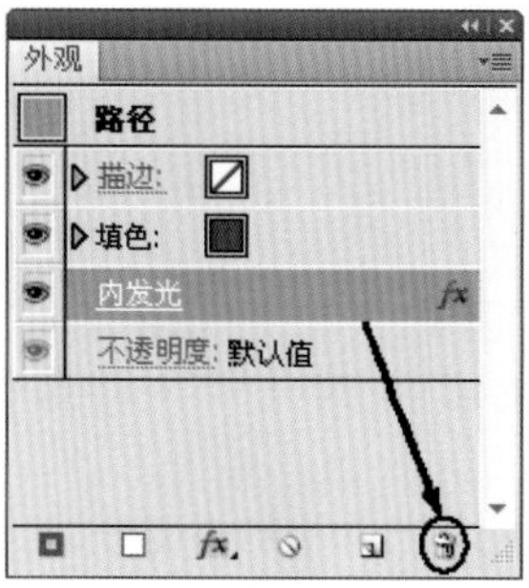

图 8-58 “外观”面板

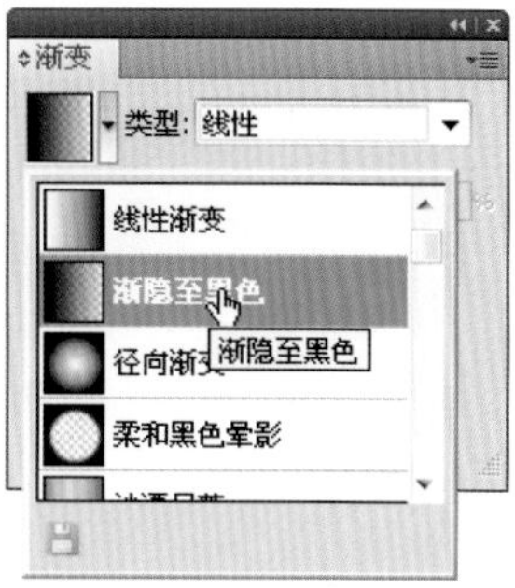

图 8-59 “渐变”面板设置

19）调整投影渐变的方向。方法：选择工具箱中的 （渐变工具），设置渐变方向如图 8-60 所示，使提绳投影的图形下部逐渐隐入到背景之中，这样做主要是为了在提绳与纸袋之间形成一定的空间感。

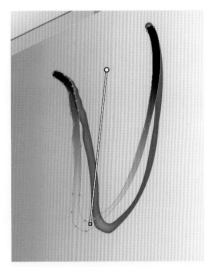

图 8-60　设置"黑色—透明背景"的渐变

20）对投影进行模糊化处理。方法：执行菜单中的"效果｜模糊｜高斯模糊"命令，在弹出的对话框中设置模糊"半径"为 3 像素，如图 8-61 所示。然后单击"确定"按钮，则投影边缘得到虚化的处理。接下来执行菜单中的"对象｜排列｜后移一层"命令，将虚影图形移至褐色提绳的后面，如图 8-62 所示。现在缩小显示全图，观看纸袋的整体效果，如图 8-63 所示。

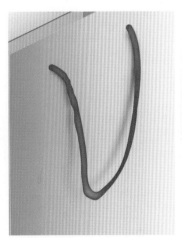

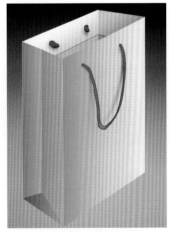

图 8-61　"高斯模糊"对话框　　　图 8-62　添加提手下的虚影效果　　　图 8-63　纸袋的整体效果

21）手提袋正面印有一个白色标志，下面请打开配套光盘中的"素材及结果＼第 8 章 渐变、混合与渐变网格＼8.4 手提袋设计＼logo.ai"文件（该 logo 的绿色圆形上的白色锯齿状图形是通过图案笔刷制作而成的），如图8-64所示。然后利用工具箱中的 ▶ （选择工具）选中白色图形，将其复制粘贴到手提袋页面中，接着执行菜单中的"对象｜扩展外观"命令，再利用工具箱中的 ▦ （自由变换工具），将白色锯齿状图形缩放到合适的大小，如图8-65所示。

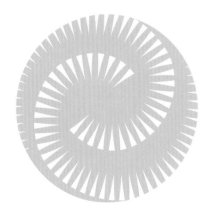

图8-64　配套光盘中的"logo.ai"

图8-65　将白色锯齿状图形缩放到合适的大小

22）对标志图形进行透视变形，以便与手提袋在视觉上成为一个整体。方法：先用鼠标按住变换框右侧中间的控制手柄，再按住〈Ctrl〉键，此时光标变为一个黑色的三角，然后向上拖动鼠标使图形发生透视变形，如图8-66所示。接着经过不断的调整，使图形与手提袋在视觉上成为一个整体。最后多次按快捷键〈Ctrl+[〉，将变形后的标志图形移至提绳的后面，如图8-67所示。

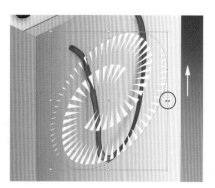

图8-66　自由变换工具使图形发生透视变形

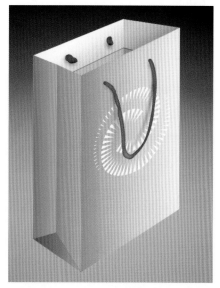

图8-67　将标志图形移至提绳的后面

23）至此，第一个手提纸袋就制作完成了。下面制作另外一个仰放在桌面上的相同的纸袋。首先绘制手提袋的基本造型，这个视角的手提纸袋主要由3个侧面构成。方法：选择工

具箱中的 (钢笔工具），以直线段方式绘制出如图 8-68 所示的四边形，然后在"色板"中单击前面保存的渐变色，此时纸袋的标准渐变色（"米色—桔黄色"的两色线性渐变）会自动填充到四边形内。接着利用 (钢笔工具）勾画出其余两个侧面，这两个侧面中的颜色请自行设置，效果如图 8-69 所示。

图 8-68 绘制出一个四边形并填充"色板"中存储的渐变色

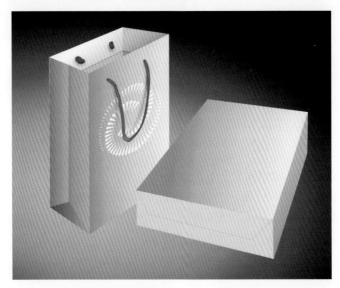

图 8-69 制作仰放的纸袋其余两个侧面

24）这个仰放的纸袋要处理的重要部分依然是提绳的效果，其提绳露出的部分不多，可以先利用 (钢笔工具）绘制出简单的曲线形状，然后在"描边"面板中将线条的描边"粗细"设置为 2pt，将线条的颜色设置为深褐色（参考颜色数值为：CMYK（60，70，90，50））。另外，注意要将"线端"设置为"圆头端点"，如图 8-70 所示。最后执行菜单中的"对象｜路径｜轮廓化描边"命令，将线条路径转变为普通的闭合图形。

图 8-70　绘制出提带形状并转换为闭合路径

25）通过添加内发光，为线条增加一定的立体凸起感。方法：选中曲线路径，执行菜单中的"效果｜风格化｜内发光"命令，在弹出的对话框中设置参数，如图 8-71 所示，然后单击"确定"按钮，效果如图 8-72 所示。

提示：线条内发光的参考颜色数值为 CMYK（25，45，65，0）。

图 8-71　"内发光"对话框　　　　　　　图 8-72　增添了立体感的线条效果

26）为了防止提绳与环境相孤立，下面来制作提绳的投影。方法：利用 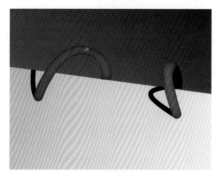（钢笔工具）绘制出简单的投影形状，如图 8-73 所示。然后执行菜单中的"效果｜模糊｜高斯模糊"命令，在弹出的对话框中设置模糊"半径"为 3 像素，单击"确定"按钮，此时投影边缘得到了虚化处理，如图 8-74 所示。

图 8-73　绘制出简单的投影形状并填充为黑色　　　图 8-74　应用"高斯模糊"处理投影边缘

27）下面将"logo.ai"中的白色标志图形复制粘贴到手提袋页面中，然后执行菜单中的"对象｜扩展外观"命令，经过这样转换后的笔刷图形才可以自由地沿纸袋方向发生透视变形。接着利用工具箱中的🔲（自由变换工具），将白色锯齿状图形缩放到合适的大小，再利用鼠标按住变换框一个边角的控制手柄，按〈Ctrl〉键，此时光标变为一个黑色的三角，这样就可以通过任意拖动鼠标使图形发生透视变形了。同理，调整变换框中的每一个边角上的控制手柄，直到获得理想的效果为止，如图8-75所示。

28）最后一个重要的步骤，是为两个手提袋设计在环境中的投影与倒影，下面先来制作左侧纸袋在桌面上的投影。方法：利用工具箱中的🖋（钢笔工具）绘制出如图8-76所示的闭合四边形（整体光影形状），然后将其填充为深灰色（颜色参考数值为：CMYK（0，0，0，80）），接着执行菜单中的"效果｜模糊｜高斯模糊"命令，在弹出的对话框中设置模糊"半径"为3像素，如图8-77所示。单击"确定"按钮，则投影的边缘得到了虚化的处理，如图8-78所示。

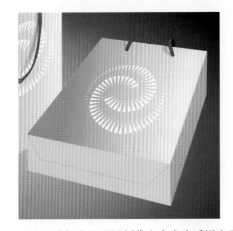

图8-75　使标志图形沿纸袋方向发生透视变形

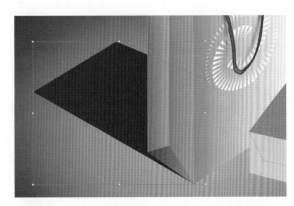

图8-76　绘制出投影形状并填充为深灰色

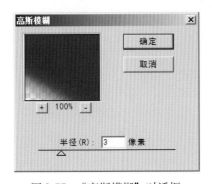

图8-77　"高斯模糊"对话框

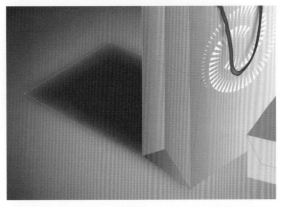

图8-78　应用"高斯模糊"处理后得到的虚化效果

29）现在地面投影颜色过实，而自然中的投影往往都是半透明的，下面就来解决这个问题。方法：按快捷键〈Shift+Ctrl+F10〉打开"透明度"面板，改变透明"混合模式"为"正片叠底",如图 8-79 所示,将"不透明度"设置为 50%,这样深灰色的色块与渐变背景自然地融合在一起,效果如图 8-80 所示。

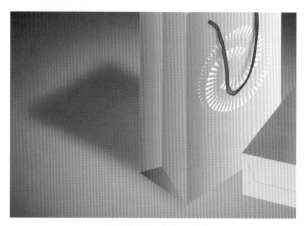

图 8-79　在"透明度"面板中改变混合模式　　　　图 8-80　阴影与渐变背景自然地融合在一起

　　30) 由于假定光线是从右侧射来的,因此仰放在桌面上的纸袋必然会产生向左的投影,只是面积稍小而且有一部分投射在左侧纸袋上。下面利用工具箱中的 📝(钢笔工具) 绘制出如图 8-81 所示的光影形状,然后将其填充为深灰色 (颜色参考数值为:CMYK (0,0,0,80))。接着执行菜单中的"效果 | 模糊 | 高斯模糊"命令,在弹出的对话框中设置模糊"半径"为 8 像素,最后打开"透明度"面板,改变透明"混合模式"为"正片叠底",将"不透明度"设置为 50%,此时两个纸袋间的投影效果如图 8-82 所示。

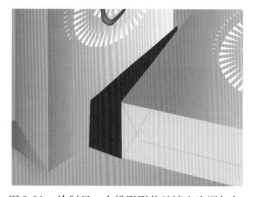

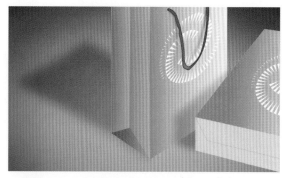

图 8-81　绘制另一个投影形状并填充为深灰色　　　图 8-82　经过模糊和半透明处理后的投影效果

　　31) 假定桌面材质是反光性的材料,这样就还需要为纸袋制作在桌面上的倒影。制作倒影的方法很简单,下面以仰放的纸袋为例来制作倒影。方法:先利用工具箱中的 📝(钢笔工具) 绘制出如图 8-83 所示的倒影形状,然后在"渐变"面板中设置 (从上至下) 由"黑色—渐隐"的渐变方式。接着在"透明度"面板中改变透明"混合模式"为"滤色"(纸袋底部的颜色较浅,因此倒影也要稍微亮一些),将"不透明度"设置为 60%,如图 8-84 所示。从而得到如图 8-85 所示的效果 (对于仰放纸袋右侧的倒影请用户自行制作,颜色稍暗一些即可)。

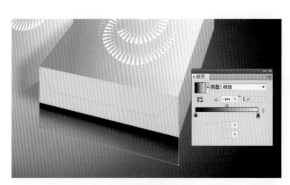

图 8-83　绘制倒影形状并填充为"黑色—渐隐"的渐变色　　图 8-84　在"透明度"面板中改变混合模式

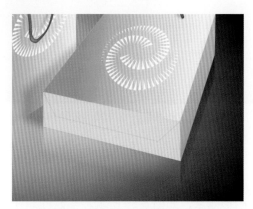

图 8-85　制作完两侧倒影后的效果

32）同理，绘制出如图 8-86 所示的（立放纸袋）的倒影形状，并填充为由"黑色—渐隐"的线性渐变。然后在"透明度"面板中保持"混合模式"为"正常"，再将"不透明度"设置为 40%，效果如图 8-87 所示。

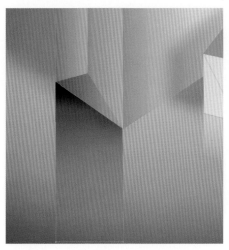

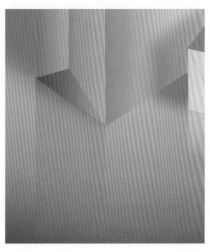

图 8-86　绘制倒影形状并填充渐变　　　　　　　图 8-87　将不透明度设置为 40% 的效果

33）至此，两个手提纸袋在虚拟环境中的立体展示效果图制作完成，最后的效果如图8-88所示。

> **提示**：本例所讲解的包装纸袋造型方法、半透明和淡入淡出投影的制作方法，读者可以在今后的设计制作工作中进行参考。

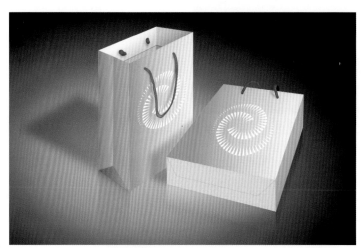

图 8-88　最后完成的手提袋立体展示效果图

8.5　练习

（1）制作多种基本几何图形效果，如图8-89所示。参数可参考配套光盘中的"课后练习\第8章\基本几何图形.ai"文件。

（2）制作圆号效果，如图8-90所示。参数可参考配套光盘中的"课后练习\第8章\圆号.ai"文件。

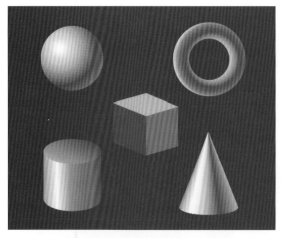

图 8-89　多种基本几何图形效果

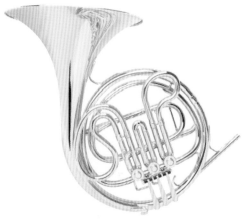

图 8-90　圆号效果

（3）制作唐菖蒲鲜花效果，如图 8-91 所示。参数可参考配套光盘中的"课后练习\第 8 章\唐菖蒲.ai"文件。

图 8-91 唐菖蒲鲜花效果

第 9 章　透明度、外观与效果

本章重点:

本章将通过 3 个实例来讲解 Illustrator CS4 的透明度、外观与效果在实际设计工作中的具体应用。通过本章的学习,应掌握如何利用"透明度"面板改变图形的透明度和混合模式,以及利用"外观"与"效果"面板对图形施加各种效果的方法。

9.1　扭曲练习

制作要点:

本例制作各种花朵效果,如图 9-1 所示。通过本例的学习,应掌握"粗糙化"、"收缩和膨胀"效果及"动作"面板的综合应用。

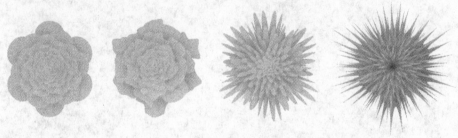

图 9-1　扭曲练习

操作步骤:

1) 执行菜单中的"文件|新建"命令,在弹出的对话框中设置参数,如图 9-2 所示,然后单击"确定"按钮,新建一个文件。

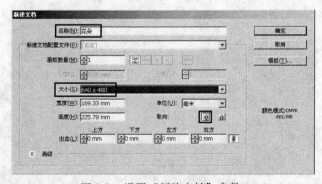

图 9-2　设置"新建文档"参数

2）选择工具箱中的 ○ (多边形工具)，设置描边色为 ▱ (无色)，在"渐变"面板中设置渐变类型为"径向"，渐变色如图9-3所示。然后在绘图区中绘制一个五边形，结果如图9-4所示。

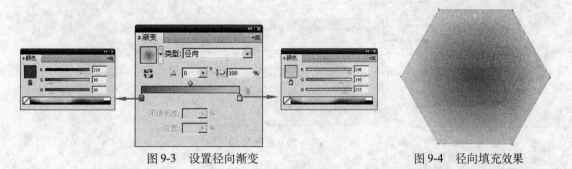

图9-3 设置径向渐变   图9-4 径向填充效果

3）将五边形处理为花瓣。其方法为：执行菜单中的"效果|扭曲和变换|收缩和膨胀"命令，在弹出的对话框中设置参数，如图9-5所示，单击"确定"按钮，结果如图9-6所示。

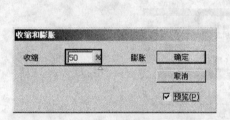
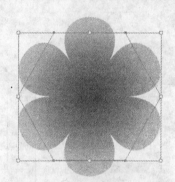

图9-5 设置"收缩和膨胀"效果   图9-6 "收缩和膨胀"效果

4）通过"缩放并旋转"动作制作出其余花瓣。方法：执行菜单中的"窗口|动作"命令，调出"动作"面板，如图9-7所示。然后单击面板下方的 ▱ (新建动作) 按钮，在弹出的"新建动作"对话框中设置名称为"缩放并旋转"，如图9-8所示。接着单击"记录"按钮，开始录制动作。

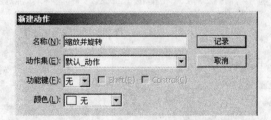

图9-7 "动作"面板   图9-8 设置名称为"缩放并旋转"

5）选中花瓣图形，然后双击工具箱中的 ▱ (比例缩放工具)，在弹出的"比例缩放"对话框中设置参数，如图9-9所示，单击"复制"按钮。接着双击工具箱中的 ○ (旋转工具)，在弹出的"旋转"对话框中设置参数，如图9-10所示。单击"确定"按钮，结果如图9-11所示。

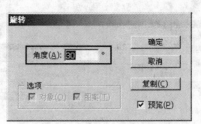
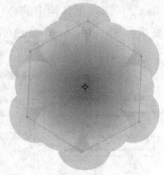

图9-9 设置"比例缩放"参数　　　图9-10 设置旋转参数　　　图9-11 旋转后的效果

6）此时"动作"面板如图9-12所示。单击该面板下方的 ■（停止记录）按钮，停止录制动作。然后选择"缩放并旋转"动作，单击面板下方的 ▶（播放当前所选动作）按钮（见图9-13），反复执行该动作，从而制作出剩余的花瓣，结果如图9-14所示。

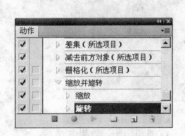
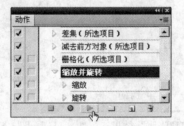

图9-12　"动作"面板　　　图9-13　录制动作后的"动作"面板　　　图9-14　制作出剩余的花瓣

7）制作牡丹花。方法为：选中所有的图形，执行菜单中的"效果 | 扭曲和变换 | 粗糙化"命令，在弹出的对话框中设置参数，如图9-15所示，单击"确定"按钮，结果如图9-16所示。

提示：此时"外观"面板如图9-17所示。如果要调节"粗糙化"参数，可直接双击"外观"面板中的"粗糙化"，再次调出"粗糙化"面板。

图9-15　设置"粗糙化"参数　　　图9-16　"粗糙化"效果　　　图9-17　"外观"面板

8）制作菊花。其方法为：选中所有的图形，执行菜单中的"效果 | 扭曲和变换 | 收缩和膨胀"命令，在弹出的对话框中设置参数，如图9-18所示，单击"确定"按钮，结果如图9-19所示。此时"外观"面板如图9-20所示。

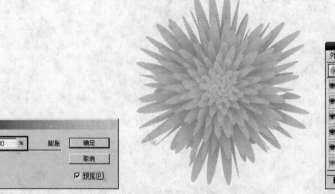

图9-18 设置"收缩和膨胀"参数　　图9-19 "收缩和膨胀"效果　　图9-20 "外观"面板

提示：1）如果将"收缩和膨胀"参数调整为−40，如图9−21所示，结果如图9−22所示。
　　　　2）在"滤镜"菜单中同样存在"收缩和膨胀"命令，只不过执行"滤镜"中的该命令后，在"外观"面板中是不能够再次进行编辑的。

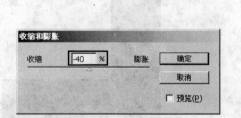

图9-21 设置"收缩和膨胀"参数　　　　图9-22 "收缩和膨胀"效果

9.2　制作"Loop"艺术字体中颜色的循环

制作要点：

本例将制作一个文字艺术化处理的小案例，效果如图9-23所示。通过本例的学习，应掌握利用简单图形运算来制作和修整文字外形，以及在普通的线性渐变基础上通过调整"透明度"面板中的参数来制作微妙阴影的方法。

图 9-23 "Loop" 艺术字体中颜色的循环效果

操作步骤:

1) 执行菜单中的"文件 | 新建"命令,新建一个名称为"loop.ai"的文件,并设置文档大小为 120mm × 100mm。

2) 这个例子主要是对文字"Loop"的艺术化处理,由于字形具有极其圆滑的曲线,后期还要进行一系列图形化的修整,因此最好不要采用字库里规范的字体,而是通过简单图形运算来实现。方法:利用工具箱中的 (矩形工具)绘制出两个矩形,并将它们叠放在一起,然后按快捷键〈Shift+Ctrl+F9〉,打开"路径查找器"面板,在其中单击 (相加)按钮(该按钮命令的含义是"将多个独立的图形相加为一个整体"),如图 9-24 所示。此时两个矩形相加后会变为一个完整的闭合路径,形成字母"L"的形状,如图 9-25 所示。

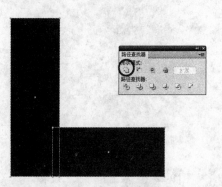

图9-24 绘制两个矩形并应用"路径查找器"进行图形相加   图9-25 两个矩形相加后变为一个完整的路径

3) 将路径边缘处理为圆滑。方法:利用工具箱中的 (添加锚点工具),在如图 9-26 所示的位置单击鼠标,添加一个锚点。此时锚点的类型为角点,然后单击选项栏中的 (将锚点转换为平滑工具)按钮,将它转换为曲线点。接着利用工具箱中的 (直接选择工具)向上拖动锚点并调整其方向线,使矩形上端变成弧形。

4) 此时字母"L"左下端转角过于尖锐,需要将它也转变为弧形。方法:利用工具箱中的 (钢笔工具)绘制出图 9-27 中红色区域所示的闭合图形,然后利用 (选择工具)将红色图形与下面的字母"L"同时选中，单击"路径查找器"面板中的 ▫ (减去顶层图形) 按钮，此时字母边角会变为弧形，如图 9-28 所示。

提示： 沿用这种思路，在没有合适圆体字的情况下可以自行修整字母的弧形边角。

图 9-26　添加一个锚点使矩形上端变成弧形

图 9-27　应用"路径查找器"将左下端转角转变为弧形

图 9-28　修整完的字母"L"

5）制作第 2 个小写字母"O"，这个字母是一个镂空的圆环形。方法：先利用 ▫ (椭圆工具) 绘制出一大一小两个同心圆 (按住〈Alt+Shift〉组合键可绘制沿中心向外发射的正圆形)，然后同时选中两个圆形，在"路径查找器"面板中单击 ▫ (减去顶层图形) 按钮，如图 9-29 所示，此时中间小圆被减掉而变成镂空的部分。接着将字母"O"移到字母"L"右侧，拼接在一起。

提示： 此后需要将字母"O"按快捷键〈Ctrl+C〉复制到剪贴板上，以便后面进行粘贴。

6）对字母"L"和"O"要填充一致的渐变色，因此它们不能是独立的形状，需要将它们组成一个整体。方法：将它们都选中后，在"路径查找器"面板中单击 ☐ （相加）按钮，使其变为一个整体图形，如图 9-30 所示。接着按快捷键〈Ctrl+F9〉打开"渐变"面板，设置如图 9-31 所示的线性渐变（两种颜色的参考数值分别为：蓝色（CMYK（80，0，0，0），绿色（CMYK（40，0，90，0 ））。

图 9-29　制作第 2 个字母 "O"，这个字母是一个镂空的圆环形

图 9-30　字母 "L" 和 "O" 相加为一个整体图形　　　　图 9-31　填充从蓝—绿的两色线性渐变

　　7）将前面步骤 5 中复制在剪贴板上的字母 "O" 按快捷键〈Ctrl+V〉粘贴一份，并移到如图 9-32 所示的位置。然后按快捷键〈Ctrl+[〉使它移至字母 "LO" 的下面。接着在"渐变"面板中设置如图 9-33 所示的三色线性渐变（3 种颜色的参考数值从左至右分别为：CMYK（80，40，100，50），CMYK（40，10，80，0），CMYK（90，20，70，50））。注意这些颜色的明度要相对低一些，以使其与字母 "LO" 中明亮的颜色产生视觉上的对比。

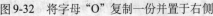

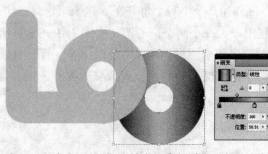

图 9-32　将字母 "O" 复制一份并置于右侧　　　图 9-33　在字母 "O" 中填充明度相对低一些的三色渐变颜色

8）将前面复制在剪贴板上的字母"O"按快捷键〈Ctrl+V〉再粘贴一份，并移至右侧，然后利用▣（矩形工具）绘制出一个窄长的矩形，再重叠拼接至字母"O"的左下部。

9）为了与前面的字母统一风格，要将矩形底部边缘修整为圆滑弧形。方法：先利用工具箱中的▨（添加锚点工具）在如图 9-34 所示的位置单击鼠标，添加一个锚点，然后单击选项栏中的▱（将锚点转换为平滑工具）将它转换为曲线点。接着利用工具箱中的▨（直接选择工具）向下拖动锚点并调整其方向线，使矩形下端变成弧形。

10）将矩形与字母"O"组合为一个字母"P"。方法：先利用▨（选择工具）同时选中矩形与字母"O"，然后在"路径查找器"面板中单击▫（相加）按钮，此时一个完整的字母"P"就形成了，如图 9-35 所示。接着在"渐变"面板中设置由"黄绿色—蓝绿色—蓝色"的三色线性渐变（3 种颜色的参考数值从左至右分别为：CMYK（40，10，90，0），CMYK（60，0，45，0），CMYK（80，0，20，0）），效果如图 9-36 所示。

图 9-34　绘制出一个矩形并使矩形下端修整为弧形　　图 9-35　将矩形与字母"O"组合为一个字母"P"

图 9-36　在字母"P"中填充由"黄绿色—蓝绿色—蓝色"的三色线性渐变

11）文字"Loop"的制作原理是将它拆分成"LO"、"O"、"P"3 部分，分别填充蓝绿系列的渐变颜色，使整体看起来仿佛是蓝绿色相间的循环。到目前为止，标志文字显得层次单调了一些，尤其是"LO"和"P"部分。下面添加两处局部的阴影，看看视觉上会发生怎样奇妙的变化。方法：将前面步骤5中复制在剪贴板上的字母"O"按快捷键〈Ctrl+F〉粘贴一份，此时它会出现在原来的位置上（与最初制作的字母"O"重合），如图9-37所示。然后利用工具箱中的🔪（美工刀工具），按住〈Alt〉键参照图9-38分别绘制两条直线（注意要先按住〈Alt〉键再绘制直线），将字母"O"从这两个位置裁断。裁完之后，按快捷键〈Shift+Ctrl+A〉取消选择。接着利用工具箱中的▶（直接选择工具）选中字母"O"的右侧部分，按〈Delete〉键将其删除，从而只剩下左侧部分，如图9-39所示。

图9-37 将字母"O"原位粘贴一份

图9-38 利用两条直线将字母"O"从两个位置裁断　　　　图9-39 将右侧裁断的部分删除

12）打开"渐变"面板，在其中设置由"黑色—深灰色—透明"的线性渐变（最后一种颜色的"不透明度"为0），渐变方向从下至上，效果如图9-40所示。

13）接下来将黑色与背景颜色进行半透明融合。方法：按快捷键〈Shift+Ctrl+F10〉打开"透明度"面板，在其中将"不透明度"参数设为80%，将"混合模式"更改为"正片叠底"，则渐变中黑色的部分变为与底色协调的深蓝绿色，现在看起来字母"LO"中的填充色仿佛是沿着路径进行流动的连续颜色，效果如图9-41所示。

图 9-40　填充由"黑色—深灰色—透明"的　　图 9-41　在"透明度"面板中调节"不透明度"和
　　　　　线性渐变　　　　　　　　　　　　　　　　　　　"混合模式"

14）将前面复制在剪贴板上的字母"O"按快捷键〈Ctrl+V〉再粘贴一份，并移至右侧与字母"P"中的圆环重合。然后利用工具箱中的　（美工刀工具），按住〈Alt〉键参照图 9-42 绘制两条直线（注意要先按住〈Alt〉键再绘制直线），将字母"P"从这两个位置裁断。裁完之后，按快捷键〈Shift+Ctrl+A〉取消选择，再利用工具箱中的　（直接选择工具）选中字母的上部，按〈Delete〉键将其删除，从而只剩下转折处的一小部分，如图 9-43 所示。

图 9-42　利用"美工刀工具"将字母"P"从两个位置裁断　　图 9-43　裁切删除后剩下的一小部分图形

15）接下来将裁剩下的部分也转变为半透明的阴影效果。方法：打开"渐变"面板，在其中设置由"黑色—深灰色—透明"的线性渐变（最后一种颜色的"不透明度"为 0），渐变方向从左至右，效果如图 9-44 所示。然后按快捷键〈Shift+Ctrl+F10〉打开"透明度"面板，在其中将"不透明度"参数设置为 80%，将"混合模式"更改为"正片叠底"，此时渐变中黑色的部分会变为比底色稍微暗一些的深蓝绿色，且字母"P"转折处的层次关系发生了微妙的变化，效果如图 9-45 所示。

16）最后，再绘制一个大的矩形，并填充从上至下"白色—灰色"的线性渐变作为衬底。经过形状和颜色的艺术化处理后，文字的效果如图 9-46 所示。

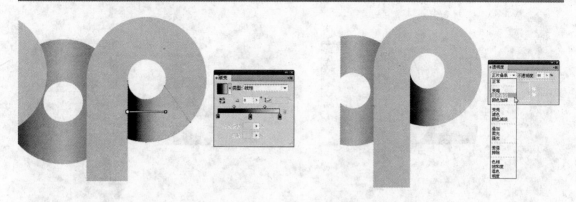

图 9-44　填充由"黑色—深灰色—透明"的线性渐变　　图 9-45　字母"P"转折处添加半透明阴影后的变化

图 9-46　最后完成的效果图

9.3　报纸的扭曲效果

制作要点：

　　本例将制作报纸的扭曲效果，如图 9-47 所示。通过本例的学习，应掌握"封套扭曲"中"用变形建立"、"用网格建立"和"用顶层对象建立"3 种变形命令的应用。

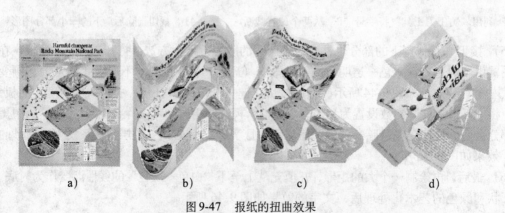

a)　　　　　　　　b)　　　　　　　　c)　　　　　　　　d)

图 9-47　报纸的扭曲效果
a）原图　　　b）用变形建立　　　c）用网格建立　　　d）用顶层对象建立

操作步骤：

"蒙版"与"封套扭曲"从某种角度上来说，就像一个剪裁遮色片，物体 B 通过物体 A 显现出来。其中，"蒙版"后物体 B 的形状不发生变化，如图 9-48 所示；而"封套扭曲"后，物体 B 会随着物体 A 被扭曲，如图 9-49 所示。

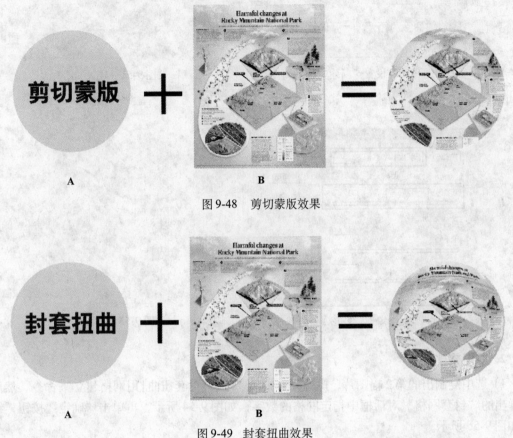

图 9-48　剪切蒙版效果

图 9-49　封套扭曲效果

Illustrator CS4 提供了"用变形建立"、"用网格建立"和"用顶层对象建立"3 种"封套扭曲"的方法，下面来具体说明一下。

1. 用变形建立

1）执行菜单中的"文件|新建"命令，在弹出的对话框中设置参数，如图 9-50 所示，然后单击"确定"按钮，新建一个文件。

2）执行菜单中的"文件|置入"命令，导入配套光盘中的"素材及结果\第 9 章 透明度、外观与效果\9.3 报纸的扭曲效果\报纸.jpg"图片作为变形对象，如图 9-51 所示。

3）选中导入的图片，按键盘上的〈Alt〉键水平复制出 3 幅图片，以便分别进行扭曲处理。

4）选中复制出的第 1 幅图片，执行菜单中的"对象|封套扭曲|用变形建立"命令，在弹出的"变形选项"对话框中设置参数，如图 9-52 所示，然后单击"确定"按钮，结果如图 9-53 所示。

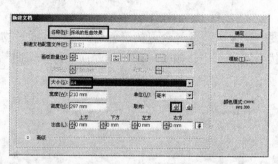

图 9-50 设置"新建文档"属性

图 9-51 导入的图片

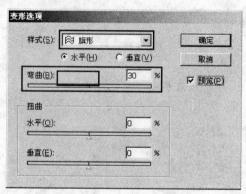

图 9-52 设置"变形选项"参数

图 9-53 变形效果

2. 用网格建立

1）选中复制出的第 2 幅图片，执行菜单中的"对象|封套扭曲|用网格建立"命令，然后在弹出的"封套网格"对话框中指定网格的数字，如图 9-54 所示，再单击"确定"按钮，结果如图 9-55 所示。

2）利用工具箱中的 ▲ (直接选择工具) 调整节点的位置，结果如图 9-56 所示。

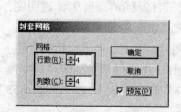

图 9-54 设置"封套网格"参数

图 9-55 "封套网格"效果

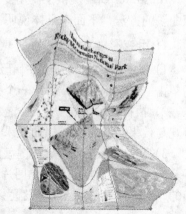

图 9-56 调整形状

3. 用顶层对象建立

在 3 种 "封套扭曲" 中，这种方法是最灵活的。它是以一个自定义的物体作为封套，然后确定该物体的堆叠顺序在最上层，执行菜单中的 "用顶层对象建立" 命令，则形成皱巴巴的变形效果。

具体操作步骤如下：

1）利用工具箱中的 （钢笔工具）绘制一个封闭的路径作为封套，如图 9-57 所示。

2）将封闭的路径放到复制出的第 3 幅图片上方，如图 9-58 所示。

图 9-57　绘制封套路径

图 9-58　将封套路径放到图片上方

3）同时选中图片和自定义的路径，执行菜单中的 "对象|封套扭曲|用顶层对象建立" 命令，即可产生变形效果，结果如图 9-59 所示。

提示：可以通过工具箱中的 🔍（直接选择工具）对变形后的对象进行修改，如图 9-60 所示。

图 9-59　变形效果

图 9-60　对变形后的对象进行修改

9.4　练习

（1）制作彩虹效果，如图 9-61 所示。参数可参考配套光盘中的"课后练习\第 9 章\彩虹.ai"文件。

（2）制作花草效果，如图 9-62 所示。参数可参考配套光盘中的"课后练习\第 9 章\滤镜–花.ai"文件。

图 9-61　彩虹效果

图 9-62　花草效果

第 10 章　蒙版与图层

本章重点：

本章将通过 3 个实例来讲解 Illustrator CS4 蒙版与图层在实际工作中的具体应用。通过本章的学习，应掌握不透明度蒙版、剪切蒙版和图层的使用方法。

10.1　半透明的气泡

制作要点：

本例将制作半透明的气泡效果，如图 10-1 所示。通过本例的学习，应掌握"渐变"面板中的"径向"渐变和"透明度"面板中的"不透明蒙版"命令的综合应用。

操作步骤：

1）执行菜单中的"文件 | 新建"命令，在弹出的对话框中设置参数，如图 10-2 所示，然后单击"确定"按钮，新建一个文件。

图 10-1　半透明的气泡

2）选择工具箱中的 ○(椭圆工具)，设置描边色为无色，填充色为黑—白径向渐变，如图 10-3 所示。然后在绘图区中绘制一个将作为蒙版的圆形，结果如图 10-4 所示。

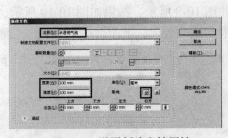

图 10-2　设置新建文档属性

图 10-3　黑—白径向渐变

图 10-4　渐变效果

3）选择该圆形，执行菜单中的"编辑 | 复制"命令，然后执行菜单中的"编辑 | 贴在前面"命令，在原图形上方复制一个圆形。

4）改变渐变颜色。其方法为：在"渐变"面板中单击黑色滑块，然后在"颜色"面板中将其改为天蓝色，如图 10-5 所示。

5）选择蓝—白渐变的圆形，执行菜单中的"对象 | 排列 | 置于底层"命令，将其放置到作为蒙版的黑—白渐变圆形的下方。

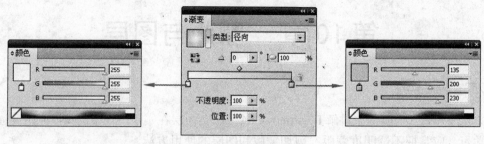

图 10-5　设置渐变色

6）利用工具箱中的 ▶（选择工具），同时框选两个圆形，然后执行菜单中的"窗口|透明度"命令，调出"透明度"面板。接着单击"透明度"面板右上角的小三角，从弹出的菜单中选择"建立不透明度蒙版"命令，如图 10-6 所示。此时"透明度"面板如图 10-7 所示，结果如图 10-8 所示。

提示：Illustrator 中有剪贴蒙版和不透明蒙版两种类型的蒙版。这里使用的是不透明蒙版，它是在"透明度"面板中设定的。

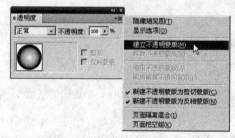
图 10-6　选择"建立不透明蒙版"命令

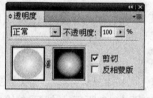
图 10-7　"透明度"面板

图 10-8　不透明蒙版效果

7）此时半透明气泡的渐变色与我们所需的是相反的。解决这个问题的方法很简单，只要在"透明度"面板中选中"反相蒙版"选项即可，如图 10-9 所示，结果如图 10-10 所示。

8）至此，半透明的气泡制作完毕。为了便于观看半透明效果，下面执行菜单中的"视图|显示透明度栅格"命令，显示透明栅格，结果如图 10-11 所示。

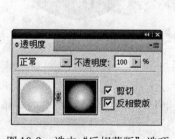
图 10-9　选中"反相蒙版"选项

图 10-10　"反相蒙版"效果

图 10-11　显示透明栅格

10.2　放大镜的放大效果

制作要点:

本例将制作放大镜效果,如图 10-12 所示。通过本例的学习,应掌握剪切蒙版的使用方法。

图 10-12　放大镜效果

操作步骤:

1) 执行菜单中的"文件|新建"命令,在弹出的对话框中设置参数,如图 10-13 所示,然后单击"确定"按钮,新建一个文件。

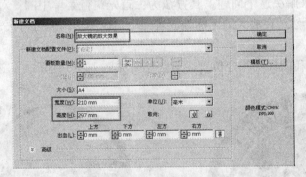

图 10-13　设置"新建文档"参数

2) 执行菜单中的"文件|打开"命令,打开配套光盘中的"素材及结果\第 10 章 蒙版与图层\10.2 放大镜的放大效果\放大镜.ai"和"商标.ai"文件,然后将它们复制到当前文件中,结果如图 10-14 所示。

3) 为了产生放大镜的放大效果,下面复制一个图标并适当放大,如图 10-15 所示。然后利用"对齐"面板将它们中心对齐,并使放大后的图标位于上方。

图 10-14　将图标和放大镜放置到一个文件中　　　　图 10-15　复制并适当放大图标尺寸

4）绘制一个镜片大小的圆形，放置位置如图 10-16 所示。然后同时选择放大后的图标和圆形，执行菜单中的"对象|剪切蒙版|建立"命令，结果如图 10-17 所示。

图 10-16　绘制蒙版

图 10-17　蒙版效果

5）由于绘制图标时没有绘制白色的圆，因此，会通过上面的图标看到下面的图标，这是不正确的。下面就来解决这个问题。其方法为：首先执行菜单中的"对象|剪切蒙版|释放"命令，将蒙版打开，然后在放大的图标处放置一个白色圆形，进行再次蒙版，结果如图 10-18 所示。

6）调整放大镜和图标到相应位置，最终结果如图 10-19 所示。

图 10-18　再次蒙版效果

图 10-19　最终效果

10.3　苹果计算机的机箱

制作要点：

本例将制作一个苹果机的机箱，如图 10-20 所示。通过本例的学习，应掌握利用图层来分层绘制图形的方法。

图 10-20　苹果机机箱

操作步骤：

1）执行菜单中的"文件 | 新建"命令，在弹出的对话框中设置参数，如图 10-21 所示，然后单击"确定"按钮，新建一个文件。

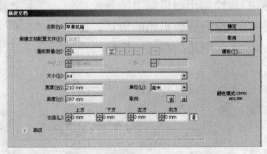

图 10-21　设置"新建文档"参数

2）设置描边色为无色，填充色如图 10-22 所示。然后利用工具箱中的 ⟨钢笔工具）绘制正面机箱的大体形状，结果如图 10-23 所示。

3）执行菜单中的"窗口 | 图层"命令，调出"图层"面板，为了方便操作，下面锁定"1"层。然后单击⟨（创建新图层）按钮，新建"图层 2"，如图 10-24 所示。接着在"图层 2"上继续绘制，结果如图 10-25 所示。

4）同理，新建"图层 3"，并绘制如图 10-26 所示的图形。

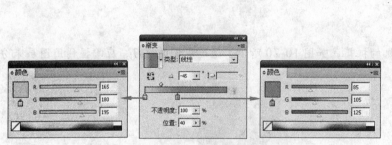

图 10-22　设置填充色　　　　　　　　　　　　图 10-23　填充效果

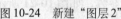

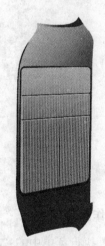

图 10-24　新建"图层 2"　　图 10-25　在"图层 2"绘制图形　　图 10-26　在"图层 3"绘制图形

5）同理，新建"图层 4"，绘制正面机箱上的各种按钮，结果如图 10-27 所示。

6）同理，新建"图层 5"，绘制侧面机箱的形状，如图 10-28 所示。

7）同理，新建"图层 6"，绘制正面和侧面机箱的连接部分，结果如图 10-29 所示。

图 10-27　在"图层 4"绘制图形　　图 10-28　在"图层 5"绘制图形　　图 10-29　在"图层 6"绘制图形

8）同理，新建"图层 7"，绘制其余的部分，最终结果如图 10-30 所示。此时图层分布如图 10-31 所示。

提示：灵活地使用图层，可以极大地提高对复杂对象的制作效率，简化工作流程。可将图层想象成透明胶片，一张一张堆叠在一起，可以将不同的对象或对象组合分离开来。新建文档只有一个图层，但可以创造出任意多的图层和子图层，还可以重新排列图层的叠放顺序；锁定、隐藏或者复制图层；从一个图层中将对象移动复制到另一个图层。

- 隐藏图层：可单击眼睛图标，再次单击将显示该图层。
- 锁定图层：单击眼睛图标右侧的图标 🔒（锁的标记），再次单击将解除锁定。
- 复制图层：将图层拖到 🗐 图标上即可。
- 删除图层：将该图层拖到垃圾桶图标上即可。

图 10-30　最终效果

图 10-31　图层分布

10.4　练习

（1）制作文字穿越圆环效果，如图 10-32 所示。参数可参考配套光盘中的"课后练习\第 10 章\蒙版.ai"文件。

（2）制作天使效果，如图 10-33 所示。参数可参考配套光盘中的"课后练习\第 10 章\天使之翼.ai"文件。

图 10-32　文字穿越圆环效果

图 10-33　天使效果

第3部分　综合实例

■第11章　综合实例演练

第 11 章 综合实例演练

本章重点：

通过前面各章的学习，大家已经掌握了 Illustrator CS4 中的一些基本操作，在实际应用中通常要综合运用这些知识来进行设计。本章将通过 6 个实例来具体讲解利用 Illustrator CS4 制作标志、包装、折页、卡通形象和人物插画的方法。

11.1 制作字母图形化标志

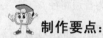

制作要点：

本例将制作一个字母图形化的标志，如图 11-1 所示。该标志包括图形与艺术字体两部分。标志的立体造型主要是由两个变形的字母构架而成，而这两个字母的变形风格，又形成了该标志的标准字体风格。通过本例的学习，应掌握设计与开发艺术字形的新思路。

图 11-1 字母图形化标志

操作步骤：

1）执行菜单中的"文件 | 新建"命令，在弹出的对话框中设置参数，如图 11-2 所示，然后单击"确定"按钮，新建一个文件，并存储为"字母图形化标志.ai"文件。

2）标志主要由"M"和"C"两个字母修改外形后拼接在一起，以形成立体造型的主要构架。下面先来制作字母"M"的变体效果，其方法为：选择工具箱中的 T（文字工具），输入英文字母"M"。然后在"工具"选项栏中设置一种普通的"Impact"字体（也可以选择其他类似的英文字体），将文本填充颜色设置为黑色。接着执行"文字 | 创建轮廓"命令，将文字转换为如图 11-3 所示的由锚点和路径组成的图形。

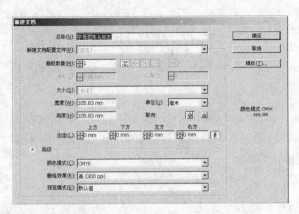

图 11-2 设置"新建文档"参数　　　　　图 11-3 将字母"M"转为普通路径

3）在平面设计尤其是标志设计中，通常不直接采用机器字库里现成的字体，而是在现有字体的基础上进行修改和变形，从而创造出与标志图形风格相符、具有独特个性的艺术字体。现在开始对"M"字体外形进行修整。其方法为：先用工具箱中的 （删除锚点工具）将图 11-4 中用圆圈圈选出的锚点删除，得到如图 11-5 所示的效果。然后用工具箱中的 （添加锚点工具）在图 11-6 中用圆圈标注的位置增加两个锚点。接着用工具箱中的 （直接选择工具）将新增加的锚点向上拖动。

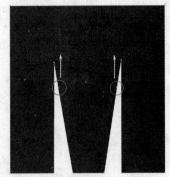

图 11-4 将图中用圆圈圈选出的　　　图 11-5 删除锚点后的效果　　　图 11-6 将新增加的锚点向上拖动
　　　　　锚点删除

4）利用工具箱中的 （选择工具）选中"M"图形，将它横向稍微拉宽一些。然后，利用 （直接选择工具）仔细调整锚点位置，使字母"M"形成极其规范的水平垂直结构。如图 11-7 所示，用 （直接选择工具）按住〈Shift〉键依次将图中用圆圈圈出的锚点选中，然后在"工具"选项栏内单击 （垂直顶对齐）按钮，使这 4 个锚点水平顶端对齐。

5）继续进行字母外形的修整。新设计的标准字体具有特殊的圆弧形装饰角，先绘制顶端装饰角的路径形状。其方法为：选择工具箱中的 （钢笔工具），绘制如图 11-8 所示的位于"M"左上角的封闭曲线路径（填充任意一种醒目的颜色以示区别），在绘制完之后，用工具箱中的 （选择工具）选中该图形，然后按住〈Alt〉键将其向右拖动并复制出一份（拖动的过

程中按住〈Shift〉键可保持水平对齐）。接着执行菜单中的"对象 | 变换 | 对称"命令，在弹出的对话框中设置参数，如图 11-9 所示，将复制单元进行镜像操作，得到如图 11-10 所示的对称图形。

> 提示：现在绘制的装饰角小图形都是用来减去底下"M"图形边缘的，因此，这些装饰角小图形一定要与"M"两侧边缘吻合，否则，在后面相减后会露出多余的黑色边缘。可应用工具箱中的 ◻（缩放工具）放大局部后进行仔细调整。

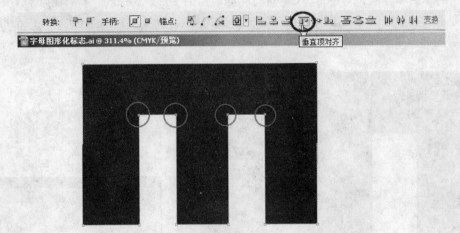

图 11-7　将图中用圆圈圈出的 4 个锚点垂直顶对齐

图 11-8　绘制出左上角的装饰角并复制一份移至右侧

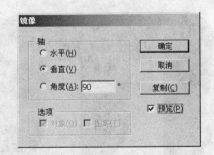

图 11-9　"镜像"对话框

图 11-10　上端两个装饰角形成对称结构

6）同理，再绘制"M"下端的弧形装饰角路径，并将其复制两份，分别置于如图 11-11 所示的位置。然后用工具箱中的 将前面绘制的 5 个装饰角图形和"M"图形同时选中，按快捷键〈Shift+Ctrl+F9〉，打开如图 11-12 所示的"路径查找器"面板，在其中单击 ![](与形状区域相减）按钮，则"M"图形与 5 个装饰角图形发生相减的运算，得到如图 11-13 所示的效果，形成了一种新的"M"字形。

7）接下来选择工具箱中的 ![](文字工具），输入英文字母"C"。大家可参考前面修整字母"M"的思路和方法，对字母"C"进行相同风格的变形。但字母"C"在原来字体中顶端本来就是弧形，因此，可保留原字形顶端效果不作修改。而主要针对字母"C"内部形状进行调整，将内部原来较窄的空间扩宽，效果如图 11-14 所示。

图 11-11　绘制"M"下端的弧形装饰角路径

图 11-12　"路径查找器"面板

图 11-13　形成了一种新的"M"字形

图 11-14　对字母"C"进行相同风格的变形

8）本例标志的标准字体内容为"media"，其他几个字母在制作思路上与前面的"M"相似，只是在小的细节方面有所差别。例如，以小写字母"e"为例，先按与"M"相似的方法来处理外形与装饰角，得到如图 11-15 所示的效果。

9）在字母"e"内部封闭区域再绘制两个小圆弧图形，并将"填充"颜色设置为黑色，如图 11-16 所示。然后用工具箱中的 ![](选择工具）将两个小圆弧图形和"e"图形同时选中，在如图 11-17 所示的"路径查找器"面板中单击 ![](与形状区域相加）按钮，使字母"e"内部区域出现两个圆角。

图 11-15 对小写字母"e"进行相同风格的变形,并且添加装饰角

图 11-16 形成了一种新的"M"字形

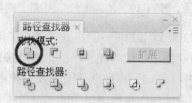

图 11-17 对字母"C"进行相同风格的变形

10)同理,制作单词"media"中所有的字母变体,然后利用工具箱中的 ▶ (选择工具)将所有字母选中,在"路径查找器"面板中单击"扩展"按钮。因为在前面修整字母外形的过程中经过多次图形加减等操作,会有许多路径重叠的情况,应用"路径查找器"面板中的"扩展"功能可将重叠零乱的路径合为一个整体路径,如图 11-18 所示。

提示:文字填充颜色参考色值为 CMYK(0,100,100,10)。

图 11-18 制作出单词"media"中所有的字母变体

11)前面提过,这个标志主要由"M"和"C"两个字母修改外形后拼接在一起,形成立体造型的主要构架,下面制作标志的图形部分。先用工具箱中的 ▶ (选择工具)将前面步骤制作的"M"图形选中,然后按快捷键〈Ctrl+F9〉打开"渐变"面板,设置一种由深红—浅红的两色径向渐变(两色参考数值分别为:CMYK(15,95,90,0),CMYK(0,15,30,0))。此处渐变方向需要进行调整,其方法为:选择工具箱中的 ▯ (渐变工具),在图形内部从中心部分向右下方拖动鼠标拉出一条直线(直线的方向和长度分别控制渐变的方向与色彩分布),得到倾斜分布的渐变效果,如图 11-19 所示。

12）保持"M"图形被选中，然后选择工具箱中的▣（自由变换工具），使图形四周出现矩形的控制框，将鼠标光标移至控制框任意一个边角附近，当光标形状变为旋转标识时，拖动控制框进行顺时针方向的旋转，得到如图11-20所示的效果。

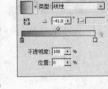

图11-19　在字母"M"中填充两色渐变　　　图11-20　将图形"M"顺时针旋转一定角度

13）继续利用▣（自由变换工具）对图形进行扭曲变形。其方法为：单击选中"M"自由变换控制框左下角的控制手柄，然后按住〈Ctrl+Alt〉组合键拖动，使字母图形发生倾斜变形，接着按住〈Ctrl〉键拖动使图形发生扭曲变形。最后得到如图11-21所示的扭曲效果。在变形调整完成之后，执行菜单中的"对象｜扩展外观"命令，将图形由变形状态转变为正常状态。

提示：先用鼠标按住变形控制框的一个控制手柄，然后按住〈Ctrl+Alt〉组合键拖动可使图形发生倾斜变形；按住〈Shift+Alt+Ctrl〉组合键拖动可使图形发生透视变形；仅按住〈Ctrl〉键拖动，则使图形发生任意的扭曲变形（注意：要先按鼠标，再按键盘操作）。

14）将字母"C"填充为黑灰（灰色参考色值为K40）渐变，然后采用与前两步骤相同的方法进行扭曲变形。接着，将两个字母图形拼接在一起，形成如图11-22所示的效果。对于拼接处可用▣（直接选择工具）调整锚点位置，以使两个边缘紧密结合。

图11-21　字母"M"进行扭曲变形　　　图11-22　将变形之后的"M"与"C"拼接在一起

15）字母"M"和"C"构成了立方体造型的两个面，下面来绘制第3个面。其方法为：用工具箱中的▣（钢笔工具）绘制如图11-23所示的闭合路径，并在"渐变"面板中设置灰色—白色的两色径向渐变（灰色参考数值为：K50）。最后执行菜单中的"对象｜排列｜置于底层"命令，将其置于字母"M"和"C"的后面。

16）对顶层部分进行镂空处理。其方法为：用工具箱中的 （钢笔工具）绘制一个填充为白色的四边形，并将其放置于如图 11-24 所示的顶层位置。然后用工具箱中的 （选择工具）加〈Shift〉键将两个四边形同时选中，在"路径查找器"面板中单击 （与形状区域相减）按钮，使两个四边形发生相减运算。最后单击"扩展"按钮，则上层面积较小的四边形形状成为下层四边形中的镂空区域。形象地说，就是标志顶部（填充灰色—白色渐变的四边形）被挖空了一块。

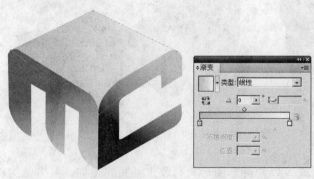

图11-23　绘制填充为灰色—白色的四边形并将它置于底层　　　图11-24　标志顶层图形进行镂空的处理

17）现在立方体的结构已初具规模，但是并没有形成各个面的厚度感和光影效果。下面来分析一下：由于这个立方体各个面都具有镂空部分，可以利用这一点来制作符合造型原理、透视原理及光影效果的其他各个转折面。先来处理顶端挖空部分的厚度。其方法为：用工具箱中的 （钢笔工具）绘制如图 11-25 所示的两个窄长四边形。这两个图形位于立体造型中的背光面，因此，填充黑色—深灰色的径向渐变（灰色参考数值为：K75）。然后用工具箱中的 （选择工具）加〈Shift〉键将两个四边形同时选中，再执行菜单中的"对象｜排列｜置于底层"命令，将它们置于标志顶端镂空部分的内部，以形成顶层的厚度感，效果如图 11-26 所示。

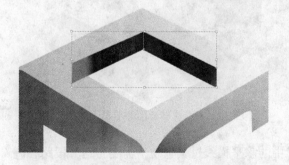

图 11-25　绘制并填充两个窄长的四边形　　　图 11-26　标志顶层的厚度感形成

18）在顶层镂空的区域内，放置一个颜色鲜艳的立体造型。用工具箱中的 （钢笔工具）绘制 5 个形态各异的四边形，按如图 11-27 所示的结构进行拼接，至于颜色效果用户可按自己

的喜好来进行设置，但要注意左侧图形颜色较浅，右侧图形颜色较深，以用来暗示光照射的方向。在绘制完成后，利用工具箱中的 ▶ （选择工具）将 5 个四边形同时选中，按快捷键〈Ctrl+G〉将它们组成一组。最后，把它们放置到标志顶端镂空区域内，效果如图 11-28 所示。

图11-27　绘制一个颜色鲜艳的立体造型

图11-28　将立体图形置于标志顶端的镂空区域内

19）制作标志下半部分的各个转折面，以使标志图形具有厚重结实的感觉。其方法为：利用工具箱中的 ✿ （钢笔工具）绘制出如图 11-29 所示的各个转折面图形，然后执行菜单中的"对象｜排列｜置于底层"命令，将这些图形全部移至最下一层。接着调整相对位置，效果如图 11-30 所示。

图 11-29　绘制其他转折面图形

图 11-30　将所有转折面图形置于底层

20）进行细节的调整。例如，字形"M"中的水平横线过于生硬，需要将这一段路径调整为如图 11-31 所示的曲线形状，以形成类似弧形拱门上侧的效果。

21）将前面制作完成的标准字"media"移至标志图形下部，最终效果如图 11-32 所示。本例通过对普通字体的字母外形进行增减，制作出了一种全新的艺术字形，并将其应用到标志图形中，再将平面图形通过拼接塑造成立体的造型，这种思路可供用户借鉴。

图 11-31　最后进行细节调整　　　　　　　　图 11-32　最终完成的标志效果图

11.2　面包纸盒包装设计

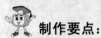 **制作要点：**

本例将制作一个综合性和实用性都较强的面包纸盒包装在虚拟环境中的立体展示效果图，如图 11-33 所示。通过本例的学习，应掌握矢量图形的绘制（具有光泽变化的蝴蝶结图形），利用"轮廓化描边"处理颜色微妙变化的边线，制作衬托文字的虚光效果，点阵图的置入、褪底、裁切与透视变形，文字沿线排版，利用"符号"制作包装盒面上的雪花图案效果和整体透视变形等知识的综合应用。

图 11-33　面包纸盒包装设计

 操作步骤：

1）执行菜单中的"文件 | 新建"命令，在弹出的对话框中设置参数，如图 11-34 所示，然后单击"确定"按钮，新建一个名称为"bread.ai"的文件。

2）由于纸盒设计以蓝色调为主，下面先设置一个浅蓝色调的淡雅背景。方法：利用工具箱中的 （矩形工具），绘制一个与页面等大的矩形，然后按快捷键〈Ctrl+F9〉，打开"渐变"面板，设置如图11-35所示的线性渐变（两种颜色的参考数值分别为：CMYK（45，10，0，0），CMYK（0，10，0，20）），渐变的角度为 -110°。

提示：通常食品包装，尤其是糕点类的包装，多用金色、黄色、浅黄色为主调，给人以香味袭人的印象，而以蓝色为主调的包装设计较少。本例打破常规设计，选取的包装盒利用蓝色和黄色的色彩反差对比及漂亮的装饰图形，来获得非常优美醒目的设计效果。

图11-34　建立新文档

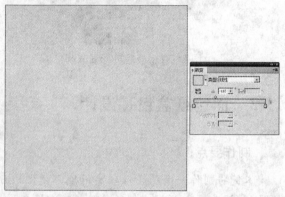

图11-35　绘制与页面等大的矩形并填充为浅蓝色渐变

3）绘制包装盒的基本造型。为了强调纸质展示的弹性与真实感觉，包装盒的侧面以曲线来暗示微妙的视觉弯曲感，这样比单纯直线构成的盒型更具说服力。方法：包装盒主要由3个侧面构成，先利用工具箱中的 （钢笔工具），用直线段的方式绘制出如图11-36所示的3个侧面图形，为了显示其结构关系，将其暂时填充为3种不同的灰色，并将"边线"设置为无。然后利用工具箱中的 （转换锚点工具）拖动边角处的锚点，拖出它的两条方向线，将直线调整为曲线形，如图11-37所示。

图11-36　绘制出纸盒基本的3个侧面

图11-37　调整锚点的方向线使直线改变为曲线

4）同理，利用工具箱中的 ⬡（转换锚点工具）调整 3 个侧面中所有的锚点，使所有的边线都稍微弯曲，注意弯曲程度不能过于夸张，效果如图 11-38 所示。

图 11-38　纸盒侧面所有边线都略微弯曲

5）先铺设盒面上大面积的底色（多色渐变）。由于盒面上还有许多图形和文字，因此底色要以稳重简洁为主。方法：利用工具箱中的 ⬡（选择工具）选中包装袋正侧面图形，然后按快捷键〈Ctrl+F9〉，打开"渐变"面板，设置如图 11-39 所示的 4 色线性渐变（4 色参考数值分别为：CMYK（65，35，0，0），CMYK（30，10，0，0），白色，CMYK（50，85，100，25）），渐变的角度为 –85°左右。同理，再为纸盒右侧面填充同样的 4 色渐变，只是将渐变角度改为 –46°，效果如图 11-40 所示。

图 11-39　在纸盒正侧面内填充 4 色线性渐变

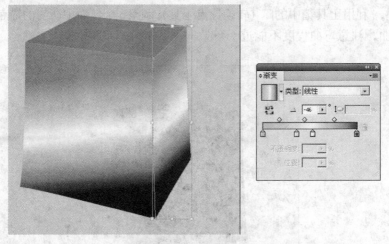

图 11-40　在纸盒右侧面填充同样的 3 色渐变

6）下面绘制包装盒上的一个主要矢量图形——蝴蝶结。方法：利用工具箱中的 （钢笔工具）绘制出如图 11-41 所示的蝴蝶结基本外形（由 4 个独立图形拼合而成），然后填充为任意一种单色，并将"描边"设置为浅灰色（参考颜色数值为：CMYK（0，0，0，20）），将"粗细"设置为 1.5pt。

7）继续绘制蝴蝶结中间打结处的图形，如图 11-42 所示。

图 11-41　在纸盒正侧面内绘制蝴蝶结基本图形

图 11-42　绘制蝴蝶结中间打结处的图形

8）此处的设计是左右两侧有浅灰色描边，而上下部分没有，因此"描边"必须以分离的线段表示。方法：利用工具箱中的 （钢笔工具）先绘制出如图 11-43 所示的两条曲线开放路径，此时会发现线端部分与底下图形边缘无法吻合（在矢量软件的细节处理上，"线端"常出现这样的问题，解决方法是将线条转换为闭合图形，然后调节锚点）。下面选中这两条曲线路径，执行菜单中的"对象 | 路径 | 轮廓化描边"命令，此时路径自动转换为闭合图形，且四周出现许多可调节的锚点，如图 11-44 所示。

9）放大局部，利用工具箱中的 （直接选择工具）点选锚点进行调节即可。对于图形转折处出现的多余锚点可以用 （删除锚点工具）将其删除。由于蝴蝶结图形是包装盒面上非常重要的核心图形，因此在细节处理上必须格外精心，尤其是边缘处要与底下图形完好地吻合，处理后的效果如图 11-45 所示。

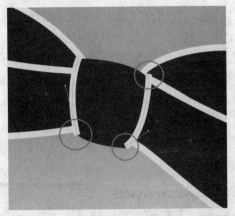

图 11-43　绘制出的曲线路径线端与底下图形无法吻合

图 11-44　将曲线路径转换为闭合图形

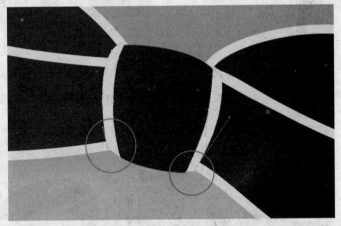

图 11-45　点选锚点进行调节，使边缘处与底下图形完好吻合

10）绘制出蝴蝶结的两根飘带，然后多次执行菜单中的"对象 | 排列 | 后移一层"命令，将它们放置到蝴蝶结图形的后面，如图 11-46 所示。

图 11-46　绘制出蝴蝶结的两根飘带

11）在蝴蝶结图形绘制完成后，就进入上色阶段。上色阶段包括"蝴蝶结图形"的上色和"图形描边"的上色两部分。下面为图形上色，其方法为：利用工具箱中的 [ ]（选择工具）选中左侧蝴蝶图形，然后按快捷键〈Ctrl+F9〉，打开"渐变"面板，设置如图11-47所示的4色线性渐变（4色参考数值分别为：CMYK（100，60，0，50），CMYK（30，0，0，10），CMYK（30，0，0，10），CMYK（100，60，0，50）），渐变角度为−15°，接着将"渐变"面板中调节好的渐变色拖动到"色板"中保存起来，如图11-48所示。

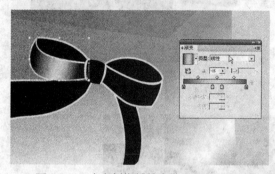
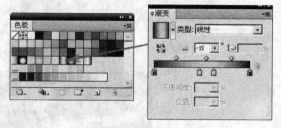

图11-47　在左侧蝴蝶结中填充4色渐变　　　　图11-48　将渐变色存储在"色板"中

提示："色板"中可以存储制作好的单色、渐变色和图案，以便制作时的反复调用，如图11-49所示。

图11-49　应用"色板"中自定义的渐变色并做角度调节

12）为了使整个图形能够产生生动的光线变化，因此在蝴蝶结不同局部填充的渐变色类型要有所区别。例如顶部两个图形内填充的渐变类型为"径向"3色渐变，如图11-50所示。蝴蝶结图形填充完成后的效果如图11-51所示。

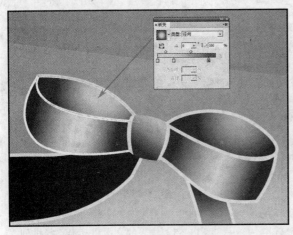
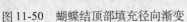

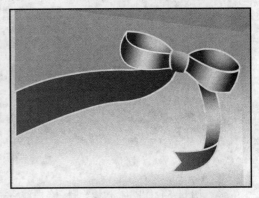

图 11-50　蝴蝶结顶部填充径向渐变　　　　　　图 11-51　蝴蝶结图形填充完成后的效果

13）此时可以看出，白色边线显得单调而突兀，下面要将边线处理为浅灰色的渐变，以获得整体的和谐。Illustrator 中的"描边"无法直接填充渐变色，必须先将描边转换为闭合图形。方法：选中蝴蝶结中的任一闭合图形，然后执行菜单中的"对象｜路径｜轮廓化描边"命令，将白色的描边转换为闭合图形，再将边线填充为灰色渐变，如图 11-52 所示。同理，将所有白色描边都填充为浅灰色渐变（大部分是"灰色—白色—灰色"的 3 色渐变），如图 11-53 所示。经过边线的细节处理之后，整个蝴蝶结图形显得和谐自然多了。

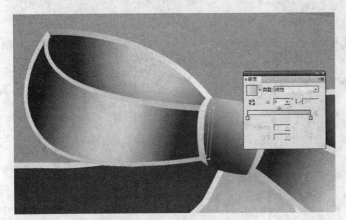

图 11-52　将白色描边转换为闭合图形之后填充浅灰色渐变　　图 11-53　经过边线的细节处理之后
　　　　　　　　　　　　　　　　　　　　　　　　　　　　　的完整蝴蝶结图形

14）下面在蝴蝶结左侧的飘带图形内添加醒目的白色文字。由于文字要沿飘带飘动的曲线排列，所以要先绘制一条路径，然后沿路径输入文字。方法：用工具箱中的 ▢（钢笔工具）绘制出如图 11-54 所示的一条曲线路径，然后选择工具箱中的 ▢（路径文字工具），在路径左侧端点单击鼠标，此时光标会变为文本输入状态。接着直接输入文本，并在属性栏内设置"字体"为 Abadi MT Condensed Extra Bold，"字号"为 36pt，文字颜色为白色，此时输入的文本自动沿曲线路径排列，如图 11-55 所示 。

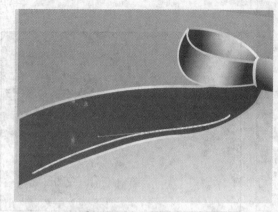

图 11-54　沿飘带边线绘制一条曲线路径　　　　　图 11-55　输入的文本自动沿路径排列

15）再稍微调整一下沿线文字的倾斜方向。方法：选中路径文本，执行菜单中的"文字｜路径文字｜倾斜效果"命令，此时文字沿线会整体向右侧发生一定程度的倾斜。另外，还可以将最右边 3 个字母字号稍微调小一些，以形成沿飘带逐渐向内收缩的效果，如图 11-56 所示。现在，可以缩小页面看一下整体效果，如图 11-57 所示。

图 11-56　文字沿线向右侧整体发生一定程度的倾斜　　　图 11-57　蝴蝶结图形的整体效果

16）在包装盒的左上角输入文字"Diet"，"字体"可根据喜好来选择一种带有装饰感的字体，"字号"为 36pt，文字颜色为深蓝色（参考颜色数值为：CMYK（100，70，35，0）），然后将它放置到如图 11-58 所示位置。

17）在文字后面的背景上制作白色半透明发光的效果。下面来界定发光的区域，方法为：利用工具箱中的 ▧（钢笔工具）绘制出如图 11-59 所示的闭合路径，并填充为白色。

提示：由于边缘虚化后会向内大幅度收缩，因此可以将发光区域绘制得大一些。

图 11-58 输入文字"Diet"

图 11-59 绘制出白色闭合区域

18）接下来制作虚化的效果。方法：利用工具箱中的 ▣（选择工具）选中所绘制的白色图形，然后执行菜单中的"效果 | 风格化 | 羽化"命令，在弹出的对话框中将"羽化半径"设置为 18px（数值越大虚化的范围就越大，图形的不透明度就越低），如图 11-60 所示。单击"确定"按钮，得到如图 11-61 所示的效果。此时白色图形边缘经过大幅度的羽化处理，形成了衬托文字的一抹虚光。

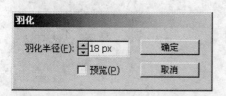

图 11-60 "羽化"对话框中设置参数

图 11-61 白色图形边缘经过大幅度的羽化处理

19）利用工具箱中的 ▣（钢笔工具）在文字"Diet"下面绘制一条曲线路径，如图 11-62 所示，然后选择工具箱中的 ▣（路径文字工具），在路径的左侧端点处单击鼠标，此时光标会变为文本输入状态。接着直接输入一行文字，并在属性栏内设置"字体"为 Brush Script Std Medium，"字号"为 10pt。最后选择工具箱中的 ▣（吸管工具），在文字"Diet"上单击，将这行小字的颜色也设置为同样的深蓝色，如图 11-63 所示。

20）到目前为止，处理的都是矢量元素，下面要在包装盒上添加面包和点心的摄影图片。由于 Illustrator 中对点阵图主要进行的是裁切变形和排版的处理，对图片颜色清晰度等品质的调节以及褪底等工作主要在 Photoshop 中完成。下面先在 Photoshop 中对面包图片进行褪底操作。方法：在 Photoshop 中打开配套光盘中的"素材及结果 \ 第 11 章 综合实例演练 \11.2 面包纸盒包装设计\面包纸盒包装原稿\bread-1.jpg",然后创建出如图11-64所示的(两片面包)的选区。接着在"图层"面板的背景层图标上双击鼠标,在弹出的"新建图层"对话框中设置参数,如图11-65所示,单击"确定"按钮,此时背景图层变为"图层0"。最后按快捷键〈Shift+Ctrl+I〉,反转选区,再按〈Delete〉键将选区内的像素删除,得到如图11-66所示的透明背景效果,再将其保存为"bread-1.psd"文件。

　　提示: 这种带有透明区域的图像存储为PSD或TIF格式文件后置入Illustrator中,透明区域会自动褪底。

图11-62　再绘制一条曲线路径

图11-63　在路径上输入一行深蓝色文字

图11-64　制作面包片的选区

图11-65　"新建图层"对话框

图11-66　将面包片处理为背景
　　　　　透明的效果

　　21)返回到Illustrator中,执行菜单中的"文件 | 置入"命令,将配套光盘中的"素材及结果\第11章 综合实例演练\11.2 面包纸盒包装设计\面包纸盒包装原稿\bread-1.psd"置入到页面中,并放置在如图11-67所示的位置(面包片的背景图像已自动褪除)。然后对面包图像的位置与大小进行细致的调整,得到如图11-68所示的效果。

图 11-67　将褪底后的面包图片置入 Illustrator

图 11-68　缩放并旋转图像

22）此时右侧的面包片超出了包装盒侧面范围，下面利用 Illustrator 中的"剪切蒙版"将多余的部分裁掉。方法：利用工具箱中的 ▶（选择工具）选中包装盒正侧面底图（填充渐变的四边形），然后按快捷键〈Ctrl+C〉进行复制，再执行菜单中的"编辑｜贴在前面"命令，将四边形复制一份。接着将新复制出的图形的"填充"和"描边"都设置为无色，如图 11-69 所示。最后执行菜单中的"对象｜排列｜置于顶层"命令，则"剪切蒙版"的剪切形状就完成了。

23）下面利用"剪切蒙版"来裁切面包图像。方法：选择工具箱中的 ▶（选择工具），按住〈Shift〉键选中刚才制作好的"蒙版"和面包图像，然后执行菜单中的"对象｜剪切蒙版｜建立"命令，此时图像超出包装正侧面的部分就被裁掉了，得到如图 11-70 所示的效果。

图 11-69　将新复制出的图形的"填充"和"描
　　　　　边"都设置为无色

图 11-70　图像超出包装正侧面的部分被裁掉

24）随着包装盒上信息的增多，下面分图层进行管理，以便于操作。首先将蝴蝶结和文字放入一个新层中。方法：利用 ▶（选择工具）加〈Shift〉键选中所有蝴蝶结图形和文字（"图层 1"名称之后会出现一个蓝色小方点），然后在"图层"面板中新创建一个"图层 2"，将蓝色小方点拖动到"图层 2"上（"图层 2"名称之后会出现一个红色小方点），此时蝴蝶结图形会出现在面包图形的上面，如图 11-71 所示。

图 11-71　将蝴蝶结和文字放入一个新层中

25）再置入一些小的零碎的点心图像。方法：在 Photoshop 中打开配套光盘中的"素材及结果 \ 第 11 章　综合实例演练\11.2 面包纸盒包装设计 \ 面包纸盒包装原稿\bread-2.tif"素材图，如图 11-72 所示。然后制作出曲奇小饼干的选区，接着参照本例步骤 20）的方法进行图像褪底操作，再将文件存储为"bread-2.psd"。最后执行菜单中的"文件｜置入"命令，将褪底后的曲奇小饼干置入到 Illustrator 包装盒文件中，再对图形进行复制、缩放和旋转等一系列操作，得到如图 11-73 所示的效果。

图 11-72　素材图"bread-2.tif"

图 11-73　将褪底后的饼干置入到包装盒中进行复制、缩放和旋转

26）在"图层"面板中选中"图层 2"，利用工具箱中的 T（文字工具）在蝴蝶结飘带的下方再输入 3 行英文，然后设置为一种类似手写体的活泼字体（例如 Mistral），并将文字颜色更改为咖啡色（参考颜色数值为：CMYK（60，100，85，50））和桔黄色（参考颜色数值为：

CMYK（15，70，100，0））。接下来将文字整体沿逆时针方向旋转一定的角度（与飘带左侧底部边缘大致平行），效果如图 11-74 所示。

27）为了与飘带上方的文字风格统一和衬托文字，下面在文字后面的背景上制作白色半透明的发光效果。首先制作发光的区域，方法为：利用工具箱中的▣（钢笔工具）绘制出如图 11-75 所示的闭合路径，并将其"填充"设置为白色。

图 11-74　输入 3 行英文并逆时针旋转一定的角度　　　　图 11-75　绘制出白色闭合区域

28）接下来制作虚化的效果。方法：利用工具箱中的▣（选择工具）选中所绘制的白色图形，然后执行菜单中的"效果｜风格化｜羽化"命令，在弹出的对话框中将"羽化半径"设为 14px，如图 11-76 所示。单击"确定"按钮，得到如图 11-77 所示的虚化效果。

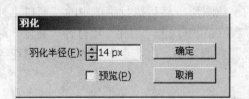

图 11-76　在"羽化"对话框中设置参数　　　　图 11-77　白色图形边缘经过大幅度的羽化处理

29）在 Illustrator 软件自带的符号库中寻找合适的小图形，然后在包装盒底图中增加一定的肌理图形效果。方法：执行菜单中的"窗口｜符号库｜自然界"命令，在其中选中符号"雪花 1"并将其拖动到页面上，如图 11-78 所示。此时雪花图形边缘过于生硬，下面选中雪花图形，执行菜单中的"效果｜风格化｜羽化"命令，在弹出的对话框中将"羽化半径"设为 4px，如图 11-79 所示，再单击"确定"按钮，得到如图 11-80 所示的虚化效果。

30）在"图层"面板中创建"图层 3"（注意要将"图层 3"置入"图层 2"下面），然后将虚化处理后的雪花图形多次复制，再将它们分散放置于包装盒的正侧面上（背景内蓝色的面积中）。

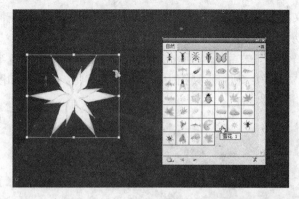

图 11-78 在符号库中选中符号"雪花 1"并将它拖动到页面上

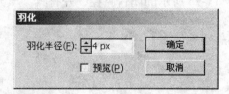

图 11-79 在"羽化"对话框中设置参数

图 11-80 边缘稍微向内虚化的效果

　　31）为了防止过于规则化排列，雪花图形要有大小的差别，排列时要尽量错落放置，如图 11-81 所示。另外，可以选取几个面积大一些的雪花图形，然后执行菜单中的"窗口｜外观"命令，打开如图 11-82 所示的"外观"面板，接着在其中双击"羽化"项打开"羽化"对话框，修改个别雪花的羽化程度，其中"羽化半径"数值越小，雪花点中心越明亮。雪花点调整后的包装正侧面效果如图 11-83 所示。

图 11-81 将虚化处理后的雪花图形在"图层 3"上多次复制

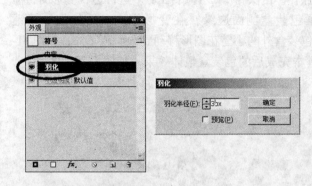

图 11-82　在"外观"面板中双击"羽化"项　　　　图 11-83　雪花点调整后的包装正侧面效果

32）下面来处理包装盒的顶部侧面。先利用工具箱中的 ▶（选择工具）选中包装盒顶部图形，填充如图 11-84 所示的 3 色线性渐变。然后在"图层"面板中将"图层 1"锁定，这样按快捷键〈Ctrl+A〉就可以轻易地将所有的雪花图形、文字和蝴蝶结图形都一次选中（为避免顶部侧面排版过于拥挤，左上角的文字"Diet"等可以不选取），接着按快捷键〈Ctrl+C〉和〈Ctrl+V〉将这些图形都复制一份，最后按快捷键〈Ctrl+G〉组成一组。

图 11-84　在包装盒顶部图形内填充 3 色线性渐变

33）由于下面的步骤要进行图形的整体变形，因此要先执行菜单中的"文字｜创建轮廓"命令，将该组合中的文字都转换为普通路径，如图 11-85 所示。然后利用工具箱中的 ⬜（倾斜工具）进行透视变形的操作，再结合 ⬜（自由变换工具）将图形组进行缩小和旋转处理，从而得到初步的变形效果，如图 11-86 所示。

图 11-85　将复制图形中的文字都转换为普通路径　　　图 11-86　进行倾斜、缩放和旋转等变形操作

34）同理，再次对顶部图形进行变形操作。这次利用 （倾斜工具）进行透视变形时，程度要轻微一些，以使左侧飘带尽量贴紧包装盒侧面边缘。在变形完成之后，按快捷键〈Ctrl+Shift+G〉取消组合。然后将散落在包装盒外的小雪花图形移动到顶面范围内，如图 11-87 所示。接着缩小全图，查看两个侧面基本完成后的包装盒整体效果，如图 11-88 所示。

图 11-87　再次变形后进行细节调整　　　　图 11-88　两个侧面基本完成后的整体效果

35）处理包装盒的右侧面。方法：先利用工具箱中的 ▶（选择工具）选中包装盒正侧面上的蓝色飘带与局部文字，然后按快捷键〈Ctrl+C〉和〈Ctrl+V〉将这些图形复制一份。接着按快捷键〈Ctrl+G〉组成一组，再将其移动到包装盒右侧面的上部位置，如图 11-89 所示。

36）下面对成组图形进行透视变形操作，这次利用工具箱中的 ⊠（自由变换工具）结合快捷键来实现。方法：选择工具箱中的 ⊠（自由变换工具），此时图形四周会出现带有 8 个控制手柄的变形框。然后选中位于右上角的控制手柄，按住鼠标不放，再按住〈Ctrl〉键，此时光标变成了一个黑色的小三角，接着向左上方拖动该控制手柄，使图形发生符合正常透视角度的变形。最后，应用同样的方法拖动控制框右下角的手柄，从而得到如图 11-90 所示的变形效果。

图 11-89　将蓝色飘带与局部文字复制一份放到包装盒右侧面　　图 11-90　利用自由变换工具进行透视变形

37）对图形透视变形之后，会发现文字"Diet"下面的虚光部分透明度变得过大（几乎消失了），这是因为变形时图形缩小造成的，下面就来解决这个问题。方法：利用工具箱中的 [图标]（直接选择工具）选中白色虚光的图形，然后执行菜单中的"窗口｜外观"命令，打开如图 11-91 所示的"外观"面板，在其中双击"羽化"项，在弹出的对话框中设置参数，如图 11-92 所示，减小"羽化半径"数值，最后单击"确定"按钮。此时虚化图形由于"羽化半径"缩小而整体变亮，效果如图 11-93 所示。

图 11-91　"外观"面板　　图 11-92　在"羽化"对话框中设置参数　　图 11-93　修改"Diet"下的虚光

38）执行菜单中的"文件｜置入"命令，将配套光盘中的"素材及结果\第 11 章 综合实例演练\11.2 面包纸盒包装设计\面包纸盒包装原稿\bread-1.psd"再次置入到页面中，然后缩小、旋转并放置到如图 11-94 所示的位置。

39）接下来将左侧超出包装盒侧面范围的面包片裁掉。方法：利用 [图标]（选择工具）选中"图层 1"中包装盒右侧面底图（填充渐变的四边形），然后按快捷键〈Ctrl+C〉复制，接着选中"图层 2"，按快捷键〈Ctrl+V〉粘贴。最后将新复制出的图形的"填充"和"描边"都设置为无色，再执行菜单中的"对象｜排列｜置于顶层"命令，将其置于顶层（可参看本例步骤 22）。

40）下面利用"剪切蒙版"来裁切面包图像。方法：利用工具箱中的 [图标]（选择工具）加〈Shift〉键选择刚才制作好的"蒙版"和面包图像，然后执行菜单中的"对象｜剪切蒙版｜建立"命令，此时图像超出包装盒右侧面的部分就被裁掉了，得到如图 11-95 所示的效果。

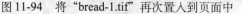

图 11-94　将"bread-1.tif"再次置入到页面中　　图 11-95　将图像超出包装盒右侧面的部分裁掉

41）此时虽然图片已经裁切好，但并没有随包装盒侧面发生透视变形，因此在视觉上还不太合理，下面还需要进行进一步的变形处理。方法：利用工具箱中的 ▨（直接选择工具）选中面包图像，然后利用工具箱中的 ▨（倾斜工具）进行透视变形操作，将变形框调整为如图11-96所示的形状，从而得到合理的变形效果。

42）在包装盒右侧面添加段落文字，然后执行菜单中的"文字 | 创建轮廓"命令，将文字转换为普通路径，接着利用工具箱中的 ▨（倾斜工具）进行透视变形操作，得到如图11-97所示的变形效果。

提示：应用工具箱中的 ▨（倾斜工具）可以快速地生成类似平行四边形的倾斜变化，因此用于处理规则的包装盒透视图形非常适合。

43）最后，参照图11-98所示的效果制作包装盒上的小标贴，这是一个简单的图文组合。在完成后将其组成图形和文字全部选中，按快捷键〈Ctrl+G〉组成一组。

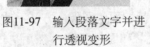

图11-96 蒙版内图像透视变形　　图11-97 输入段落文字并进　　图11-98 制作包装盒上的小标贴
　　　　　　　　　　　　　　　　　　　　行透视变形

44）将小标贴放置到包装盒正侧面右下角位置，然后利用工具箱中的 ▨（倾斜工具）进行透视变形操作，得到如图11-99所示的变形效果。

图11-99 将小标贴放置到包装盒正侧面右下角位置

45）至此，包装盒的立体展示效果图已全部完成，如图 11-100 所示。由于展示环境设计得较明亮，因此不需要过于深暗的投影，用户可以将包装盒输出到 Photoshop 中制作一个浅浅的虚影，最后的整体效果如图 11-101 所示。

图 11-100　包装盒的立体展示效果图　　　　　图 11-101　添加投影之后的包装盒立体展示效果图

11.3　折页与小册子设计

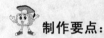 制作要点：

本例将制作一个竖立在平面上的具有真实质感的小册子与折页展示效果，如图 11-102 所示。在本例中，图形与色彩都简洁明快，其中图形主要以简单的几何形状（卡通化图形）为主，即使没有美术功底的人也可以轻松地制作完成。通过本例的学习，应掌握简单矢量形状的绘制，图案的自定义和调整，图形的裁切与透视变形，利用"不透明蒙版"和模糊功能制作淡出倒影等知识的综合应用。

图 11-102　小册子与折页展示效果

操作步骤：

1．制作折页的展示效果

1）执行菜单中的"文件 | 新建"命令，在弹出的对话框中设置参数，如图 11-103 所示，然后单击"确定"按钮，新建一个名称为"折页与小册子.ai"的文件。

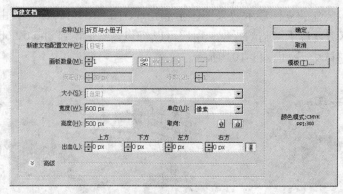

图 11-103　建立新文档

2）本例选取的是一个普通的 4 折页，下面绘制折页展开的基本造型。方法：选择工具箱中的 (钢笔工具)，以直线段的方式绘制出如图 11-104 所示的 4 个折页页面（稍微带有变形，仿佛直立在桌面上的折页成品效果），并将 4 个四边形都暂时填充为不同的灰色，将"边线"设置为无。

图 11-104　绘制 4 折页展开的基本造型

3）接下来，选中左起第一个折页，添加渐变颜色（以模拟折页纸面上柔和的光线变化）。方法：利用工具箱中的 (选择工具) 选中左起第一个四边形，然后按快捷键〈Ctrl+F9〉，打开"渐变"面板，设置如图 11-105 所示的线性渐变，这是一种从青灰色（颜色参考数值为：CMYK（10，0，0，25））到黄灰色（CMYK（0，0，10，5））的柔和渐变，接着设置渐变角度为 –156°。

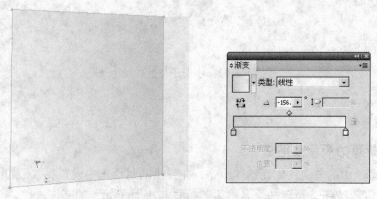

图 11-105　在左起第一个折页中添加渐变颜色

4）虽然折页上的图形设计很复杂，但分解开来，基本上都是简单的几何形状和丰富的曲线，折页的颜色构成也主要是蓝色和绿色两种。下面先绘制一些最基本的蓝色圆点。方法：利用工具箱中的（椭圆工具），绘制多个大小不一的圆形，并填充该折页的标准蓝色（颜色参考数值为：CMYK（80，30，0，0））。然后在折页左上角的圆形内添加一个蓝色的字母"S"，效果如图 11-106 所示。

5）下面来处理左下角的一群圆点，使用直线和曲线将它们连接在一起，以形成简洁的小树的形状。方法：利用工具箱中的（钢笔工具），在页面中绘制如图 11-107 所示的直线与曲线路径，然后在属性栏内设置线条的"描边粗细"为 1pt（小的树形上线条可以稍细一些），绿色的线条颜色为该折页的标准绿色（颜色参考数值为：CMYK（50，0，100，0））。

提示： 在绘制完一条线段后，按快捷键〈V〉可以快速地切换到（选择工具），按快捷键〈P〉可再次切换到（钢笔工具），这种快速切换在绘图时非常有用。

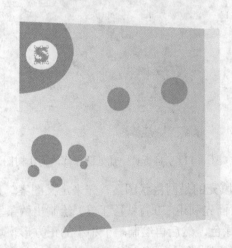

图 11-106　绘制多个大小不一的圆形并填充标
　　　　　准蓝色

图 11-107　用直线和曲线将圆点连在一起
　　　　　形成小树形状

6）每棵小树上的枝干实际上是对称图形，因此可以先绘制一侧（如左侧）的枝干，然后利用（选择工具）加〈Shift〉键选中左侧的一组枝干，接着选择工具箱中的（镜像工具），在树中间主干上的任一位置单击设置对称中心点，再按住〈Alt〉键和〈Shift〉键拖动鼠标（注意要先按〈Alt〉键，得到对称图形后别松开鼠标，再按〈Shift〉键对齐），得到如图 11-108 所示的右侧对称枝干。

7）放大局部，此时会发现线端部分与底下圆弧状图形边缘无法吻合，如图 11-109 所示。在矢量软件的细节处理上"线端"常常出现这样的问题，解决方法是将线条转换为闭合图形，再调节相关锚点。具体步骤：选中所有需要调节的曲线路径，执行菜单中的"对象｜路径｜轮廓化描边"命令，此时路径会自动转换为闭合图形，四周会出现许多可调节的锚点，然后利用工具箱中的（直接选择工具）选中锚点进行调节，对于图形转折处出现的多余锚点可以利用（删除锚点工具）将其删除，调节完成的效果如图 11-110 所示。

8）同理，将折页中的几处圆点都改为小树图形，使其分散于空旷的页面中，如图 11-111 所示。

图11-108　利用 （镜像工具）制作对称的枝干

图11-109　线端部分与底下圆弧状图形边缘无法吻合

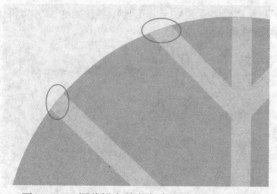

图11-110　调节锚点使其与底图边缘弧形吻合

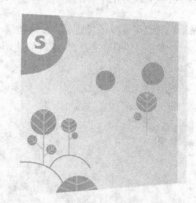

图11-111　将折页中几处圆点都改为小树图形

9）下面来制作另一种抽象的树形，这种树形中填充的是网格状图案，先来定义图案。方法：网格状图案的图案单元是一个小小的十字形。下面先利用 （直线段工具）绘制出两条垂直交叉的短线，描边"粗细"为1.2pt，颜色为标准绿色，然后再绘制一个小小的正方形，填充为白色，接着执行菜单中的"对象｜排列｜置于底层"命令，将白色正方形移至绿色十字线的后面。最后利用 （选择工具）将十字线和正方形同时选中，直接拖到如图11-112所示的"色板"面板中保存起来。

提示：拖动到"色板"面板中的图形可以作为图案单元保存和调用。

10）利用工具箱中的 （钢笔工具），在页面中绘制如图11-113所示的几何形状，然后单击"色板"面板中的图案单元，此时几何形状内会被填充上绿色的网格状图案。

11）同理，再定义几种线条粗细和颜色不同的图案单元。线条（单元）粗细的变化会使填充的网格线形成疏密的变化，在折页中形成富有层次的装饰图形，如图11-114所示。

12）利用工具箱中的 （钢笔工具）在页面空白处绘制一些变化的曲线。在Illustrator中利用不同工具绘制的线条所具有的性格、韵味和情感是完全不同的。利用 （钢笔工具）绘制出的线条清晰流畅，是非常典型的矢量风格线，在绘制穿插于植物之间的似藤蔓般延伸的线条时外形要非常柔和。另外，颜色也要选择低调一些的灰蓝色（参考颜色数值为：CMYK（40，15，20，0））和灰绿色（参考颜色数值为：CMYK（40，15，50，0）），线条的"描边粗细"通常设置为1pt，效果如图11-115所示。

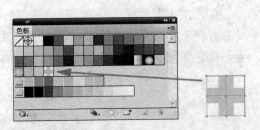

图 11-112　将图形拖入"色板"面板

图 11-113　几何形状内填充了绿色的网格状图案

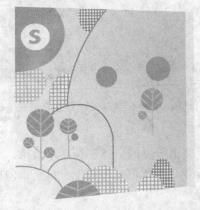

图 11-114　使填充的网格线形成疏密的变化

图 11-115　在页面空白处绘制一些变化的曲线

13）如藤蔓般的线条不能孤立地存在于页面中，因此可以在线条的端点处增加一些小图形。读者可以自己想象和绘制一些卡通风格的（大小错落的）图形放置在不同的线端，以使画面生动有趣，如图 11-116 所示。

14）开始第 2 个折页的卡通绘画，首先绘制折页中很醒目的图形———卡通小电脑。方法：绘制一个蓝色的矩形和一个绿色的圆角矩形，然后沿逆时针方向旋转一定的角度，再用一条曲线进行连接，从而绘制出一个简单的小电脑造型。接着参照图 11-117 添加更多的规则几何图形，从而拼合成可爱的拟人化的电脑图形。最后选中组成电脑的所有零散图形，按快捷键〈Ctrl+G〉组成一组。

图 11-116　在线条的端点处增加一些小图形

图 11-117　绘制拟人化的电脑图形

15）将卡通电脑图形放置到第2个折页上，然后在周围添加几个闪电形状的小图形，效果如图11-118所示。

16）利用工具箱中的 [钢笔工具]（钢笔工具）绘制两条波浪形的大跨度曲线（横贯3个折页），并设置线条的"描边粗细"为1pt，描边颜色为蓝色（参考颜色数值为：CMYK（80，30，0，0））。然后将最右侧的折页填充为稍微深一些的蓝色（参考颜色数值为：CMYK（85，50，15，0）），效果如图11-119所示。

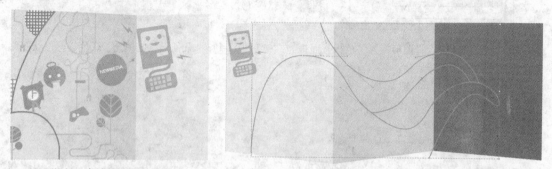

图11-118　将卡通电脑图形放置到第2个折页上　　图11-119　绘制波浪形的大跨度曲线并将最右侧折页填充为深蓝色

17）目前位于中间的两个折页填充了灰色，为了突出折页的立体感和展示效果，下面要将这两页分别填充为"浅蓝灰色—黄灰色"的线性渐变（颜色可参考第1个折页，但要稍有明暗差别），效果如图11-120所示。

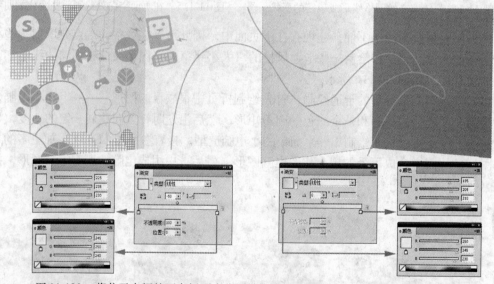

图11-120　将位于中间的两个折页也分别填充为"浅蓝灰色—黄灰色"的线性渐变

18）现在来处理最右侧折页上的图形，将刚才绘制的大跨度的波浪形右端（在深蓝背景折页中的部分）填充为浅灰色。由于左侧要保持线的属性，因此必须将第3、4折页中的线条截断。方法：利用工具箱中的 [直接选择工具]（直接选择工具）选中位于上部的一条曲线路径，然后放大两页交界处的局部，利用工具箱中的 [路径橡皮擦工具]（路径橡皮擦工具），在如图11-121所示的两页交界处进行路径擦除，擦除的结果也就是使路径断开。接着利用　(钢笔工具)分别在右侧断开的（两个）路径端点处单击，从而将右侧开放的路径转换为闭合区域，如图 11-122 所示。最后利用　(吸管工具)吸取第 3 个折页底色中靠近右侧边缘的颜色，作为该闭合区域的填充色，效果如图 11-123 所示。

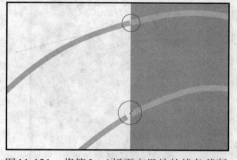

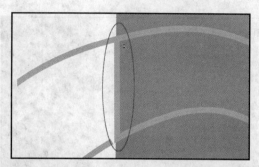

图 11-121　将第 3、4 折页交界处的线条截断　　图 11-122　用钢笔工具将右侧断开的两个路径端点连接起来

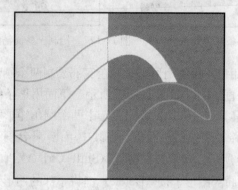

图 11-123　在右侧新的闭合区域内填充颜色

19）同理，利用　(直接选择工具)选中位于跨页下部的一条曲线路径，然后选择工具箱中的　(路径橡皮擦工具)，在如图 11-124 所示的两页交界处进行路径擦除，使路径断开。接着利用　(钢笔工具)在右侧断开的（两个）路径端点处单击，使右侧开放的路径形成闭合区域，最后利用　(吸管工具)点选第 3 个折页底色中靠近右侧边缘的颜色，作为该闭合区域的填充色，如图 11-125 所示。

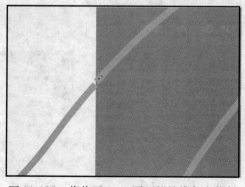

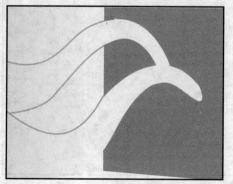

图 11-124　将位于 3、4 页下部的线条也截断　　图 11-125　在下部形成的闭合区域内填充颜色

20）利用 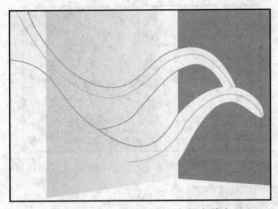（钢笔工具）参照图 11-126 所示的效果绘制出两条曲线，并设置线条的"描边粗细"为 1pt，描边颜色为绿色（参考颜色数值为：CMYK（45，10，55，0））。

21）为了与左侧页面形成疏密对比，最右侧折页中的元素要相对单纯。下面绘制一些简洁的、大面积的抽象曲线形状，且曲线形之间要相互呼应，效果如图 11-127 所示。

图 11-126　再绘制出两条绿色线条	图 11-127　绘制一些简洁的、大面积的抽象曲线形状

22）回到折页第 2 页，利用 （圆角矩形工具）在底部绘制两个圆角矩形，然后沿折页底边（圆角矩形之上）绘制一条直线段，如图 11-128 所示，下面用这条线段将底下的图形截断裁开。方法：利用 （选择工具）加〈Shift〉键同时选中两个圆角矩形和一条线段，然后按快捷键〈Shift+Ctrl+F9〉打开"路径查找器"面板，在其中单击 （分割）按钮，此时图形被裁成许多局部块面，如图 11-129 所示。接着按快捷键〈Shift+Ctrl+A〉取消选取，再利用 （直接选择工具）重新选取裁开的局部图形，按〈Delete〉键将下部的图形进行删除，从而得到如图 11-130 所示的效果。

23）在刚才绘制的图形上面再添加几个大小不一的同心圆（绘制同心圆的技巧是先绘制第一个圆形，然后按快捷键〈Ctrl+C〉进行复制，再按快捷键〈Ctrl+F〉原位粘贴。接着按住〈Alt+Shift〉组合键进行缩小操作，从而得到一个同心的缩小的圆形，再修改填充和描边的颜色。同理，可得到一系列同心圆）。效果如图 11-131 所示。

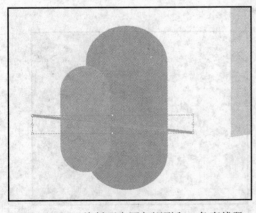

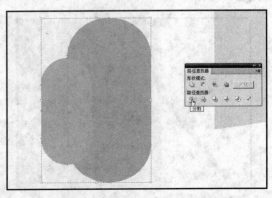

图 11-128　绘制两个圆角矩形和一条直线段	图 11-129　利用"路径查找器"中的分割功能裁切图形

图 11-130 将裁开的下部图形删除

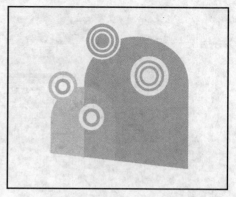

图 11-131 添加几个大小不一的同心圆

24）接下来，选中第 1 个折页中原来所绘制的小树图形，然后复制几份，进行缩放后置于第 2、3 折页中，效果如图 11-132 所示。

25）此时第 2、3 折页中有一棵复制出的放大的树。由于它位于第 2、3 折页的折线上，而且所占面积较大，因此要对其做一定的透视变化。方法：利用 ▶ (选择工具) 整体选中这棵树，然后选择工具箱中的 ▣ (自由变换工具)，此时图形四周会出现带有 8 个控制手柄的变形框，选中位于右侧中间的控制手柄，按住鼠标不放，再按住快捷键〈Ctrl〉，此时光标变成了一个黑色的小三角。向上方拖动这个控制手柄，使图形发生符合正常透视角度的变形，如图 11-133 所示。

图 11-132 将原来所绘制的小树图形复制几份 图 11-133 使 "大树" 图形发生符合正常透视角度的变形

26）为了模拟这棵树的左侧随折页所发生的折叠变形，下面利用工具箱中的 ▣ (钢笔工具) 参照图 11-134 所示的效果绘制一个半圆形闭合图形，并填充为白色。然后按快捷键〈Shift+Ctrl+F10〉，打开 "透明度" 面板，改变 "混合模式" 为 "柔光"，此时色彩经过柔光处理后会变亮，效果如图 11-135 所示。

27）接下来，向第 2、3 折页中添加各种熟悉的设计元素（例如网格状图案），绘制出各种形状（基本统一为圆角矩形和半圆形）散放于页面中，然后打开 "色板" 面板，直接应用前面定义好的网格状图案单元，效果如图 11-136 和图 11-137 所示。

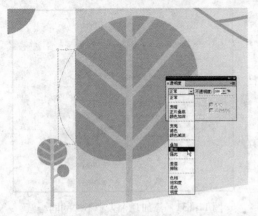

图 11-134 将绘制的半圆形的混合模式设为"柔光"

图 11-135 模拟树左侧随折页所发生的折叠变形

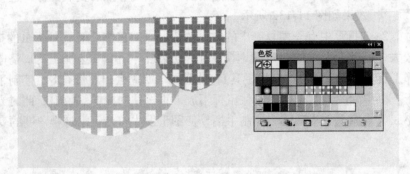

图 11-136 打开"色板",应用前面定义好的网格状图案单元

图 11-137 添加许多圆角矩形和半圆形,并填充为蓝色和绿色的网格图案

28)在利用 (自由变换工具)对圆角矩形进行透视变形时,会发现图形轮廓变形了,但其中填充的图案并不跟随着发生变形,如图 11-138 所示。下面来解决这个问题。方法:选中一个填充了图案的圆角矩形,然后执行菜单中的"对象 | 变换 | 倾斜"命令,在弹出的对话框中设置参数,如图 11-139 所示(注意一定要勾选"图案"复选框,这样可保证图案与轮廓会一起发生变形)。接着单击"确定"按钮,从而得到理想的变形效果,如图 11-140 所示。

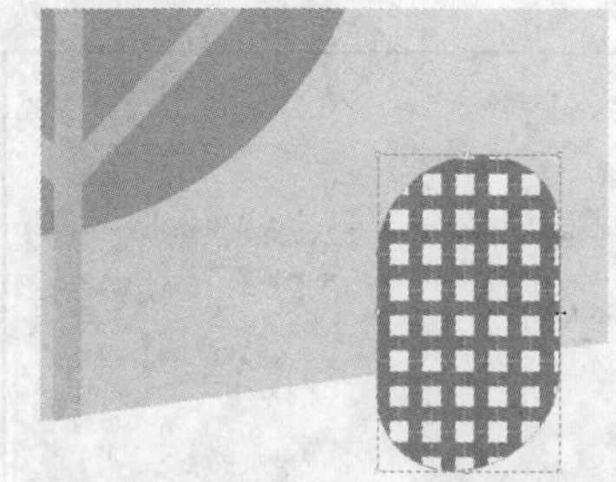

图11-138　图案与轮廓没有同时发生变形

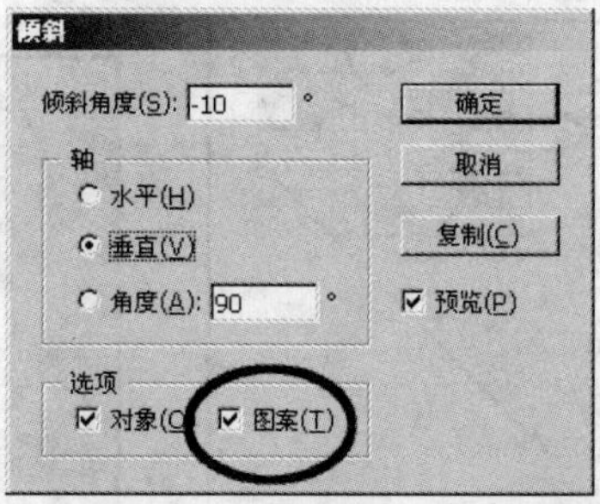

图11-139　在“倾斜”对话框中勾选“图案”复选框

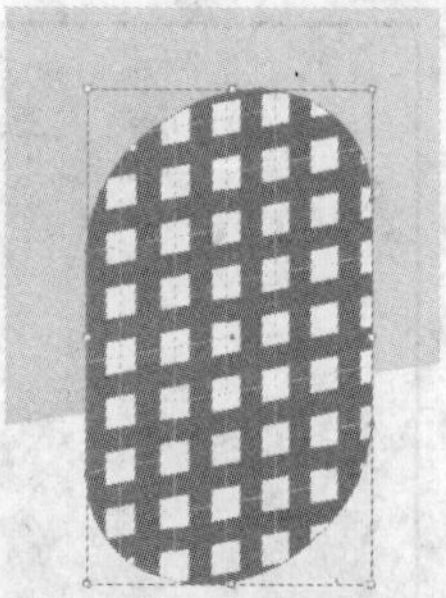

图11-140　图案与轮廓同时发生变形

29）对于许多圆角矩形只需要取其局部，也就是说，要将超出页面边缘的图形删掉，一个非常简单的方法是利用工具箱中的(美工刀工具)，按住〈Alt〉键沿裁切线绘制出一条直线（注意要先按住〈Alt〉键再绘制直线），从而将图形裁为两部分，使用这种方法可以随心所欲地分割图形。图11-141为裁掉一半的圆角矩形。同理，将第2、3折页中所有的圆角矩形都进行透视变形和裁切处理，得到如图11-142所示的效果。

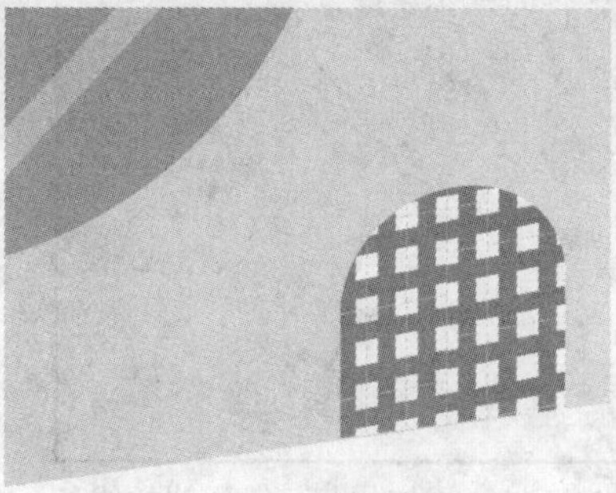

图11-141　将圆角矩形下部裁掉一半

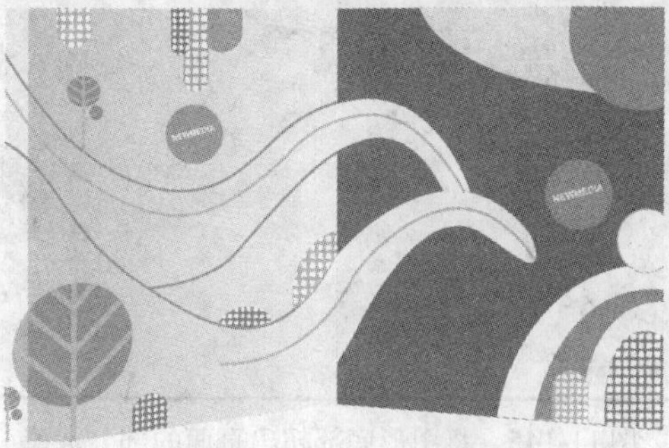

图11-142　将第2、3折页中所有的圆角矩形都进行透视变形和裁切处理

30）折页中目前只有一种网格状图案，略显单调，最好能增加一些细部上的对比，对比是差异化的强调，它是使版面充满生气的一个重要因素。下面来增加一种圆点状的图案。方法：先制作图案单元——绿色小正方形，然后在其中添加一个浅灰色的正圆形，接着利用(选择工具）选中它们，直接拖动到如图11-143所示的“色板”面板中保存起来，以便以后能够将其反复应用到页面的各种几何形状之中。此时大圆点状图案与原来规则的直线网格状图案形成了有趣的对比。

31）参考步骤28）的方法，对填充了大圆点状图案的圆角矩形进行倾斜变形操作，倾斜角度为 −10°，如图11-144所示。然后利用工具箱中的(美工刀工具）对图形进行裁切，效果如图11-145所示。

32）利用工具箱中的(钢笔工具）在页面空白处绘制一些变化的曲线，它们依然是一些穿插于植物之间的似藤蔓般延伸的线条，因此线条的外形要非常柔和。另外，其颜色也要选择低调一些的灰蓝色（参考颜色数值为：CMYK（40，15，20，0））和灰绿色（参考颜色数值为：CMYK（40，15，50，0）），线条的“描边粗细”为1pt，效果如图11-146所示。

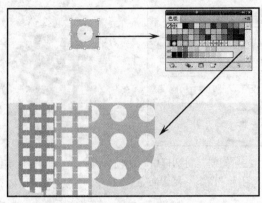

图 11-143　新定义一种大圆点状网格图案

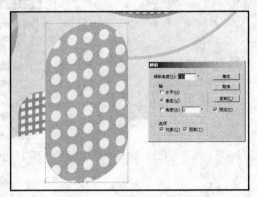

图 11-144　进行倾斜变形操作

图 11-145　将图形底部超出页面的部分裁掉

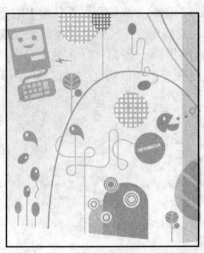

图 11-146　添加如藤蔓般延伸的线条

33）下面进入绘制图形的最后一步，利用工具箱中的 （钢笔工具）沿折页中的大跨度曲线添加一些小的波浪图形，如图 11-147 所示。可见小波浪形图形起到了画龙点睛的作用，使几条弯曲的线条变成了想象中的汹涌波涛。

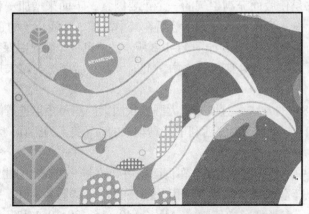

图 11-147　沿折页中的大跨度曲线添加波浪图形

34）图形绘制全部完成后的折页效果如图 11-148 所示。

图 11-148 图形绘制全部完成后的折页效果

35）为了使展示效果更加真实和生动，下面给 4 个折页添加半透明的、模糊的桌面倒影。由于每个折页折叠的方向不同，因此倒影最好以每个页面为单位来制作。方法：先整体选中左起第 1 页中的全部图形，按快捷键〈Ctrl+G〉组成一组，然后将其复制一份并向下拖动到如图 11-149 所示的位置。接着执行菜单中的"对象｜变换｜镜像"命令，在弹出的对话框中设置参数，如图 11-150 所示。单击"确定"按钮，则图形会在垂直方向发生翻转，效果如图 11-151 所示。

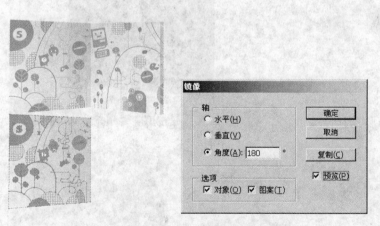

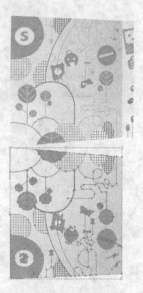

图 11-149 将最左侧 1 页复制并向下拖动　　图 11-150 "镜像"对话框　　图 11-151 发生垂直镜像后的效果

36）下面对成组图形进行透视变形的操作，这一次利用工具箱中的 ▣（自由变换工具）配合快捷键来实现。方法：选择工具箱中的 ▣（自由变换工具），此时图形四周出现带有 8 个控制手柄的变形框，先选中位于右侧中间的控制手柄，按住鼠标不放，然后按住快捷键〈Ctrl〉，此时光标变成了一个黑色的小三角。接着向上方垂直拖动该控制手柄，此时图形会发生倾斜变形，直到与原图形边缘相接为止，效果如图 11-152 所示。

37）利用 Illustrator 中的"建立不透明蒙版"来实现桌面倒影的淡入淡出效果。方法：利

用工具箱中的 (钢笔工具) 绘制如图11-153所示的闭合路径 (要将倒影图形全部覆盖), 然后将其填充为黑至白色的线性渐变。接着利用 (选择工具) 将倒影图形和黑白渐变图形全部选中, 按快捷键〈Shift+Ctrl+F10〉, 打开"透明度"面板, 将"不透明度"设置为70%。最后右击面板右上角的 按钮, 从弹出的快捷菜单中选择"建立不透明蒙版"命令, 如图11-154所示, 从而得到如图11-155所示的效果。此时, 倒影图形下部逐渐隐入到白色"桌面"之中。

提示: 渐变色的黑白分布和方向很重要, 黑色部分表示底图全透明, 白色部分表示底图全显现, 而中间
　　　过渡的灰色表示逐渐消失的半透明区域。

图11-152　将复制图形进行倾斜变形

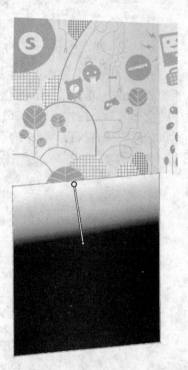

图11-153　绘制图形并填充为黑白渐变

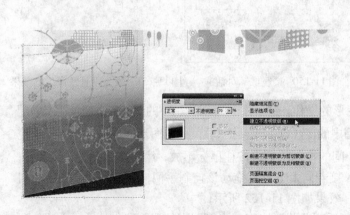

图11-154　选择"建立不透明蒙版"命令

图11-155　倒影图形下部逐渐隐入到白色之中

38）同理，制作其余 3 页的倒影效果，得到如图 11-156 所示的整体效果。

图 11-156 制作其余 3 页的倒影效果

39）对倒影整体进行一次模糊处理。方法：全部选中倒影图形，然后执行菜单中的"效果 | 模糊 | 高斯模糊"命令，在弹出的对话框中设置参数，如图 11-157 所示，单击"确定"按钮。此时，倒影图形的清晰度大幅度降低，效果如图 11-158 所示。

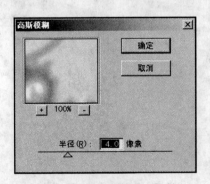

图 11-157 "高斯模糊"对话框

图 11-158 模糊处理之后倒影图形的清晰度大幅度降低

40）最后，再做一个细节处理，在第 4 折页的左侧边缘位置绘制一个矩形，并填充为从黑色至白色（从左至右）的线性渐变。然后按快捷键〈Shift+Ctrl+F10〉，打开"透明度"面板，将"不透明度"设置为 30%，将"混合模式"设置为"正片叠底"，如图 11-159 所示。这样在折页的折痕处起到了强调的作用。至此，整个 4 折页制作完成，最终效果如图 11-160 所示。

图 11-159　利用"透明度"面板加重折痕效果　　　　图 11-160　最终完成的折页立体展示效果图

2．制作小册子的展示效果

1）在折页的基础上，利用相同的设计元素制作一个简单的小册子，展示的方法也是竖立在桌面上的成品效果。方法：利用工具箱中的 📐（钢笔工具），以直线段的方式绘制出如图 11-161 所示的展开的小册子页面，然后选中左起第一个页面，添加渐变颜色（以模拟折页纸面上柔和的光线变化），这是一种从青灰色（颜色参考数值分别为：CMYK（10，0，0，25））到黄灰色（CMYK（0，0，10，5））的柔和渐变，渐变角度为 −140°。

2）将上一案例第 2 折页上拟人化的小电脑图形选中，复制一份置于如图 11-162 所示的位置，然后按快捷键〈Shift+Ctrl+G〉解除原来的组合。

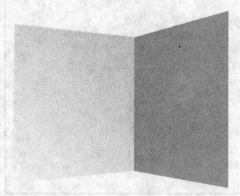

图 11-161　模糊处理之后倒影图形的清晰度大幅度降低　　图 11-162　将拟人化的小电脑图形复制一份

3）利用工具箱中的 ▶（选择工具），按住〈Shift〉键逐个将小电脑的构成图形（除了眼睛、嘴巴和连接键盘的线条）选中，然后按快捷键〈Shift+Ctrl+F9〉，打开"路径查找器"面板，在其中单击 ▣（差集）按钮，如图 11-163 所示。差集的作用是将重叠图形中重叠的部位都挖空变为透明，经过"差集"处理后的电脑图形效果如图 11-164 所示。接着利用 ✐（吸管工具）吸取小电脑眼睛的绿色，即可得到如图 11-165 所示的效果，此时电脑中间灰色的部位都镂空为透明，透出了底图中的渐变颜色。

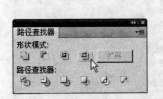

图 11-163 在"路径查找器"面板　　图 11-164 经过"差集"处理后　　图 11-165 电脑中间灰色的部位被
　　　　　中单击"差集"按钮　　　　　　　　 的电脑图形　　　　　　　　　　镂空的效果

4）现在利用 Illustrator 中的"剪切蒙版"，将超出页面范围的电脑图形裁掉。首先制作作为剪切形状的图形。方法：利用工具箱中的 ▶ (选择工具)选中左侧页面底图（填充渐变的四边形），然后按快捷键〈Ctrl+C〉进行复制，再执行菜单中的"编辑｜贴在前面"命令，将四边形复制一份，如图 11-166 所示。接着将新复制出图形的"填充"和"描边"都设置为无色，最后执行菜单中的"对象｜排列｜置于顶层"命令，将其置于顶层。这样"剪切蒙版"的剪切形状就准备好了。

5）下面利用"剪切蒙版"来裁切电脑图形。方法：利用工具箱中的 ▶ (选择工具)，按住〈Shift〉键选中刚才制作好的"蒙版"和电脑图形，然后执行菜单中的"对象｜剪切蒙版｜建立"命令，此时图形超出页面的部分就被裁掉了，效果如图 11-167 所示。

图 11-166 将四边形复制一份并贴在最上层　　　　　图 11-167 超出页面范围的电脑图形被裁掉

6）选中右侧页面图形，在"色板"中单击如图 11-168 所示的圆点图案（本节的 1 中步骤 30）所定义的），以圆点图案填充页面图形。但是填充后会发现圆点图案过于细密，不是我们所需要的醒目的大圆点效果，下面分别对其进行图案尺寸和角度的调节。方法：在工具箱中双击 ▣ (比例缩放工具)，在弹出的"比例缩放"对话框中取消勾选"对象"复选框，然后勾选"图案"复选框（表示缩放操作只对图案起作用，而不影响图形外框尺寸），再将"比例缩放"设置为300%，如图 11-169 所示。单击"确定"按钮，得到如图 11-170 所示的效果。

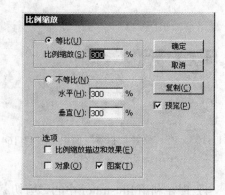

图 11-168　填充图案过于细密　　　　　　图 11-169　在"比例缩放"对话框中缩放填充图案

图 11-170　缩放之后的圆点图案

7）接下来，再将图案旋转一定的角度。方法：在工具箱中双击 [旋转] （旋转工具），在弹出的如图 11-171 所示的对话框中取消勾选 "对象"复选框，然后勾选"图案"复选框，再将"角度"设置为 45°，单击"确定"按钮，得到如图 11-172 所示的效果。

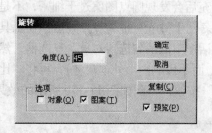

图 11-171　在"旋转"对话框中设置图案旋转角度

图 11-172　旋转之后的圆点图案

8）在右侧页面的后面，还需要再添加几个书页，来模拟小册子被翻开的展示效果。方法：将原来做好的折页进行整页复制，然后将第 1 折页复制一份到折页的右侧，如图 11-173 所示。接着利用工具箱中的 🖾（镜像工具）制作左右翻转的效果。再将其移动到右页的下面，如图 11-174 所示。

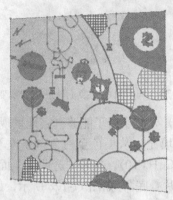

图 11-173　将第 1 折页复制一份到折页的右侧并制作左右镜像效果

图 11-174　将新加的一页移动到右页的下面

9）下面利用工具箱中的 🖾（自由变换工具）结合快捷键来进行透视变形的操作。方法：选择工具箱中的 🖾（自由变换工具），此时新页面四周会出现带有 8 个控制手柄的变形框。然后选中位于右上角的控制手柄，按住鼠标不放，再按住快捷键〈Ctrl〉，此时光标变成了一个黑色的小三角。接着向左上方拖动该控制手柄，使图形发生符合正常透视角度的变形。同理，拖动控制框右下角的手柄对其进行变形处理。最后为了展示效果，在露出的页面右下角添加两个小图形，从而得到如图 11-175 所示的变形效果。

10）同理，再复制出一页并进行透视变形，效果如图 11-176 所示。

图 11-175　利用自由变换工具进行透视变形　　　　图 11-176　再增加一页

11）要使小册子能够真实地呈现，下面制作光影效果。方法：在边缘位置绘制一个四边形，并填充为从黑色至白色（从左至右）的线性渐变，如图 11-177 所示。然后按快捷键〈Shift+Ctrl+F10〉，打开"透明度"面板，将"不透明度"设置为60%，将"混合模式"设置为"正片叠底"，如图 11-178 所示，此时该页在视觉上自然地退到了后面的阴影之中。同理，制作出另一页的投影，最后完成的小册子效果图 11-179 所示。

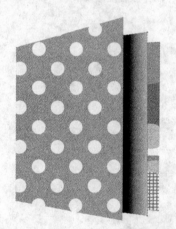

图 11-177　绘制出一个四边形并填充为黑白线性渐变　　　图 11-178　将混合模式设置为"正片叠底"

图 11-179　小册子制作完成的基本效果

12）最后，参考本节的 1 中步骤 35）～步骤 40）的讲解，制作小册子的半透明投影。最终小册子的整体展示效果如图 11-180 所示。

图 11-180 小册子最后的效果图

11.4 制作卡通形象

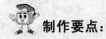 **制作要点：**

卡通图形的制作相对其他图形要轻松自由，可以大胆地运用鲜艳的色彩和夸张的线条来表现活泼可爱的卡通气质。本例选取的卡通画是一本趣味图书的封面，效果如图 11-181 所示。其中包括经过拟人化处理的"书籍"形象（具有生动的五官和喜气洋洋的表情，挥动手脚正在快乐地奔跑）以及相同风格的艺术文字的设计，属于明快、可爱而具有亲和力的卡通风格作品。通过本例的学习，应掌握卡通画的制作方法。

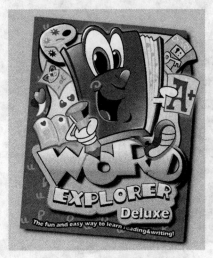

图 11-181 卡通形象设计

操作步骤：

1）执行菜单中的"文件｜新建"命令，在弹出的对话框中设置参数，如图 11-182 所示，然后单击"确定"按钮，新建一个文件，并存储为"卡通.ai"文件。

> 提示：矢量图形的最大优点是"分辨率独立"，换句话说，用矢量图方式绘制的图形无论输出时放大多少倍，都对画面清晰度、层次及颜色饱和度等因素丝毫无损。因此，在新建文件时，只需保持整体比例恰当，在输出时再调节相应的尺寸和分辨率即可。

2）执行菜单中的"视图｜显示标尺"命令，调出标尺。然后将鼠标移至水平标尺内，按住鼠标向下拖动，拉出一条水平方向参考线。接着将鼠标移至垂直标尺内，拉出一条垂直方向的参考线，使两条参考线交汇于如图 11-183 所示的页面中心位置。建立此辅助线的目的是为了定义画面中心，以使后面绘制的图形均参照此中轴架构，不断调整构图的均衡。

图 11-182　建立新文档 图 11-183　从标尺中拖出交叉的参考线

3）在画面的中心位置绘制出衬底图形——倾斜的蓝色多边形。其方法为：选择工具箱中的 (钢笔工具)，绘制出如图 11-184 所示的多边形路径，然后按快捷键〈F6〉打开"颜色"面板，将这个图形的"填充"颜色设置为蓝色（参考数值为：CMYK（90，70，10，0）），将"描边"颜色设置为无。

图 11-184　绘制蓝色图形

4）接下来给这个多边形增加一个半透明的投影，以使其产生一定的厚度感。其方法为：用工具箱中的 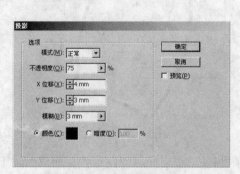（选择工具）将这个多边形选中，然后执行菜单中的"效果 | 风格化 | 投影"命令，在弹出的对话框中将"不透明度"设置为 77%，将"X 位移"值设置为 4mm，"Y 位移"值设置为 3mm（位移量为正的数值表示生成投影在图形的右下方向），如图 11-185 所示。由于此处需要的是一个边缘虚化的投影，因此，将"模糊"值设为 3mm，将投影"颜色"设置为黑色。单击"确定"按钮，在蓝色多边形的右下方出现了一圈模糊的阴影。添加阴影是使主体产生飘浮感和厚度感的一种方式，结果如图 11-186 所示。

图 11-185　投影参考数值

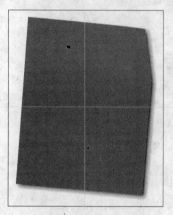

图 11-186　投影的效果

5）在蓝色的衬底上，开始对画面的主体卡通形象进行描绘。这个封面里图形的"主角"是一本变形的书籍，一个具有生动的五官和喜气洋洋表情的"小书人"。首先确定"小书人"的基本轮廓形态。其方法为：选择工具箱中的 钢笔工具（钢笔工具）绘制如图 11-187 所示的路径形状，然后按快捷键〈Ctrl+F9〉打开"渐变"面板，设置如图 11-188 所示的黄色—红色—黄色的三色径向渐变（红色参考颜色数值为：CMYK（9，100，100，0），黄色参考颜色数值为：CMYK（0，59，100，0））。并将"描边"设置为黑色。接着按快捷键〈Ctrl+F10〉打开"描边"面板，将其中的"粗细"设置为 5pt。

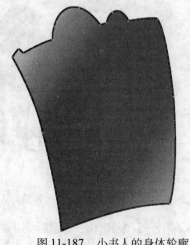

图 11-187　小书人的身体轮廓

图 11-188　设置渐变色

6）制作"小书人"的面部五官，首先从眼睛开始。在卡通形象拟人化处理中，一般将眼睛设计得大而有神，而且常采用多个颜色对比强烈的圆弧图形层叠在一起。先利用工具箱中的 ⬛（钢笔工具）绘制出如图11-189所示的弧形路径，将"填充"设置为明艳的大红色（参考颜色数值为：CMYK（0，100，100，0））。接着绘制出如图11-190所示的半个椭圆形（一只眼睛的轮廓），并将"填充"设置为白色、"描边"设置为黑色、描边"粗细"设置为3pt。

图11-189　小书人的眼睛外轮廓

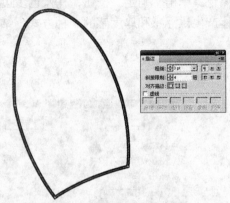

图11-190　绘制出一只眼睛的外轮廓

7）继续绘制眼睛的内部结构。实际上，眼睛是由很多简单的图形叠加而成的，下面参看图11-191中眼睛图形的分解示意图。先添加最左侧眼睛外轮廓内的第一个半圆弧形，填充为一种三色径向渐变（从左及右3种绿色的参考颜色数值分别为：CMYK（78，20，100，0），CMYK（83，43，100，8），CMYK（78，20，100，0）），再将"描边"设置为黑色，将描边"粗细"设置为3pt。接着添加一个小一些的半圆弧形，如图11-191中的左图所示，并将其填充为淡紫色—深紫色—黑色的三色线性渐变（其中淡紫色参考颜色数值为：CMYK（36，62，0，45），深紫色参考颜色数值为：CMYK（90，100，27，40）），将"描边"设置为无。最后，要注意眼睛中的高光部分（两个白色的小圆点）的位置。将各个小图形叠加在一起，放置到红色的眼睛外轮廓图形之上，形成如图11-192所示的效果。

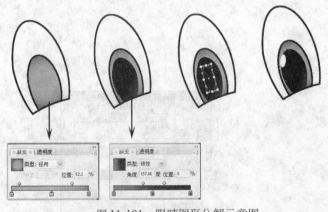

图11-191　眼睛图形分解示意图

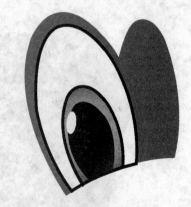

图11-192　一只眼睛的合成效果

8）同理，制作出"小书人"的另外一只眼睛（也可以将第一只眼睛图形复制后缩小）。其方法为：在两只眼睛的下方，利用 [钢笔工具]（钢笔工具）绘制出一条弧形的路径，作为眼睛和鼻子的分界线。然后绘制眼睛上部的弯曲弧线，并将"填充"设置为白色（Illustrator 中线型也可以设置填充色），将"描边"设置为无，以增加趣味的高光图形，效果如图 11-193 所示。

9）接下来，利用工具箱中的 [选择工具]（选择工具），配合键盘上的〈Shift〉键将构成眼睛的所有图形都选中，然后按快捷键〈Ctrl+G〉将它们组成一组。接着利用 [选择工具]（选择工具）将眼睛图形移至"小书人"身体轮廓图形上，如图 11-194 所示，确定眼睛在身体轮廓中的位置和大小比例。

图 11-193　两只眼睛的完整效果　　　　　图 11-194　眼睛在身体轮廓中的位置

10）继续进行"小书人"五官的绘制，接下来绘制微微翘起的鼻子。方法：选择工具箱中的 [钢笔工具]（钢笔工具）绘制出鼻子的外形，并将"填充"设置为黑色，将"描边"设置为无。然后，绘制出位于鼻子外形上一层的图形，并填充为（和小书人身体图形相同的）黄色—红色—黄色的三色径向渐变（红色参考颜色数值为：CMYK（9，100，100，0），黄色参考颜色数值为：CMYK（0，59，100，0））。接着，选择工具箱中的 [渐变工具]（渐变工具），在鼻子图形内部从左下方向右上方拖动鼠标拉出一条直线，可以多尝试几次，以使左下方的红色与身体部分的红色背景相融合。如图 11-195 所示为鼻子图形的合成示意图。最后，在鼻子上也添加高光白色图形，然后将鼻子图形放置到小书人脸部中间的位置，如图 11-196 所示。

提示：此处不直接用黑色描边来形成鼻子轮廓线，是为了通过两层图形外形的差异来表现鼻子的起伏。

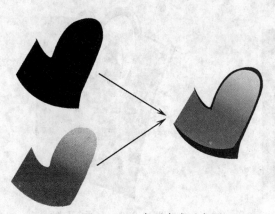 

图 11-195　鼻子合成示意图　　　　　　　图 11-196　添加了鼻子的脸部效果

11）下面绘制嘴巴部分，开心大笑的嘴型是表现角色性格特色的重要图形。先利用 🖊（钢笔工具）绘制出嘴部的基本轮廓，尽量用弯曲的夸张的弧线来构成外形，然后填充如图11-197所示的深红色—黑色的线性渐变（其中深红色参考颜色数值为：CMYK（25，100，100，40）），将"描边"设置为无。接下来在口中添加舌头图形，如图11-198所示。并将"填充"设置为一种亮紫红色（参考数值：CMYK（33，98，6，0）），将"描边"设置为黑色，"粗细"设置为2pt，以形成一种非常可爱的形状及颜色的对比效果。

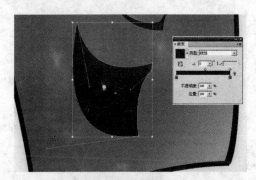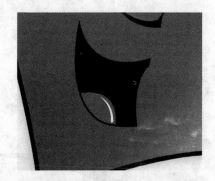

图11-197　绘制嘴巴的外形并填充偏深色的渐变　　　　图11-198　添加颜色明快的舌头图形

12）下面绘制脸部的一些细小的装饰形。其方法为：先贴着下唇绘制一条逐渐变细的高光图形，作为嘴部的反光。然后用黑色线条表现出嘴巴的轮廓边界线（粗细3pt），接着给小书人加上表示腮红的趣味图形——利用工具箱中的 🖌（画笔工具）绘出的一个e型螺旋线圈，其"填充"为无，"描边"为一种桔黄色（参考数值：CMYK（8，50，80，0）），效果如图11-199所示。

13）面部制作完成后，下一步要补充完善书脊和书内页的侧面厚度。书脊部分较简单，只需用两个色块暗示一下它的特征即可。其方法为：参照如图11-200所示的效果，利用 🖊（钢笔工具）绘制出一个弧形色块，并填充为稍深一些的枣红色（参考颜色数值为：CMYK（40，100，100，9）），从而体现书脊的立体褶痕和翘起的外形。另外，还有一个重要的细节，就是在书的左上角和右下角添加一个小图形，来强化书两端由渐变色产生的光效。这两个小图形的"填色"为一种淡桔黄色（参考颜色数值为：CMYK（0，30，55，0））。

图11-199　脸部还有一些细小的装饰形　　　　　　图11-200　书脊部分的处理

14）至此，书还处于平面的状态，下面给出小书人的侧面厚度，使它从平面转为立体。参看图11-201中书侧面的分解示意图，这里的难度在于如何表现书页的数量。其方法为：先在书侧面区域上部绘制波浪形状，接下来在波浪的每个转折处加入细长的线条，然后再绘制一些装饰性的小圆点（从上到下逐渐变小），如图11-202所示。以简单的线和点来体现书纸页的数量，是一种象征性的表现手法。

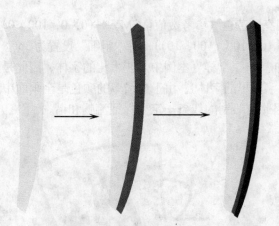 

图11-201　书侧面的分解示意图　　　　　　　图11-202　表现书侧面的厚度

15）为了表现正常的视角效果，还需要绘制书的底部，且底部的弧线要与正面形状底部边缘平行，如图11-203所示。将"填充"设置为黄—橘红的线性渐变（黄色参考数值为：CMYK（0，0，60，0），橘红色参考数值为：CMYK（5，85，90，25）），将"描边"设置为深红色（参考数值：CMYK（24，100，87，50）），将"粗细"设置为4pt，勾上一圈深红色的粗边。

16）现在，这个小书人变成了一本带有厚度和重量的卡通书，效果如图11-204所示。

小结：卡通形象来源于生活真实与虚拟想象的结合，要善于抓住实际事物的本质特征，将繁复的组成部分归纳概括为简洁的形体，为了在尽量简化形体的基础上强化主要对象的性格特征，可以借助想象，将事物进行适度的夸张变形处理（例如将生活中一本普通的书籍变形为活泼可爱的小书人）。读者可以尝试将生活中司空见惯的物品转为个性化的卡通形象。

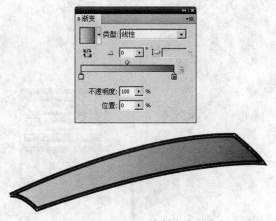 

图11-203　绘制出书的底部　　　　　　　图11-204　一本带有厚度和重量的卡通书

17）继续进行"书"的拟人化处理。在躯干绘完后，再给它添加四肢，以使它产生更加生动活泼的动势。下面先从左手部分开始（小书人被设计为左手拿着一张标注"A"的成绩单），如图 11-205 所示，绘制出一只手臂和半个手掌形状（形状有点奇怪，这是因为还没有添加拇指的缘故，手掌在成绩单下，但是拇指在成绩单上，因此分两部分绘制）。然后将手掌部分图形的"填充"设置为白色，"描边"设置为深蓝色（参考数值：CMYK（100，100，50，10）），"粗细"设置为3pt。

18）将拿在手中的成绩单底色填充为明亮的黄色（参考数值：CMYK（0，0，100，0）），将"描边"设置为红色（参考数值：CMYK（0，100，100，10）），将"粗细"设置为3pt。参考如图 11-206 所示的效果，在成绩单上添加"A+"字样（本例中是艺术化的字体，因此是用钢笔工具绘制出来的，用户也可以直接应用字库里的字体）。由于成绩单的颜色是全画面中最鲜亮的部分，很容易抢夺人的第一视线，因此，绘制的线条一定要保证流畅和谐。

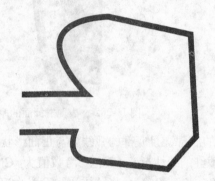

图 11-205　小书人的左手臂和手掌

图 11-206　在左手上添加成绩单

19）接下来添上左手拇指形状，让小书人紧握成绩单，如图 11-207 所示。方法为：绘制一条开放的曲线路径，设置其填色和描边与手掌部分相同，将它与手掌边缘完好地衔接在一起，并置于成绩单上面。

20）在绘制右手之前，先来绘制一只经过夸张变形的卡通铅笔（小书人的右手中握有一只铅笔）。其方法为：如图 11-208 所示，绘制出铅笔的基本轮廓（卡通形状带有轻松随意性，不需要完全对称），并填充为一种绿色（参考颜色数值为：CMYK（70，17，100，0）），设置"描边"为深绿色（参考颜色数值为：CMYK（66，0，73，65）），"粗细"为3pt。

图 11-207　在成绩单上添加左手拇指

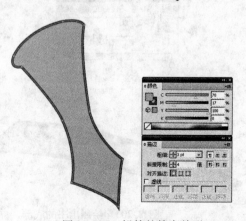

图 11-208　铅笔的轮廓外形

21）为了使铅笔也具有可爱的立体模式，下面分别对笔中部、笔尖和笔末端进行立体化处理。其方法为：参考图11-209中提供的思路，绘制笔中部的装饰形，并将"填充"设置为橘红—黄—黄绿的三色线性渐变（参考颜色数值：橘红CMYK（4，53，68，3），黄CMYK（0，0，100，0），黄绿CMYK（48，20，100，0）），将"描边"设置为无，再将此装饰形移到铅笔的上面，作为铅笔的笔杆部分。

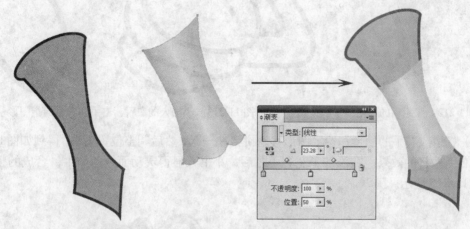

图11-209　铅笔笔杆部分的装饰处理

22）如图11-210所示，接下来给铅笔"削"一个尖，以绘制出铅笔的笔尖部分，并用黑色填充表示铅笔的铅芯。如图11-211所示为笔末端的立体化处理，在侧面加入高光和阴影的效果（符合圆柱体的外形），用户还可以根据自己的想象添加更多趣味细节。最后，应用工具箱中的 ▶ （选择工具）将构成铅笔的所有图形选中，按快捷键〈Ctrl+G〉将它们组成一组，使铅笔的组成部分作为一个整体来处理。完整的铅笔图形如图11-212所示。

提示：应该养成每绘完一个完整的局部（例如眼睛部分、铅笔部分等）就将构成这个局部的零散图组成组的习惯，否则在再次编辑时会很难选取。

23）下面绘制小书人的右手图形，右手为紧握铅笔的造型，先参照图11-213，分别绘制小书人的右手臂、紧握的手指和右手拇指图形（拇指图形是一个独立路径）。将它们的"填充"都设置为白色，"描边"设置为深蓝色（参考数值：CMYK（100，100，50，10）），"粗细"设置为3pt。

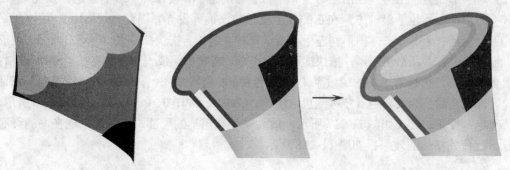

图11-210　铅笔的笔尖部分　　　　　　　　　图11-211　铅笔末端装饰

图 11-212　编组后的铅笔效果　　　　图 11-213　小书人的右臂、右手和右手拇指图形

24）将组成右手的图形和铅笔图形移动拼合在一起，然后调整位置关系，得到如图 11-214 所示的右手握笔的效果。在添加了左右手之后，小书人显得灵动而栩栩如生，合成的整体效果如图 11-215 所示。

图 11-214　小书人的右手握笔的效果　　　　图 11-215　添加了左右手之后的小书人

25）对小书人整个上身（包括左右手和手持物）的外部，要添加一圈蓝色的外发光效果。由于右手和铅笔图形位于最前方，在它的外围也单独添加外发光，因此，选取工具箱中的 ⬚ （选择工具），选中小书人主体图形和左手（持成绩单）图形，按快捷键〈Ctrl+G〉将它们组成一组。然后选中右手及铅笔图形，按快捷键〈Ctrl+G〉将它们组成一组。接着按〈Shift〉键将两个组合都选中，执行菜单中的"效果｜风格化｜外发光"命令，在弹出的"外发光"对话框中设置外发光颜色为天蓝色（参考颜色数值为：CMYK（80, 0, 0, 0）），如图 11-216 所示，单击"确定"按钮，结果如图 11-217 所示。放大右手和铅笔的局部，可以清晰地在书的红底色上看出蓝色外发光的效果，如图 11-218 所示。

图 11-216 "外发光"对话框

图 11-217 整体添加天蓝色的外发光效果   图 11-218 蓝色外发光效果

26）按照顺序，绘制小书人的腿和脚。在本例中，小书人只出现一只迈步向前的腿和脚，另一只被身体和文字挡住。下面先绘制腿部简单外形。其方法为：选择工具箱中的▨（钢笔工具），根据如图 11-219 所示的形状绘出小书人的腿部，它由两个独立的形状组成，分别填充为紫色系列的渐变（可选择深浅不同的紫色）。

图 11-219 腿部由两个独立的形状组成

27）如图 11-220 所示，添加黑色的脚踝部分，然后按照如图 11-221 所示的分解示意图，用 3 个独立的闭合路径拼合成鞋面边缘的效果。这里采用的"色块拼接法"是矢量绘画中的一种常规思路，大家一定要逐渐熟悉这种用形态各异的色块拼合成复杂层次的方法。

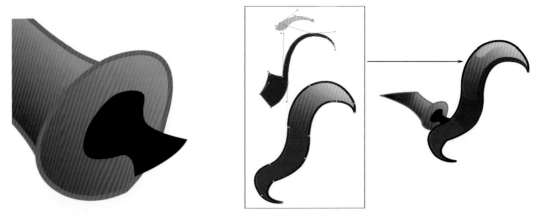

图 11-220　脚踝的形状　　　　　　　图 11-221　应用"色块拼接法"合成鞋面边缘的效果

28）同理，使用"色块拼接法"绘制出鞋底的形状和鞋底上的花纹。然后选取工具箱中的，将构成腿、脚踝和鞋的所有图形都选中，按快捷键〈Ctrl+G〉将它们组成一组，如图 11-222 所示。

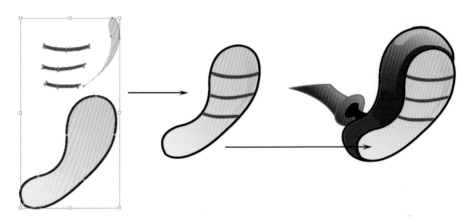

图 11-222　绘制出鞋底的形状和鞋底上的花纹

29）在腿和脚的整体外部，添加一道灰色投影和一圈蓝色的外发光效果。其方法为：用工具箱中的，将成组的腿脚图形选中，然后执行菜单中的"效果｜风格化｜投影"命令，在弹出的对话框中将"不透明度"设置为 65%，将"X 位移"设置为 1mm，将"Y位移"设置为 4mm（位移量为正的数值表示生成投影在图形的右下方向），如图 11-223 所示。由于此处需要的是一个边缘为实线的投影，因此，"模糊"值一定要设为 0，投影"颜色"设置为黑色。单击"确定"按钮，在腿脚图形的右下方（一定距离处）出现了一个灰色的投影，投影使主体产生了飘浮感，结果如图 11-224 所示。

30）执行菜单中的"效果｜风格化｜外发光"命令，在弹出的"外发光"对话框中设置外发光颜色为天蓝色（参考颜色数值为：CMYK（80，0，0，0）），以与身体部分的外发光效果一致，如图 11-225 所示。单击"确定"按钮，结果如图 11-226 所示。

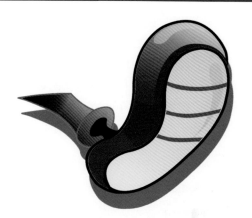

图 11-224 灰色的投影

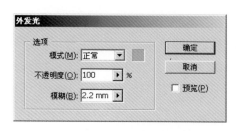

图 11-223 "投影"对话框

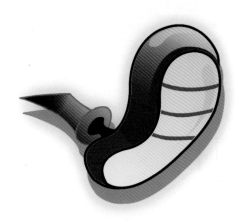

图 11-226 腿脚部整体添加天蓝色的外发光效果

图 11-225 "外发光"对话框

31）现在小书人基本绘制完了，下一步要处理的是画面的主体文字部分。先为文字绘制一个整体的衬底图形。其方法为：参考图 11-227 的效果，在页面外部绘制一个类似云形的随意形状，然后将"填充"设置为一种明艳的蓝色（参考颜色数值为：CMYK（70，10，15，0）），将"描边"设置为黑色，将"粗细"设置为 1pt。接着在其底部用较深一点的蓝色（参考颜色数值为：CMYK（85，53，45，0））绘制一些很窄的图形，以体现立体的层次效果。如图 11-228 所示（此处比较细节化，钢笔工具一次性处理不了的地方，可以在绘制好之后选择工具箱中的 ⬐（转换锚点工具）进行细枝末节的修改，以达到更佳细致的效果）。

图 11-227 绘制出云形路径，并填充为天蓝色

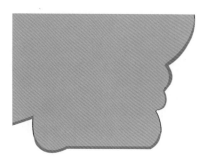

图 11-228 描绘底部的立体效果

32）为了进一步强化衬底图形的立体感觉，需在它下面添加半透明的虚影。其方法为：用工具箱中的 将蓝色的衬底图形选中，然后执行菜单中的"效果｜风格化｜投影"命令，在弹出的对话框中将"不透明度"设置为100%，将"X位移"设置为3mm，将"Y位移"设置为4mm（位移量为正的数值表示生成投影在图形的右下方向），如图11-229所示。并设置"模糊"为1.76mm，投影"颜色"为黑色，单击"确定"按钮，在蓝色衬底图形的右下方出现了一个灰色的投影，结果如图11-230所示。

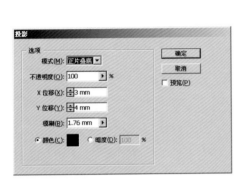

图11-229　"投影"对话框　　　　　图11-230　衬底图形右下方出现了一个灰色的投影

33）主体文字部分"WORD"属于艺术字形，如果字库里找不到合适的字体，可用钢笔工具（参照如图11-231所示的效果）描绘出"WORD"4个字母的外形，然后将它的"填充"设置为粉色—白色的渐变（粉红色的参考数值为：CMYK（0，70，15，0））。按快捷键〈Ctrl+G〉将它们组成一组。

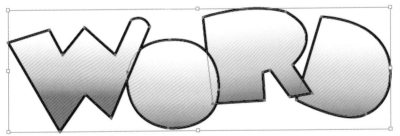

图11-231　描绘出"WORD"字母的外形

34）字母"O"、"R"、"D"中间都有镂空的部分，需要再绘制出3个独立的闭合路径，如图11-232所示。然后利用工具箱中的 将这3个独立的闭合路径和"WORD"图形同时选中，按快捷键〈Shift+Ctrl+F9〉打开如图11-233所示的"路径查找器"面板，在其中单击 按钮，则图形间发生相减的运算，中间形成镂空的区域。接着在文字结构内部绘制紫红色的窄条图形，以体现文字的立体效果，如图11-234所示。最后按快捷键〈Ctrl+G〉将全部字母图形组成一组。

图 11-232　在字母图形上绘制 3 个独立的闭合路径

图 11-233　"路径查找器"面板

图 11-234　中间部分镂空的处理

35）下面为文字设置两重投影（一实一虚），这需要接连两次应用"投影"命令，在此按照先实后虚的步骤来进行。其方法为：用工具箱中的▶（选择工具）将字母图形选中，然后执行菜单中的"效果｜风格化｜投影"命令，在弹出的对话框中设置参数，如图 11-235 所示，由于需要先添加一个边缘为实线的投影，因此，"模糊"值一定要设为 0，投影"颜色"设置为黑色。单击"确定"按钮，文字图形的右下方出现了一个黑色的投影，结果如图 11-236 所示。接着再次执行菜单中的"效果｜风格化｜投影"命令，在弹出的对话框中设置参数，如图 11-237 所示，这一次制作的是虚化的投影，因此，"模糊"值设为 1，投影"颜色"设置为深蓝色（参考颜色数值为：CMYK（100，90，40，0）），结果如图 11-238 所示，可见文字图形黑色投影的右下方又出现了一个蓝色的虚影。

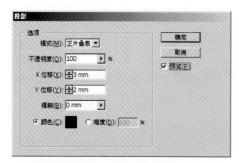

图 11-235　"投影"对话框

图 11-236　文字图形的右下方出现了一个黑色的投影

图 11-237　"投影"对话框

图 11-238　在黑色投影的右下方又出现了一个蓝色的虚影

36）同理，制作出另一个单词"EXPLORER"的效果，由于它采用的也是字库里没有的艺术字体，因此需要逐个描绘。利用工具箱中的 （自由变换工具）调整每个字母的旋转角度，并将它们按照图 11-239 进行排列，然后添加黑色实边的阴影，制作方法与前面相似，此处不再赘述。

图 11-239　另一个单词"EXPLORER"的效果

37）选择工具箱中的 （文字工具），输入文本"Deluxe"。然后在"工具"选项栏中设置"字体"为 Franklin Gothic Demi，"字号"为 48pt，文本填充颜色为黑色。接着执行菜单中的"文字｜创建轮廓"命令，将文字转换为由锚点和路径组成的图形。

38）为这个单词添加简单的描边和虚影效果。其方法为：选中这个文本图形，将其"描边"设置为黑色，"粗细"设置为 1pt。然后执行菜单中的"效果｜风格化｜投影"命令，在弹出的对话框中设置参数，如图 11-240 所示。单击"确定"按钮，最后的文字效果如图 11-241所示。

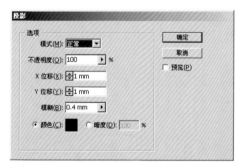

图 11-240　"投影"对话框　　　　　　　　　　图 11-241　添加投影效果的文字

39）将底图及艺术文本部分进行拼合，调整相对位置与大小，最后的标题文字整体效果如图 11-242 所示。将整个标题文字部分成组后，移至小书人下面的位置。执行菜单中的"对象｜排列｜置于底层"命令，将它置于小书人的后面。此时，小书人和标题文字的合成画面如图 11-243 所示。

40）至此，画面的主体基本制作完成，下面来处理背景。前面步骤 5）已经绘制好一个倾斜的蓝色背景形状。接下来在上面添加一些手写体的小文字形，以形成一种类似图案的效果。其方法为：选择工具箱中的 （画笔工具），将"填色"设置为无，"描边"设置为淡蓝色（参考颜色数值为：CMYK（70，45，10，0））。然后绘制出如图 11-244 所示的两个手写体字母，作为图案单元。

41）以这两个手写体字母为单元，进行复制（不规则复制，位置可随意散排），直到将整个背景都布满这种文字的图案为止，如图 11-245 所示。最后，按快捷键〈Ctrl+G〉将全部背景图形组成一组。

图 11-242　标题文字最后的整体效果

图 11-243　小书人和标题文字的合成画面

图 11-244　绘制出两个手写体字母，作为图案单元

图 11-245　进行不规则复制

42）利用▨（钢笔工具）在背景上绘制一个如图 11-246 所示的形状，并填充为白色—粉色的径向渐变（其中浅粉色的参考数值为：CMYK（0，30，0，0）），将"描边"设置为深红色（参考颜色数值为：CMYK（45，100，100，40））。最后将小书人和标题文字放在制作好的背景上，效果如图 11-247 所示。

43）页面下部还有一行小标题文字，它的设计采取的是"沿线排版"的思路。其方法为：先用工具箱中的▨（钢笔工具）绘制出一段开放曲线路径。保持这段曲线路径为选中的状态，应用工具箱中的▨（路径文字工具）在曲线左边的端点上单击，则路径左端上出现了一个跳动的文本输入光标，直接输入文本，所有新输入的字符都会沿着这条曲线向前进行排列，效果如图11-248所示。接着将路径上的文字全部涂黑选中，并设置"字体"为Arial Black，"字号"为20pt。最后执行菜单中的"文字｜创建轮廓"命令，将文字转换为由锚点和路径组成的图形。

图11-246　绘制出另一个衬底形状　　　　　　图11-247　合成效果

The fun and easy way to learn reading&writing!

转为路径

The fun and easy way to learn reading&writing!

图11-248　沿线排版的文字

44）文字转为路径后，才可以进行更多的图形化处理。选中转为图形的文字，将它的"填充"设置为白色，"描边"设置为大红色（参考颜色数值为：CMYK（0，100，100，0），描边"粗细"设置为1pt。接着执行菜单中的"效果｜风格化｜外发光"命令，在弹出的对话框中设置参数，如图11-249所示，单击"确定"按钮，则文字加上了灰色的外发光效果，如图11-250所示。图11-251是文字移至底图上的层次关系。

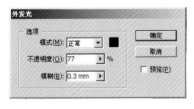

图11-249　"外发光"对话框　　　　图11-250　文字被描上了红边并添加了灰色外发光效果

图 11-251　将文字添加到底图中

45）为了使画面元素进一步丰富，可以在小书人的两侧点缀一些装饰物，其中包括"翻开的书"、"调色板"、"画有卡通猫的小卡片"、"带钥匙的盒子、"苹果和心形"等卡通图形，制作思路基本都采用了"色块拼接法"，用户可参照图 11-252～图 11-256 所示的效果来完成。这些装饰元素也可以根据自己的想象进行自由创作。最后将所有装饰元素拼到主画面中，形成以小书人为中心而展开的炫丽而热闹的卡通场景。完整的主体效果如图 11-257 所示。

图 11-252　"翻开的书"图形的制作思路

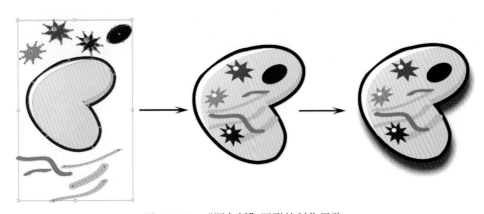

图 11-253　"调色板"图形的制作思路

图 11-254　画有卡通猫的小卡片　　　　　图 11-255　带钥匙的盒子

图11-256　苹果和心形

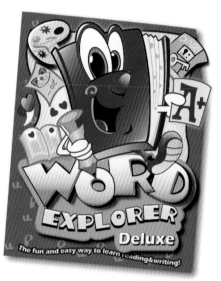

图11-257　画面主体的完整效果

　　46) 最后，赋予主体卡通画面一个更大的背景，以使视觉空间得以舒缓。其方法为：利用工具箱中的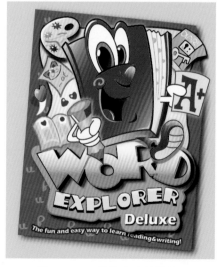
(矩形工具) 绘制一个和画面尺寸同样大小的矩形，将其 "填充" 设置为温和的草绿色 (参考颜色数值为：CMYK (30，0，80，0))，并执行菜单中的 "对象｜排列｜移至最后" 命令，将该矩形移至画面的最下面。

　　至此，这本趣味图书的封面已制作完成，画面虽然显得繁复，但各元素都各司其职，主次分明，共同营造出一种充满情趣、引人发笑而又耐人寻味的幽默意境。最终效果如图 11-258 所示。

图 11-258　最终完成的结果图

11.5　制作人物插画

制作要点:

　　本例将制作一幅人物插画,如图11-259所示。本例选择的题材属于"装饰写实"范畴的人物,但在处理手法上结合了"渐变网格"与"色块拼接法",因此,这幅作品的风格是介于写实与抽象构成之间的。对于人物面部、四肢、服饰等都使用了复杂的渐变网格功能,而对头发、鞋、背景等部分,则采用了色块拼接的方法完成。通过本例的学习,读者应掌握如何利用"渐变网格"与"色块拼接法"相结合的创作手法进行矢量绘画与商业设计。

图 11-259　人物插画

操作步骤:

1. 人物大致外形的绘制

　　1)执行菜单中的"文件 | 新建"命令,在弹出的对话框中设置参数,如图11-260所示,然后单击"确定"按钮,新建一个文件并存储为"制作人物插画.ai"文件。

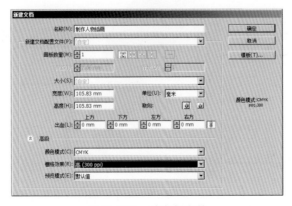

图 11-260　建立新文件

2）执行菜单中的"视图｜显示标尺"命令，调出标尺。然后将鼠标移至水平标尺内，按住鼠标向下拖动，拉出4条水平方向的参考线，用来定义画面人物的大体比例（例如，第1和第2条参考线间的距离表示人物的头部长度），如图11-261所示。接着将鼠标移至垂直标尺内，拉出1条垂直方向的参考线，将它移动到页面中心位置。由于这幅作品中所设计的人物形态为对称式（例如腿部姿势），因此以这条垂直参考线作为人物的中轴线，可以在后面人物的均衡构形时起重要作用。

3）现在开始绘制基本图形。首先从整体入手，确定人物在页面中的位置及大概的比例关系，这虽是参照传统绘画的常规思路，但对于把握全局的比例关系及色彩关系有重要的意义。其方法为：先按快捷键〈F6〉打开"颜色"面板，在面板右上角弹出的菜单中单击"CMYK"选项，如图11-262所示，这表示整幅作品都以CMYK模式（印刷色模式）来进行调色。然后利用工具箱中的（钢笔工具）绘制出人物头部的基本构成图形（脸以及头发外形），注意人物的头部图形基本位于两条水平参考线间。接着利用工具箱中的（选择工具）依次选中脸部和头发外形的路径，将它们的"填充"设置为如图11-263所示的效果（并参看图11-263中标注的颜色数值），将所有色块的"描边"都设置为无。

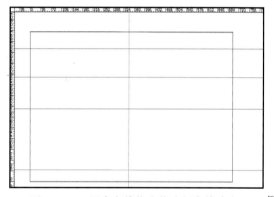  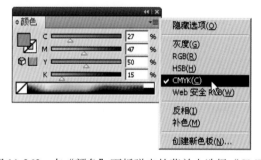

图11-261　用参考线将人物比例大体确定　　图11-262　在"颜色"面板弹出的菜单中选择"CMYK"

图11-263　人物脸部大体轮廓及着色情况

提示：在此将头发的颜色设计为棕色系列，读者也可以换为不同的色系来表现。

4）继续绘制人物的身体大概形态。其方法为：选择工具箱中的 █ (钢笔工具)，先以概括的线型绘制出人物身体及四肢的基本外形，再将所有人物皮肤的颜色统一设置为一种肉色（参考颜色数值为：CMYK (6, 20, 25, 0))，将"描边"设置为无；而人物身体（上衣及裤子）的颜色先一并设置为深棕色（参考颜色数值为：CMYK (30, 60, 60, 25))。到此为止，画面中形成了一个简单的人物形态，各部分关系如图 11-264 所示。

提示：拼接基本形时要注意人物的整体动势，注意人体比例以前面定好的辅助线为依据，使人物各部分匀称而均衡，符合正常的比例关系，腿部图形沿垂直中轴线基本对称。

2．头发的抽象构形

人物基本形态已经绘制完成，在此基础上，逐步进行每个局部的细化。首先是对头发的概括处理与细节描绘。头发是矢量绘画中较难概括的一项内容，数量众多的发丝、多样的发质、千变万化的发型，以及复杂的光影作用都给概括归纳设置了障碍。这里采取抽象的构形手法，将细碎的头发转换为色块拼接的效果。

1）按快捷键〈F7〉打开"图层"面板，然后单击图层面板下方的 █ (创建新图层) 按钮，建立一个图层，并命名为"头发"，下面将所有头发的图形都放置在这一层中。其方法为：利用工具箱中的 █ (选择工具)，按住〈Shift〉键依次将几个头发的基本形选中（它们原来都位于"图层 1"中)，此时在"图层"面板的"图层 1"名称项的后面会出现一个蓝色的小标识，如图 11-265 所示，再用鼠标单击它并拖动到"头发"层中，此时从图层名称前的缩略图中可以看出，所有头发图形已被移入"头发"图层，这样便于进行后面的编辑和管理。

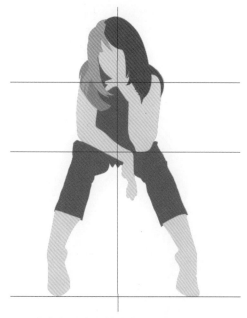

图 11-264　将各部分路径拼接成一个简单的人物形态　　图 11-265　将头发的基本形移至"头发"图层中

2）为了表现头发的层次感，下面选择不同程度的颜色块来进行相互叠加，从而形成头发的光泽感。如图 11-266 所示，先绘制头发中深色的大面积区域，此时头发的质感决定了它的曲线边缘应该非常圆滑与流畅。下面用工具箱中的 ![](直接选择工具）或 ![](转换锚点工具）调节锚点及其手柄，以修改曲线形状，使其尽量符合人物头部的弧形结构。然后将这些大块面的"填充"设置为一些稍有差别的深棕色（参考颜色数值为：CMYK（40，100，85，60））。

3）在左半部头发大面积外形上添加许多零散的曲线形状，并填充为深浅不一的棕色。如图 11-267 所示，这些散碎的形用于模拟绘画中写意的笔触，以表现头发飘动与蓬松的感觉。

图 11-266　先绘制深色的大致形状

图 11-267　添加零散的曲线形表现头发的飘动与蓬松感

4）本例要描绘的人物发型为蓬松的中长发，属于微卷的自然风格，因此，在转换为矢量图形时要尽量将其绘制成柔和的、根据头发整体走向排布的曲线色块，并调配深浅不同的棕色，根据图 11-268 和图 11-269 所示的效果逐步添加亮调的色块，在每一个路径绘制完之后，都可用工具箱中的 ![](直接选择工具）调节锚点及其手柄，以修改曲线形状。

图 11-268　添加大面积的亮调色块

图 11-269　添加细碎的曲线色块以形成对比

小结： 头发不能只根据感性经验，将"发丝"直接翻译为"线"，而要转变为粗细、面积、光影、曲率皆随意变化的"形"，以产生巧妙的对比。另外，不同的发型和发质有不同的表现手法，本例是针对蓬松、微卷的发型来表现的。

3. 人物面部皮肤及五官的表现

1）人部的面部皮肤质感非常特殊，五官的周围都有柔和的、颜色变化微妙的阴影。如果想要较为写实地再现皮肤表面的微妙变化，就必须借助"渐变网格"的功能。所谓"渐变网格"是指利用工具或命令在图形内部形成网格，组成网格的网线具有路径的属性，因此，可以通过调节网格形状来对图形进行多方向、多颜色的混合填充。下面在人物面的基础图形上创建渐层网格，并根据网格点上色的方法来形成丰富的五官层次。其方法为：在"图层"面板上单击"图层 1"，然后利用工具箱中的 ▶（选择工具）选中人物脸部的路径，如图 11-270所示。接着执行菜单中的"对象 | 创建渐变网格"命令，在弹出的对话框中设置网格的行数和列数（8 行 8 列），如图 11-271 所示，单击"确定"按钮，此时系统会在图形内部自动建立均匀的、纵横交错的网格。

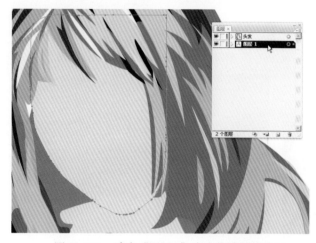

图 11-270　选中"图层 1"中人物脸部的路径

图 11-271　"创建渐变网格"对话框

2）如图 11-272 所示，人物脸部被添加上了均匀排布的网格（网格行列数的设置要根据图形颜色复杂程度而定，对于颜色变化较丰富的位置还可以适当手动增加网格点）。形成初步的网格后，下面对其进行编辑和上色。其方法为：利用工具箱中的 ▶（直接选择工具）或 ▦（网格工具）选中网格点，然后利用工具箱中的 ▶（直接选择工具）选中并拖动网格点，对网格路径形状进行调节，就像调节普通的节点与路径一样，如图 11-273 所示。

提示： 如果单击选不中节点，可以按住〈Shift〉键选中。

3）在调节人物脸部的网格时需要花些功夫，因为网格曲线必须符合人物面部的起伏变化，因此，每一个网格点的位置和网格线的弯曲形状对形成立体的面部至关重要。如图 11-274 所示，眉毛部分的曲线要调节得密集和紧凑一些，因此，要将第 2~4 行的每个网格点都向下拖动，将 2~6 行网格线调节聚集在一起。

4）接下来对眉毛部分进行编辑和上色。其方法为：利用工具箱中的 （直接选择工具）或 （网格工具）单击网格点或网格单元（4个网格点中间形成的空间便是网格单元），在"颜色"面板中直接选取颜色，将表示眉毛及其周围阴影变化的主要网格点都设为深褐色（参考颜色数值为：CMYK（40，78，78，50））；眼睛下部左侧图 11-275 中①位置的网格点设置为灰色（参考颜色数值为：CMYK（25，36，25，7））；图 11-275 中②位置的网格点设置为紫灰色（参考颜色数值为：CMYK（18，43，27，6）），如图 11-275 所示。

图 11-272　人物脸部均匀排布的网格

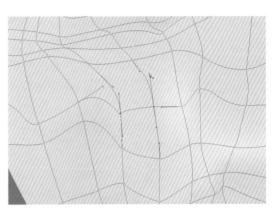

图 11-273　对网格路径形状进行调节

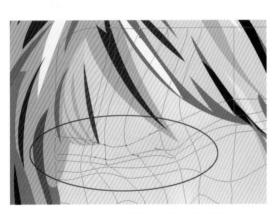

图 11-274　调节眉毛部分的曲线

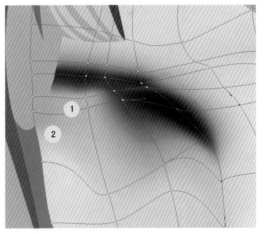

图 11-275　设置眉毛及周围网格点的颜色

5）同理，对另一侧眉毛进行编辑和上色，如图 11-276 所示，通过渐变网格形成眉毛部分的基本颜色和阴影变化。注意，眼窝的位置要设置稍微深一些的颜色，以使眼窝部分有微微凹陷的立体效果。再往下颧骨部分突起，是受光区域，因此，要将这部分区域的网格点设置为很亮的颜色（参考颜色数值为：CMYK（3，5，7，0）），以符合人物面部的骨骼结构。

　　提示： 每个网格以节点和它发射出的四条线为一个着色单位，节点处的颜色是选中的颜色，沿着网格线的走向，这个点的颜色与周围颜色会形成自然过渡。用户可以不断移动和修改网格路径形状，以改变渐变的颜色分布。

图 11-276　通过渐变网格形成了眉毛部分的基本颜色和阴影变化

6）拖动网格点，以形成鼻子的隆起形状。然后利用工具箱中的 █（直接选择工具）单击鼻子侧面的 3 个网格点，如图 11-277 所示，将它们的颜色设置为浅棕色（参考颜色数值为：CMYK（25，50，50，30）），以形成鼻子左侧柔和的阴影效果。接着选中鼻子下部的网格点，将它们设置为深一些的颜色（参考颜色数值为：CMYK（40，85，85，55））。

7）接下来，处理左侧脸颊的边缘和下巴边缘的光影效果。其方法为：利用 █（直接选择工具）逐个单击图 11-278 中所圈选的网格点，这些点都位于脸下部的边缘，根据光的照射方向，在边缘处会形成微妙的光影变化，将这些网格点都设置为比皮肤稍深一些的颜色（参考颜色数值为：CMYK（30，45，45，15）），以在左侧脸颊和下巴边缘形成自然的立体感觉。

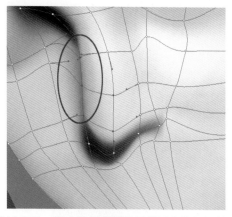

图 11-277　形成鼻子左侧和下部柔和的阴影效果

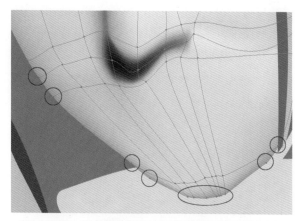

图 11-278　将左侧脸颊和下巴边缘的网格点颜色调深

8）缩小画面，脸部由渐变网格形成的大概效果如图 11-279 所示。前面提到，这幅插画在处理手法上结合了"渐变网格"与"色块拼接法"，它的风格是介于写实与抽象构成之间的。因此，对于人物面部皮肤的光滑质感，以及眉毛、鼻子的大体结构由渐变网格形成，而对于眼睛和嘴巴的部分先暂时留出位置，下面用"色块拼接法"来制作。

9）绘制人物的眼睛。其方法为：利用 █（钢笔工具）描绘出构成人物眼睛的几个大面积色块，然后参考图 11-280 所提供的颜色数值，分别设置上部眼睑、眼珠等图形的填充色。

提示： 可以先在页面中其他的位置绘制眼睛组成图形，然后再用选择工具将它们分别移动到脸部相应的位置，不要在网格点图形上面直接用钢笔绘画。

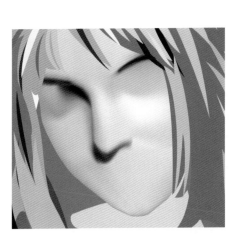

图 11-279　脸部由渐变网格形成的大概效果

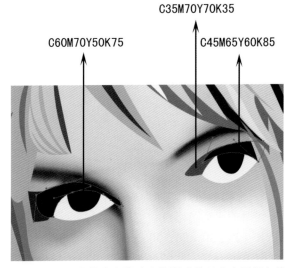

图 11-280　先描绘出构成人物眼睛的几个大面积色块

10）眼睛部分包含了许多细节图形，接着绘制下眼睑、眼睛内的瞳孔和高光图形，用户可以自行选择这些细节图形的颜色，但在选色时要参考到人物头发的颜色，并注意画面的统一和完整性。也就是说，在调整颜色明度和纯度的时候不宜（与棕色的头发）反差过大，要尽量与头发建立呼应的和谐感觉。最后利用工具箱中的 ▣（选择工具），将人物左眼的全部构成图形选中，然后按快捷键〈Ctrl+G〉将它们组成一组。同理，将人物的右眼也组成一组。最终，完成的眼睛效果如图 11-281 所示。

图 11-281　眼睛的最终效果图

11）继续应用"色块拼接法"来描绘嘴巴的基本外形（要注意曲线型的微妙变化，不可采用生硬的直线），对于嘴巴的绘制可参照图 11-282 所示的图形分解示意效果。不断绘制零散的小图形，并将它们逐步叠加在一起，这种如同拼图游戏般的手法是矢量图形构成的一种基本思路。最后，使用工具箱中的 ▣（选择工具），将人物嘴巴的全部构成图形选中，再按快捷键〈Ctrl+G〉将它们组成一组。

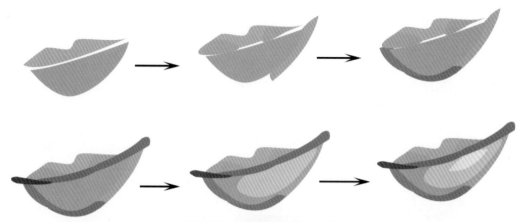

图 11-282　嘴巴的分解示意图

12）将嘴巴图形移至人物面部图形中，利用工具箱中的 ⊞（自由变换工具）调整大小和旋转角度，最后拼接完成的人物脸部效果如图 11-283 所示。可见，渐变网格形成了脸部柔和过渡和细腻的质感，与色块拼接法构成的明快简洁的图形完好地合成在了一起。

图 11-283　拼接完成的人物脸部效果

4. 人物身体四肢的表现

由于人物是夏季装束，因此，手臂和小腿都露在服装外面。为了真实细腻地再现皮肤的质感和表面的微妙变化，还必须借助于"渐变网格"功能来完成。对于初学者来说，渐变网格并不容易随心所欲地控制，因此，需要耐心地对网格点进行布局和调整。

1）打开"图层"面板，单击"图层"面板下方的 ▣（创建新图层）按钮新建一个图层，并命名为"身体四肢"（将手臂和小腿的图形都放置在这一层中）。下面先将之前所绘制的四肢基本形移动到新图层中。其方法为：利用工具箱中的 ▶（选择工具）按住〈Shift〉键依次将手臂和小腿的基本形都选中（它们原来都位于"图层 1"中），在"图层"面板的"图层 1"名称项的后面会出现一个蓝色的小标识，如图 11-284 所示，用鼠标单击并将其拖动到"身体四肢"层中，以便于进行后面的编辑和管理。

2）在"图层"面板中将"图层 1"和"头发"名称前的 ●（切换可视性）图标取消，使这两个图层暂时隐藏，然后利用工具箱中的 ▶（选择工具）单击右侧胳膊图形，如图 11-285 所示，对它进行独立的编辑。

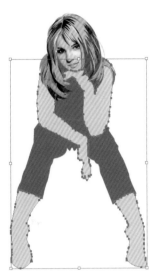

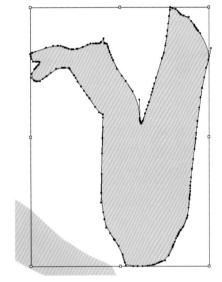

图 11-284 将手臂和小腿图形都移入新的图层中　　　　图 11-285 选中右侧胳膊图形

3）下面在人物右侧胳膊的基础图形上创建渐层网格，并根据网格点上色的方法来形成丰富的层次。其方法为：执行菜单中的"对象｜创建渐变网格"命令，在弹出的对话框中设置网格的行数和列数（8 行 3 列），如图 11-286 所示，然后单击"确定"按钮，系统会在胳膊图形内部自动建立均匀的纵横交错的网格。如图 11-287 所示，网格沿着胳膊和手的大致走向自动排布。但此时形成的网格是一种比较粗略的排列方式，还需要利用工具箱中的 ▦（网格工具）在图形内单击，每次单击可以新增一个网格点（增加一个网格点的同时会增加经过该点的两条网格路径）。接着利用 ▶（直接选择工具）选中并拖动网格点，对网格路径形状进行调节，就像调节普通的节点与路径一样。

4）利用工具箱中的 ▶（直接选择工具）选中图 11-288 标识出的网格点，在"颜色"面板中将它们设置为棕红色（参考颜色数值为：CMYK（25，50，55，10）），这样可以显示出胳膊的曲线外形和皮肤光影变化，如图 11-289 所示。还可以用 ▶（直接选择工具）单击图形上的某些网格区域，对其进行大面积的颜色改变。

提示：要细致地调节网格点和方向线，以获得非常细腻柔和的颜色过渡，从而形成皮肤的光滑感。

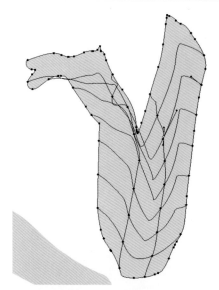

图 11-286 "创建渐变网格"对话框

图 11-287 自动生成的网格效果

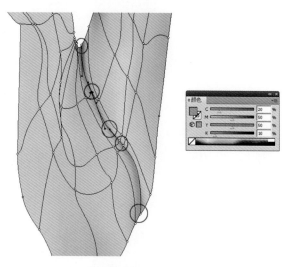

图 11-288 将标识出的网格点设置为棕红色

图 11-289 网格颜色设置完成后的胳膊效果

5）目前胳膊和前臂图形已具有基本的皮肤质感和光感，但立体感显然还不足，因此还需要给位于边缘的网格点设置稍深一些的颜色。其方法为：利用 （直接选择工具）选中图 11-290所标识出的网格点（注意要逐个选择，将每个点都设置为深浅不同的颜色）。这些网格点都位于胳膊和手臂的外部边缘，在光的照射下，边缘弧形转折处的颜色要稍微深一些。调节完成后的效果如图 11-291 所示。

提示：由于这些网格点都需要设置为不同的颜色，颜色数值读者可参考配套光盘中提供的 ai 文件。

6）手部的网格点调节难度较大，因为手指的形态变化非常灵巧。在"图层"面板中再次单击"图层 1"和"头发"名称前的 ⊜（切换可视性）图标，使这两个图层显示出来。为了防止误操作，还可以单击"图层"面板中的"图层1"和"头发"名称前的 🔒（切换锁定）图标，将这两层的内容保护起来。然后将靠近下巴的边缘网格点的颜色调深一些，并使手指与手指间的阴影体现出来（以不影响整体效果为准则，手的网格图形在这里可以稍做概括处理），如图11-292所示。

7）缩小画面，将整个右侧胳膊、手臂、手的图形都显示出来（这3部分其实是一个整体的图形），效果如图11-293所示。

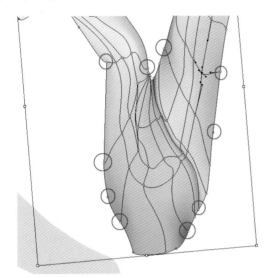

图11-290　将位于边缘的网格点设置为比皮肤稍深的颜色

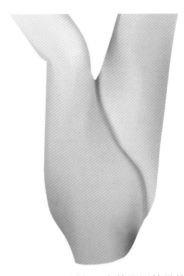

图11-291　增加了立体阴影效果的胳膊

图11-292　对手的网格点效果可做概括处理

图11-293　右侧手臂的完整效果

8）接下来处理左侧胳膊和手臂。先在"图层"面板中将"图层1"和"头发"名称前的图标取消，使这两个图层暂时隐藏，然后利用 ▶（选择工具）选择左侧胳膊图形，参考右侧胳膊的制作方法，在其中也添加网格点和网格线，并将网格形状调至如图11-294所示的效果。对于靠近左侧边缘处的网格线要调节得稍微密集一些，并设置为稍深一些的颜色。另外，在调节网格时要注意使网格线顺应臂膀弯曲的形状，根据人体肌肉的生长规律来设置网线的起伏。

9）如图 11-295 所示，手的部位设置了比较复杂而密集的网格，其调节原理与简单网格完全一样，只是需要控制和管理的网格点数量较多，需要投入更多的时间和耐心而已。在调节时最好放大局部，以便于观察细节的颜色变化。用户可以根据自己对手部骨骼的理解来进行此步操作，调节完成后的效果如图 11-296 所示。

10）将"图层 1"和"头发"图层再次显示出来，此时合成效果如图 11-297 所示。应用渐变网格上色的过程和作画的过程一样，不是一遍就可以完成得很完美，要不断地通过拖动、增加、删除网格点或改变颜色来进行调整，以便达到最满意的效果。

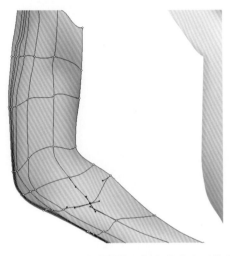

图11-294　在左侧胳膊中添加网格点和网格线

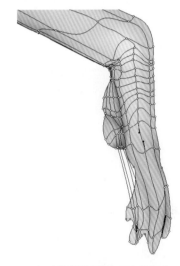

图11-295　在手的部位设置了比较复杂而密集的网格

图 11-296　手调节完成后的效果

图 11-297　两侧臂膀与其他部位的合成效果

11）人体下肢的层次变化也是通过复杂的渐变网格来形成的，它们位于图层"身体四肢"内，用户可参照图 11-298 和图 11-299 中的网格效果进行设置。注意，对于小腿上部边缘的网格点要设置稍微深一些的颜色，以暗示裤子的投影。脚的结构虽然复杂，但因为后面的步骤还要添加凉鞋的效果，因此只需在图 11-299 中圈出的位置稍微加重一下颜色即可，以强调脚的骨骼结构。调节完成后的（左侧）小腿和脚的效果如图 11-300 所示。

12）将左侧图形复制右侧，从而得到右侧小腿和脚。其方法为：利用工具箱中的 ▶ (选择工具）选中左侧腿脚图形，然后利用工具箱中的 ▨ (镜像工具），在中心垂直参考线位置处单击鼠标，设置新的镜像中心点。接着按住〈Alt〉键（这时光标变成黑白相叠的两个小箭头）拖动左侧图形向右转动，直到得到如图 11-301 所示的效果后松开鼠标。

提示： 对于复制出的右侧腿脚图形，虽然结构近似，但光影效果却有微妙的差别，因此，还需要调节其网格点的形状和颜色，使其符合它所在位置的真实效果。

图 11-298　（左侧）小腿的网格效果

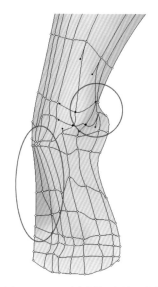

图 11-299　（左侧）脚的网格效果

图 11-300　调节完成后（左侧）小腿和脚的效果

 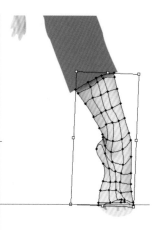

图 11-301　复制出右侧腿脚的图形

13）由于人物为颔首前倾的坐姿，因此，颈部和胸部完全处于深暗的阴影之中，属于画面中的暗调部分，用一个整体渐变网格的色块来解决这个问题。其方法为：在"图层"面板中单击"图层 1"，然后利用工具箱中的 （钢笔工具），绘制出如图 11-302 所示的初步形状（在页面中空白的位置上绘制）。接着，参照步骤 3 的方法在其中添加自由的网格（网格数可根据需要进行增减），并在其中设置较深暗的色彩（深褐色、偏蓝或偏绿的深灰色等）。

14）利用工具箱中的 ▶（选择工具）将这个渐变网格色块移动到如图 11-303 所示的位置，然后多次执行菜单中的"对象｜排列｜后移一层"命令，直到将该图形移至人物脸部图形的下面为止。

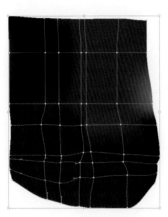
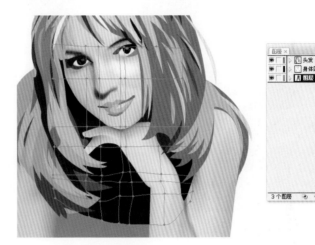

图 11-302　绘制渐变网格色块　　　　　　　图 11-303　将该图形移至人物脸部图形的下面

15）虽然是暗调部分，但也包含了非常丰富的层次变化，因此，还需放大局部调节具体网格点的颜色。参照图 11-304 中标出的参考颜色数值，形成从右上至左下逐渐过渡变亮的阴影效果。网格点调节完成后的暗部效果如图 11-305 所示。

图 11-304　放大局部调节暗调网格点的颜色

16）至此，人物身体及四肢部分的制作已经完成，这部分的难点主要是用复杂的"渐变网格"来表现人体骨骼和肌肉的起伏变化，以及通过网格点间的颜色过渡来体现人体皮肤的质感。完整的效果和图层分布如图 11-306 所示。

图 11-305　网格点调节完后的暗部效果　　　图 11-306　完整的效果和图层分布

提示：对于初学者来说，应用"渐变网格"功能来表现写实的、复杂的结构具有一定的难度，可以先从简单形体开始练习，不断体会网格对复杂过渡颜色及物体外形的影响。另外，要处理人体复杂的结构，最好对人体解剖学知识（人体比例、骨骼结构、肌肉组织等）有一定的了解。

5．衣、裤、鞋的质感体现

这部分包括白色背心、裤子和凉鞋。在处理时，需要考虑的要点有：质地、光泽、颜色、透明度等服饰材料属性。由于衣裤部分都有复杂的褶皱起伏，因此也必须借助于"渐变网格"的强大功能来实现。

1）利用工具箱中的 [ ]（钢笔工具），在"图层 1"中绘制如图 11-307 所示的白色背心的初步外形，并将其"填充"设置为任意的浅灰色。然后执行菜单中的"对象 | 创建渐变网格"命令，在弹出的对话框中设置网格的行数和列数（12 行 6 列），如图 11-308 所示。单击"确定"按钮，则系统在背心图形内部自动建立均匀的纵横交错的网格，如图 11-309 所示。

2）系统自动建立的网格都是非常规范整齐的，下面还需要利用 [ ]（直接选择工具）对网格路径形状进行调节，将偏下半部分的网格点设置为深一些的颜色，以使其符合人体前倾时在胸腹部位所形成的自然投影效果。调节完成的网格分布和颜色变化如图 11-310 所示。衣服的褶皱起伏虽然具有一定的随意性，但整体要符合人体的姿势与动态，否则，会与人体脱离关系而显得不够贴切。也就是说，虽然是在描绘衣物，实际上还是在表现人体结构。

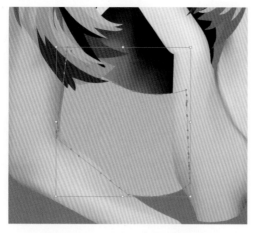

图 11-307　绘制出背心的初步外形

图 11-308　"创建渐变网格"对话框

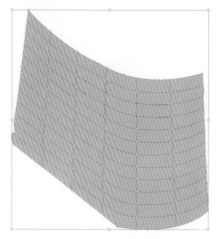

图 11-309　系统自动建立均匀的网格

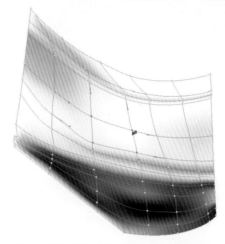

图 11-310　将偏下半部分的网格点设置为深一些的颜色

3）将白色背心图形移至如图 11-311 所示的位置，注意它的上部边缘要盖住表现颈部和胸部的图形。

4）人物下身穿着紧身的浅紫红色长裤，材质具有丝绸般的反光效果，又具有很好的弹性。随着人物腿部的弯曲，浅紫红色的基调中呈现出丰富的光泽与阴影变化，因此需要应用"渐变网格"技巧来展现它的弹性、丝绸反光和良好的贴身性。这是该幅插画作品中较难处理的部分之一，需要多花些时间来仔细处理。下面先来处理左侧的裤腿，参考如图 11-312 所示的外形绘制一个闭合路径，然后填充为浅紫红色（参考颜色数值为：CMYK（30，0，0，0））。

5）由于裤子（以及前面绘制的背心）图形内网格较密集，但又遵循着一定的大体走向，这种情况都可以先来自动生成规则的网格，然后在此基础上进行手动的修改。先来建立自动网格。其方法为：执行菜单中的"对象 | 创建渐变网格"命令，在弹出的对话框中设置网格的行数和列数（25 行 8 列），如图 11-313 所示。单击"确定"按钮，此时系统在图形内部自动建立均匀的纵横交错的网格，如图 11-314 所示。

图 11-311　白色背心绘制完成后的效果

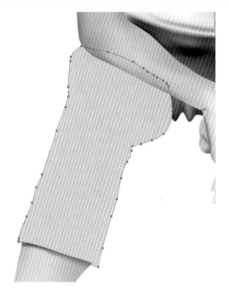

图 11-312　绘制出左侧裤腿的轮廓路径

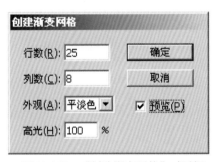

图 11-313　"创建渐变网格"对话框

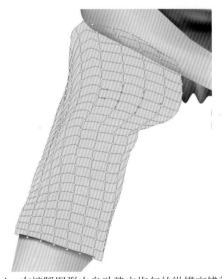

图 11-314　在裤腿图形内自动建立均匀的纵横交错的网格

6）先来调节大腿及膝盖处的网格形状。用户可以将人的腿部想像成一个圆柱形，将网格点沿柱形的弧形外观进行拉伸，使中间部分的网格点间距较大，而靠近两侧的网格点间距较小。选中靠右侧转折部分的一片密集的网格点（也可以在网格点间的面积内单击以选中网格块面），将它们设置为深紫色（参考颜色数值为：CMYK（50，75，35，28）），如图 11-315 所示，"圆柱形"的立体结构显示了出来。

7）利用 ▶ （直接选择工具）选中图 11-316 中①的两个网格点，将它们的颜色设置为灰紫色（参考颜色数值为：CMYK（40，60，28，16））。然后选中图 11-316 中②的两个网格点，将它们的颜色设置为深紫色（参考颜色数值为：CMYK（50，75，35，28））。同理，往左逐步选中相应的网格点，设置为深浅相间的紫色，这种重复的、交错变化的颜色会形成具有一定光泽效果的褶皱。

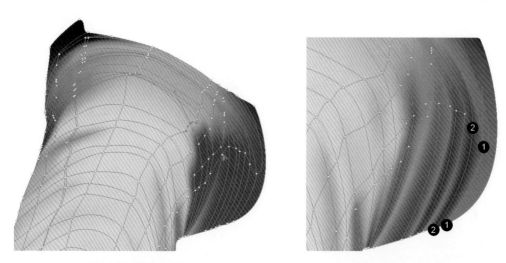

图 11-315 将网格调节成"圆柱体"形状　　图 11-316 交错变化的颜色会形成有一定光泽效果的褶皱

8）左侧裤腿完整的效果如图 11-317 所示。可见，依靠明暗交替排列的颜色效果，形成了裤子上较为紧凑的褶皱纹。另外，应用渐变网格所形成的亮调过渡极其柔和，而暗调褶皱处的对比有着非常强烈的颜色效果，很容易在视觉上产生丝绸一般起伏变化的光泽感。注意：膝盖处为高光部分，要设为较亮的颜色。

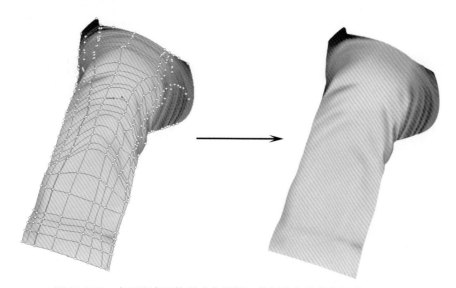

图 11-317　应用渐变网格形成象丝绸一般起伏变化的光泽感

9）同理，再制作出右侧裤腿的效果。此处不再赘述，用户可参照左侧裤腿的制作方法设置并调节网格点，效果如图 11-318 所示。

　　提示：左右两侧裤子的光效和褶皱形状有一定的差异，要体现出微妙的差别，并且要考虑到与手臂衔接
　　　　　部位的投影效果。

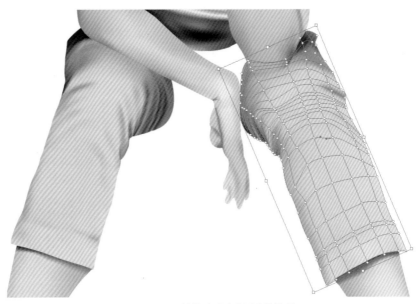

图 11-318　制作出右侧裤腿的效果

　　10）绘制出如图 11-319 所示的形状，并设置简单的网格效果。由于这部分位置靠后，且处于阴影之中，因此颜色要设置为深紫色。到此为止，人物上衣及裤子制作完成。缩小画面，来查看服装部分的效果，如图 11-320 所示。

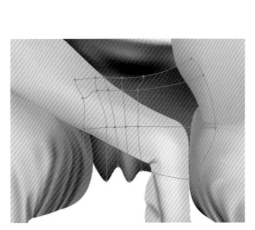

图 11-319　绘制形状

图 11-320　服装部分的整体效果

　　11）接下来是凉鞋的绘制。其方法为：单击"图层"面板下方的 🔲（创建新图层）按钮，建立一个图层，并命名为"鞋"。然后在该层中利用 🖊️（钢笔工具）绘制出凉鞋的外形，并填充为浅蓝色（参考颜色数值为：CMYK（40，60，28，16）），如图 11-321 所示。

12）在鞋面上需要添加亮晶晶的金属装饰点，可以将这些装饰点以单色填充的小矩形来表现。其方法为：选择工具箱中的 (矩形工具)，按住〈Shift〉键绘制 3 个正方形，并将这 3 个正方形的“填充”分别设置为白色、黑色和灰色（参考颜色数值为：CMYK（10，0，0，65）)，将“描边”设置为 “无”。然后以这 3 个小正方形为单元图形，进行不断地大量复制，如图 11-322 所示，并将它们分别移动到鞋面上不同的位置。

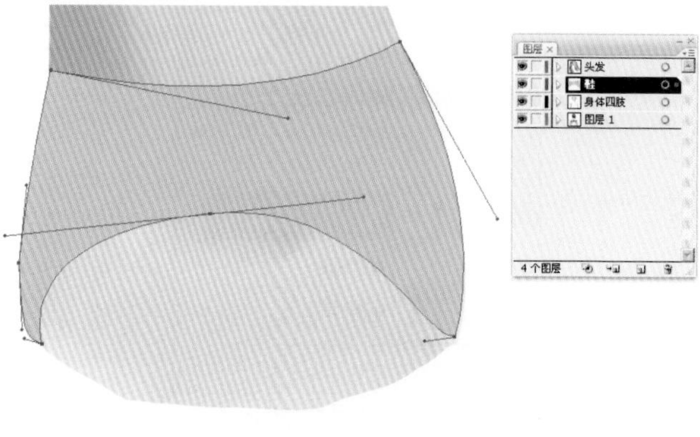

图 11-321　在新的图层上绘制凉鞋的外形

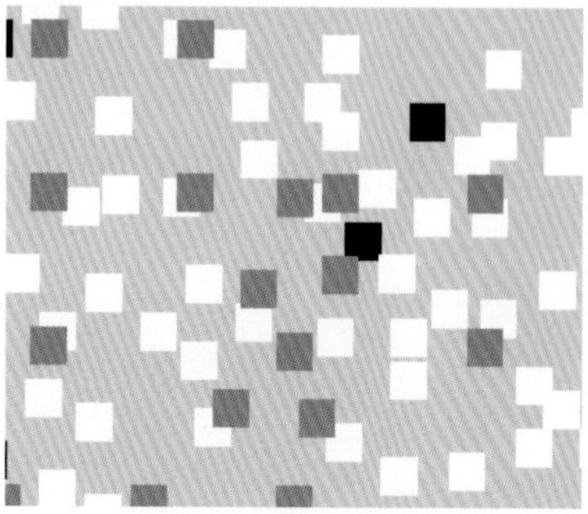

图 11-322　不断复制形成鞋面上的装饰图形

13）利用 (选择工具）将大量复制出的小正方形进行位置的调整，使它们有一定的疏密变化。中间靠右侧的部位白色的小图形数量多一些，以形成闪耀的高光部分。缩小画面，小正方形们形成了有趣的“散点”效果，如图 11-323 所示。同理，制作出另一只鞋的效果，注意要参照图 11-324 中鞋跟部分的分解示意图，将鞋跟部分添加上。

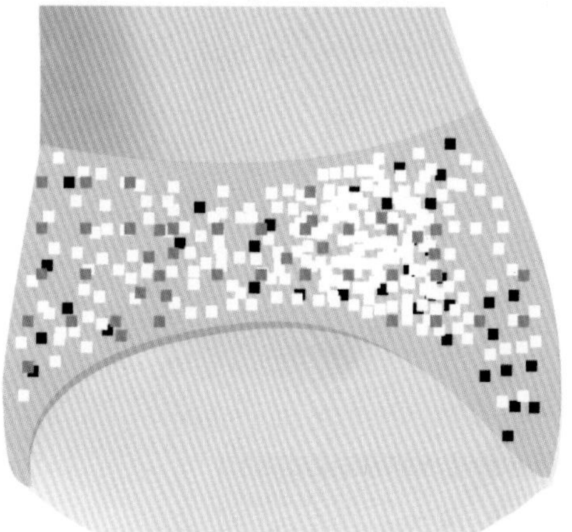

图 11-323　小正方形们形成了有趣的“散点”效果

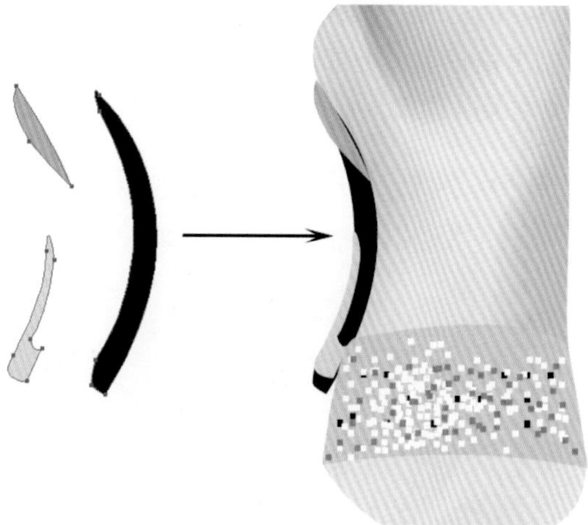

图 11-324　制作出另一只鞋的效果

14）至此，人物主体的绘制已完成，剩下的工作是背景的装饰。目前，完整的画面效果和图层顺序如图 11-325 所示。

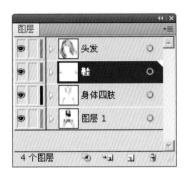

图 11-325　目前完整的画面效果和图层顺序

6. 环境的设计

1）最后一个制作部分是人物所处的环境与背景，由于人物处于坐姿，先在她身下绘制一个蓝色的椅子。其方法为：单击"图层"面板下方的 🔲（创建新图层）按钮，建立一个图层，并命名为"椅子"。然后利用工具箱中的 🔲（钢笔工具）绘制出如图 11-326 所示的椅子外形，并将它的"填充"颜色设置为明艳的蓝色（参考颜色数值为：CMYK（80，35，0，0））。接着绘制出椅子上各个部分的亮调和暗调的形状，并填充为深浅不同的蓝色，这部分用户可自行参考如图 11-327 所示的效果制作。

提示："椅子"图层要放置到所有层的下面。

图 11-326　新建图层，绘制出椅子的外形

图 11-327　绘制出亮调和暗调的形状，并填充为深浅不同的蓝色

2）椅子的腿部支架主要以直线型闭合路径来表现，图 11-328 中显示出拼接成椅子支架的各个基本路径形状（填充为深浅不同的灰色），图 11-329 在基本路径上又添加了一些单色填充的小路径，其制作方法主要以概括简单的色块来表现，强调支架坚硬的金属特色和简洁明了的光效。

图 11-328　将椅子支架填充为深浅不同的灰色

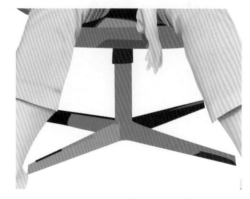

图 11-329　添加一些单色填充的小路径

3）利用 ▶ （选择工具）选中椅子腿中间主要的支柱图形，它是一个金属圆柱体结构，在其凸起表面上会有丰富的反光，循环的多色渐变最适合于表现这种金属反光效果。按快捷键〈Ctrl+F9〉打开"渐变"面板，在其中设置如图 11-330 所示的黑—灰—白三色间循环的线性渐变（颜色循环中有主次之分，两端为黑色，而中间部分为白色和灰色。另外，颜色间是一种灵活的循环而不是机械的重复），完成后的柱体填充效果如图 11-331 所示。

4）单击"图层"面板下方的 ▫ （创建新图层）按钮新建一个图层，命名为"背景"，并将"背景"层移至所有层之下。然后利用工具箱中的 ▫ （矩形工具），绘制一个表示背景范围的矩形，将其"填充"设置为蓝色（参考颜色数值为：CMYK（75，0，20，0）），使人物处于一个蓝色的环境之中，效果如图 11-332 所示。另外，人物在背景中的投影也要简单地表现一下，以建立人物与环境间简单而又真实的联系，如图 11-333 所示。

提示：人物的投影形状要在"背景"层中绘制并填色。

图 11-330　设置多色线性渐变

图 11-331　金属反光效果

图 11-332　在新图层上添加蓝色背景

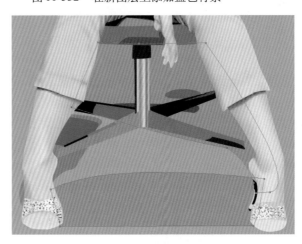

图 11-333　人物在地面的投影

5) 由于单色填充的背景显得过于单调, 下面配合插画中的女性主题, 在背景中添加图案式的飘浮的花形。由于想制作的是一种比较规范的图案式的花朵, 它和标志一样, 存在沿中心旋转和花瓣精确等分等问题, 因此需要先花精力为其做准备工作。首先绘制整个花形的圆形边界, 并将其转换为参考线。其方法为: 从标尺中拖出水平和垂直的参考线各一条, 使它们交汇于一点, 作为花形中心。然后选择工具箱中的 ⊙ (椭圆工具), 同时按住〈Shift〉键和〈Alt〉键, 从参考线的交点向外拖动鼠标, 绘制出一个从中心向外发散的正圆形。接着执行菜单中的 "视图 | 参考线 | 建立参考线" 命令, 将这个圆形转换为参考线。最后执行菜单中的 "视图 | 参考线 | 锁定参考线" 命令, 将其位置锁定, 如图 11-334 所示。

6) 这里设计的是一种五瓣的花, 因此, 为了后面等分的需要, 要先用参考线定义圆弧上 $72°$ 的位置。其方法为: 选择工具箱中的 ⌐ (直线段工具), 按住〈Shift〉键绘制一条垂直线, 这条直线穿过圆的圆心, 长度正好是圆的直径, 如图 11-335 所示。然后选中工具箱中的 ⟳ (旋转工具), 在参考圆心处单击鼠标, 将圆心设为新的旋转中心点。接着在 ⟳ (旋转工具) 上双击鼠标, 在弹出的对话框中设置参数, 如图 11-336 所示, 单击 "确定" 按钮, 则一个以圆心为中心点旋转 $72°$ 的直线出现了。最后执行菜单中的 "视图 | 参考线 | 建立参考线" 命令, 将这条直线转换为参考线, 并将参考线锁定, 如图 11-337 所示。

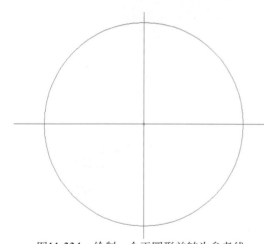

图11-334 绘制一个正圆形并转为参考线

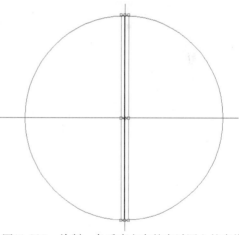

图11-335 绘制一条垂直方向的穿过圆心的直线

图11-336 "旋转" 对话框

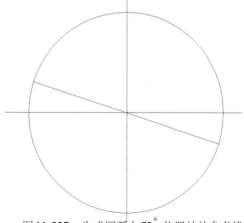

图11-337 生成圆弧上 $72°$ 位置处的参考线

7）接下来，绘制"花心图形"（2个同心圆）和单瓣图形（1个正圆形）。其方法为：选择工具箱中的▣（椭圆工具），同时按住〈Shift〉键和〈Alt〉键，从参考线的交点出发向外拖动鼠标，绘制出两个从中心向外扩散的正圆形。然后将这两个正圆形的"填充"分别设置为蓝色（参考颜色数值为：CMYK（90，0，20，0）和浅蓝色（参考颜色数值为：CMYK（70，0，15，0）），将"描边"设置为"无"。接着绘制出表示单元花瓣的正圆形，位置如图11-338所示（圆心一定要位于垂直方向的参考线上）。

8）利用▶（选择工具）选中单元花瓣的圆形，然后利用◻（旋转工具）在参考圆心处单击鼠标，从而将圆心设为新的旋转中心点。接着按住〈Alt〉键向左下方拖动单元花瓣圆形（按住花瓣圆心），使其圆心位于72°参考线上时松开鼠标，得到第一个复制单元，如图11-339所示。

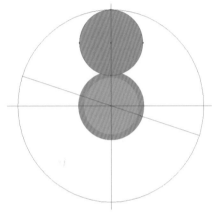 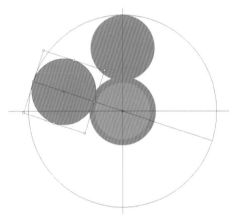

图11-338　绘制花瓣单元图形　　　　图11-339　得到圆心位于72°参考线上的第一个复制单元

9）接下来进行多重复制。其方法为：反复按快捷键〈Ctrl+D〉，以相同间隔（每72°圆弧排放一个单元）进行自动多重复制，以产生出如图11-340所示的简单花形。然后利用工具箱中的▶（选择工具）选中构成花朵的所有圆形，按快捷键〈Ctrl+G〉将它们组成一组。同理，再制作出另一朵颜色较浅的花形，如图11-341所示。

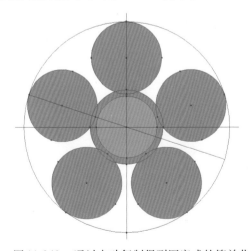

图11-340　通过自动复制得到图案式的简单花形

图 11-341　再制作出另一朵颜色较浅的花

10) 将两朵花都存储为 "符号" 单元，这样以后可以方便地反复调用。其方法为：按快捷键〈Shift+Ctrl+F11〉打开 "符号" 面板，然后利用工具箱中的 ▶ (选择工具) 选中其中一朵花形，按住鼠标，将它直接拖动到 "符号" 面板内。接着松开鼠标，此时在自动弹出的如图 11-342 所示的 "符号选项" 对话框中单击 "图形" 按钮，则表示将花形存储为一个图形符号。最后单击 "确定" 按钮，此时 "符号" 面板中出现了新存储的花朵符号的缩略图，如图 11-343 所示。同理，将另一朵花形也存储为符号。

图 11-342　"符号选项" 对话框

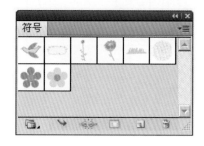

图 11-242　将两朵花都存储为符号单元

11) 在 "背景" 层中应用 "符号"。其方法为：利用工具箱中的 ▶ (选择工具) 直接从 "符号" 面板中反复拖出花朵的符号，并调整大小，散放在蓝色背景中，效果如图 11-344 所示。

12) 至此，这幅人物矢量插画基本绘制完成了，下面进行画面的整理和边缘裁切工作 (目前有一些花朵超出背景范围之外)。用 "剪切蒙版" 的方法将多余部分去掉。其方法为：用工具箱中的 ▢ (矩形工具) 绘制一个与蓝色背景一样大小的矩形，在保持这个矩形被选中的状态下，将其 "填充" 和 "描边" 都设置为 "无" (即转变为纯路径)。接着执行菜单中的 "对象 | 排列 | 置于顶层" 命令，将其置于所有图形的最上层。

13) 利用 ▶ (选择工具) 将刚才绘制的矩形路径和超出背景的花朵图形同时选中，然后执行菜单中的 "对象 | 剪切蒙版 | 建立" 命令，以最后绘制的矩形纯路径作为裁切形状，则超出该矩形范围之外的多余图形部分都被裁掉，如图 11-345 所示。至此，本例 "装饰写实" 的人物插画全部制作完成，此时的图层分布如图 11-346 所示。最终完整的画面效果如图 11-347 所示。

图 11-344　将花朵符号不断拖入背景并调整大小位置　　　　图 11-345　应用"剪切蒙版"删除多余区域

图 11-346　最后的图层分布　　　　　　　　图 11-347　最终完成的效果图

11.6　制作柠檬饮料包装

　制作要点：

　　本例的柠檬饮料包装包括包装平面展开效果和金属拉罐包装的立体展示效果图两部分，最终效果如图 11-348 所示。

　　包装平面展开效果是一个非常典型的包含大量矢量设计概念的作品，这种设计风格之所以在现代流行的原因之一，要归功于图形类软件的发展在一定程度上对设计师思维的影响。食品包装采用矢量风格常常会获得更加亮丽、清晰和醒目的效果。通过第 1 部分制作饮料包装的平面展开图的学习，应掌握在"路径查找器"中实现图形运算，多重复制技巧（包括图形在复制时如何沿圆弧等分的问题），剪切蒙版，制作虚化投影的技巧，文字的修饰与扩边效果（利用"位移路径"功能来实现），通过自定义"符号"来制作散点与星光效果等知识的综合应用。

　　在制作第 2 部分金属拉罐包装的立体展示效果图时，要求对包装成品有一定的三维想象力。拉罐采用的一般是金属材质，造型简洁与流畅，在制作时要注意保持金属表面所特有的反光效果，颜色过渡的细腻、自然与流畅是至关重要的，因此需要应用"渐变网格"功能来形成拉罐表面的金属外壳。另外，拉罐上图形与文字的曲面变形需要自然与贴切。通过第 2 部分制作金属拉罐包装的立体展示效果图的学习，应掌握利用"渐变网格"形成自然的颜色过渡，利用"封套扭曲"的方法对图形进行扭曲变形，制作高光与阴影来强调金属感和体积感，利用反复循环排列的灰色渐变来形成微妙的金属反光等知识的综合应用。

a)   b)

图 11-348　制作柠檬饮料包装

a）饮料包装的平面展开图　　b）金属拉罐包装的立体展示效果图

操作步骤：

1. 制作饮料包装的平面展开图

1）执行菜单中的"文件 | 新建"命令，在弹出的对话框中设置参数，如图 11-349 所示，然后单击"确定"按钮，新建一个名称为"饮料包装平面图.ai"的文件。

2）本例制作的是微酸的橙子＋柠檬口味的饮料包装。人的视觉器官在观察物体时，在最初的 20 秒内，色彩感觉占 80%，而其造型只占 20%；两分钟后，色彩占 60%，造型占 40%；五分钟后，各占一半。随后，色彩的印象在人的视觉记忆中继续保持。因此，好的商品包装的主色调会格外引人注目。此外在饮料包装上，色彩还有引起特殊味感的作用，例如绿色会让人感到酸味，红、黄、白会让人感到甜味。下面来设置渐变背景，以确定主色调。方法：选择工具箱中的▢（矩形工具），绘制一个与页面等大的矩形，然后按快捷键〈Ctrl+F9〉打开"渐变"面板，设置如图 11-350 所示的线性渐变（两种颜色的参考数值分别为：CMYK（60，0，100，0），CMYK（0，15，95，0））。

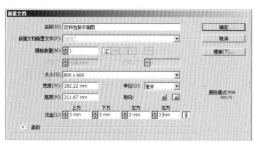

图11-349　建立新文档

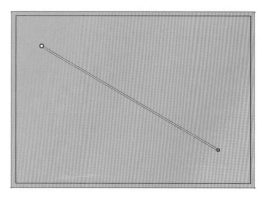

图11-350　绘制与页面等大的矩形并填充渐变颜色

3）利用工具箱中的 (椭圆工具)，按住〈Shift〉键绘制一个正圆形，并将其填充为白色，如图11-351所示。然后双击工具箱中的 (比例缩放工具)，在弹出的"比例缩放"对话框中将"比例缩放"设置为90%，如图11-352所示，单击"复制"按钮，从而得到一个中心对称的缩小一圈的圆形。最后将其填充为绿色（颜色参考数值为：CMYK（30，0，100，0）），如图11-353所示。

图11-351　绘制一个白色正圆形　　图11-352　"比例缩放"对话框　　图11-353　将圆形填充为绿色

4）选中刚才新复制出的圆形，通过复制粘贴的方法再复制出两份，然后将它们拖到页面外的空白处进行重叠放置（先暂时填充为不同颜色以示区别），如图11-354所示。接着利用 (选择工具)同时选中两个圆形，再按快捷键〈Shift+Ctrl+F9〉打开"路径查找器"面板，在其中单击 (减去顶层)按钮，这个按钮命令的含义是"用顶层图形形状减去底层图形"，减完后得到如图11-355所示的月牙形状。最后将这个月牙图形移至如图11-356所示的位置，并将其填充为暗绿色（颜色参考数值为：CMYK（60，20，100，0）），从而形成一道弧形的内阴影。

5）这个包装平面图的设计中包括许多典型的矢量图形（也有对图库中矢量图形的处理应用），下面先来制作规则的矢量图形。方法：双击工具箱中的 (星形工具)，在弹出的"星形"对话框中设置参数，如图11-357所示，然后单击"确定"按钮，创建出一个星形。接着将它移动到圆形的右上角位置，效果如图11-358所示。

图 11-354 将圆形复制两份并叠放

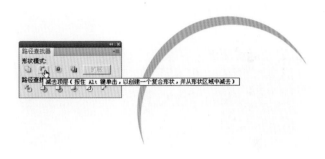

图 11-355 通过"路径查找器"面板制作月牙形状

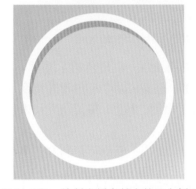

图 11-356 绘制出纸盒基本的 3 个侧面

图 11-357 "星形"对话框

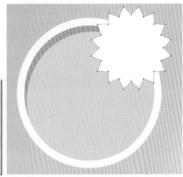

图 11-358 自动生成的星形图案

6）下面为星形增加一个绿色的虚影。方法：先按快捷键〈Ctrl+C〉复制星形，然后按快捷键〈Ctrl+B〉将复制图形粘贴在后面，接着双击工具箱中的 □（旋转工具），在弹出的对话框中设置参数，如图 11-359 所示，单击"确定"按钮。最后将旋转后的图形填充为深绿色（颜色参考数值为：CMYK（60，20，100，0）），得到如图 11-360 所示效果。

图 11-359 "旋转"对话框

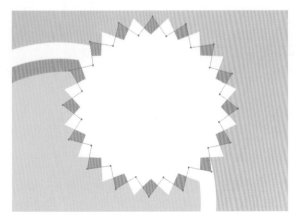

图 11-360 将旋转后的复制图形填充为深绿色

7）利用"模糊"将图形的边缘进行虚化处理。方法：先选中复制图形，然后执行菜单中的"效果｜模糊｜高斯模糊"命令，在弹出的对话框中设置模糊"半径"为8像素，如图11-361所示，单击"确定"按钮，效果如图11-362所示。

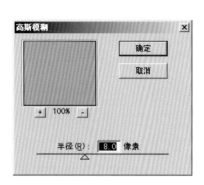

图11-361　"高斯模糊"对话框　　　　　图11-362　投影边缘得到虚化的处理

8）制作一个类似太阳的放射状抽象图形。方法：在星形内再绘制一个橙色的正圆形（颜色参考数值为：CMYK（0，55，100，0））和两个对称的三角形，注意：两个三角形的宽度正好等于星形的一个放射角，可以采用工具箱中的（钢笔工具）绘制。另外，最好从标尺中拖出参考线以定义圆心，如图11-363所示。

9）利用Illustrator中最常用的"多重复制"方法制作沿同一圆心不断旋转复制的多个小三角形。方法：利用（选择工具）选中两个三角形，然后选择工具箱中的（旋转工具），在如图11-364所示的圆心位置单击鼠标左键，确定旋转中心点。接着按住〈Alt〉键沿顺时针方向拖动两个三角形，从而得到第1个复制单元。注意第1个复制图形边缘要与外部星形的1个放射角对齐。

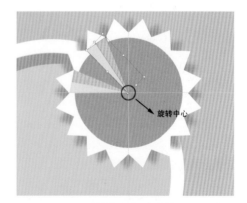

图11-363　绘制一个橙色的正圆形和两个对称的三角形　　图11-364　单击鼠标确定旋转中心点

10）反复按快捷键〈Ctrl+D〉，得到如图11-365所示的一系列沿圆心旋转复制的图形。然后利用（选择工具）选中所有的小三角形，按快捷键〈Ctrl+G〉组成群组。

11）利用"剪切蒙版"将超出橙色圆形范围的三角形多余部分裁掉。方法：利用（选择工具）选中橙色圆形，按快捷键〈Ctrl+C〉进行复制，然后按快捷键〈Ctrl+F〉进行原位粘贴。

接着将新复制出的图形的"填充"和"描边"都设置为无色，再执行菜单中的"对象｜排列｜置于顶层"命令，这样"剪切蒙版"的剪切形状就准备好了。最后按住〈Shift〉键选中制作好的"剪切形状"和已组成群组的三角形，执行菜单中的"对象｜剪切蒙版｜建立"命令，得到如图 11-366 所示的效果。

 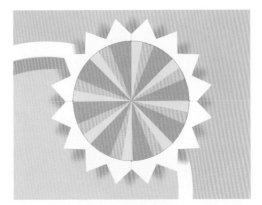

图11-365　绘制一个橙色的正圆形和两个对
　　　　　称的三角形

图 11-366　将超出橙色圆形范围的三角形多余
　　　　　　部分裁掉

12）在包装中还需要绘制两个不同风格的柠檬（或橙子）切面的图形，这种图形也是一种典型的沿圆心旋转复制类图形，下面先来制作第 1 个切面图形。方法：选择工具箱中的 ◎（椭圆工具），按住〈Shift〉键绘制一个正圆形（需要从标尺中拖出水平和垂直参考线以定义圆心），然后将其填充为白色，这是位于最外圈的圆形。接着绘制出一系列逐渐向内缩小的同心圆（按住〈Alt+Shift〉组合键可绘制出沿中心向外发射的正圆形），再分别填充为不同的颜色（颜色可自行设定），效果如图 11-367 所示。

13）利用工具箱中的 ✍（钢笔工具）绘制出如图 11-368 所示的图形，然后打开"渐变"面板，在其中设置一种"橙色—黄色—深红色"的三色线性渐变，并设置渐变角度为 −88°。

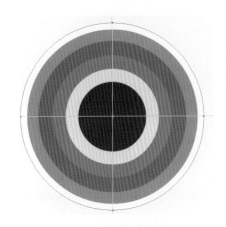 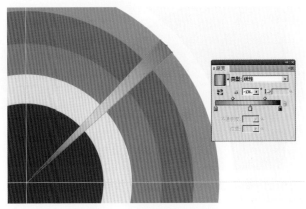

图 11-367　绘制出一系列同心圆

图 11-368　绘制放射状图形单元并填充三色渐变

14）在进行"多重复制"之前，面临一个沿圆弧等分的问题（前面的太阳图形是以星形边角为参照的），因此需要自定义一条参考线。方法：利用工具箱中的 ╲（直线段工具）绘制出如图 11-369 所示的直线段，注意该直线一定要穿过圆心并且贴近三角形一侧边缘。然后双击工具箱中的 🔲 (旋转工具)，在弹出的对话框中设置参数，如图 11-370 所示，单击 "确定" 按钮，此时直线会沿逆时针方向旋转 12°。最后执行菜单中的 "视图｜参考线｜建立参考线" 命令，将直线转变为参考线。

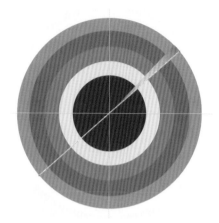

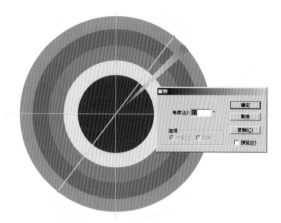

图 11-369　绘制一条穿过圆心并贴近三角形一侧的直线段　　图 11-370　直线沿逆时针方向旋转 12°

15) 制作复制单元。在制作复制单元的过程中，第一个复制单元的位置很重要，它是决定图形沿圆弧等分的关键。方法：利用 ▶ (选择工具) 选中三角形，然后选择工具箱中的 🔲 (旋转工具)，在如图 11-371 所示的圆心位置单击鼠标左键，以确定旋转中心点。接着按住〈Alt〉键沿逆时针方向拖动三角形，直到其右侧边缘与参考线对齐后松开鼠标，从而得到第一个复制单元。同理，反复按快捷键〈Ctrl+D〉，即可得到如图 11-372 所示的一系列沿圆心旋转复制的图形，而且它们依次相邻 12°。最后利用 ▶ (选择工具) 选中所有的组成图形，按快捷键〈Ctrl+G〉组成群组。

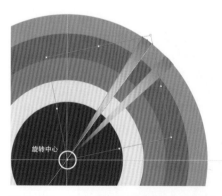

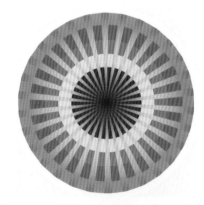

图 11-371　单击鼠标左键确定旋转中心点　　图 11-372　得到一系列沿圆心旋转复制的图形

16) 将模拟橙子切面构成的抽象图形移至背景中，进行放缩后复制一份，并放置在如图 11-373 所示的位置 (主体圆形的下面)。

17) 制作另一种风格的柠檬 (或橙子) 切面图形。方法：先绘制两个同心正圆 (分别填充为黄色和白色)，然后利用工具箱中的 🖊 (钢笔工具) 绘制如图 11-374 所示的水滴状图形，

并将其填充为一种 "黄色—橙色" 的径向渐变。然后参照本例的步骤14）和15）中关于自定义参考线进行多重复制的方法，自行完成如图11-375所示的沿中心旋转的花瓣状图形（模拟橙子的切面结构）。最后利用 ▶ （选择工具）选中所有的组成图形，按快捷键〈Ctrl+G〉组成群组。

18）将柠檬（或橙子）的切面图形裁掉一半，只保留半个水果的效果。方法：利用 ▶ （选择工具）选中水果图形，然后选择工具箱中的 ⬚ （美工刀工具），按住〈Alt〉键拖出一条倾斜的直线段（贯穿整个水果图形），裁完后按快捷键〈Shft+Ctrl+A〉取消选取。接着利用工具箱中的 ▶ （直接选择工具）选中被裁断的图形，按键盘上的〈Delete〉键将其一一删除，从而只保留如图11-376所示的部分。

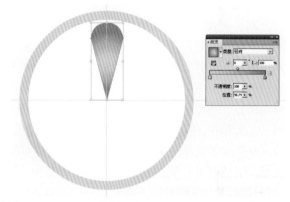

图 11-373　将模拟橙子切面构成的抽象图形移至背景中　图 11-374　绘制两个同心正圆和一个水滴状图形

图 11-375　制作另一种风格的柠檬（或橙子）切面图形　图 11-376　将柠檬（或橙子）的切面图形裁掉一半

19）利用工具箱中的 ✒ （钢笔工具）绘制出一些曲线闭合图形，从而模拟出流动的液体或四溅的水滴形状，然后将它们填充为"黄色—橙色"的径向渐变。这里要注意的是每个水滴的高光位置不同，因此需要利用工具箱中的 ▢ （渐变工具），通过拖动鼠标的方法更改每一个小图形的渐变方向与色彩分布，如图11-377所示。最后，在周围添加一些活泼的散点，以构成生动的想象图形，如图11-378所示。

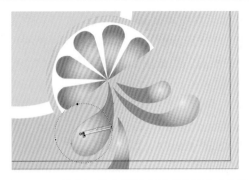

图 11-377　绘制一些曲线闭合图形模拟流动的液　　　图 11-378　在水滴周围添加一些活泼的散点
　　　　　　体或四溅的水滴形状

20）图库中关于水果的图形资料很丰富，这里选用的是配套光盘中的"素材及结果\第 11 章　综合实例演练\11.6 制作柠檬饮料包装\制作饮料包装的平面展开图\饮料包装原稿\柠檬素材图.ai"文件，其包含几种形态与角度的柠檬图形，如图 11-379 所示。选中位于最左上角的图形，将其复制到包装背景中。由于需要的是正面的柠檬截面图，因此需要对素材进行变形与修整。方法：利用工具箱中的 ▶ （直接选择工具）选中柠檬下部图形，将其删除，然后利用工具箱中的 ▦ （自由变换工具），对柠檬进行变形（注意在拖动变形框中每一个控制手柄时，要先按下鼠标左键，再按〈Ctrl〉键，这样可以进行透视变形），变形后的效果如图 11-380 所示。最后将变形后的柠檬图形移至背景中，进行缩放后复制一份，并放置在如图 11-381 所示的位置（主体圆形的下面）。

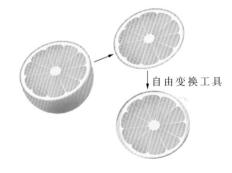

自由变换工具

图11-379　从图库中找到一张简单的柠檬矢量图　　　图11-380　对黄柠檬图形进行变形与修整

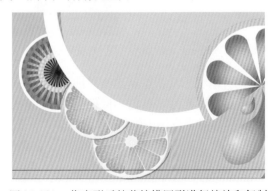

图 11-381　将变形后的黄柠檬图形进行缩放和复制

21）同理，再对柠檬素材图.ai中的另一个青柠檬进行同样的变形处理，如图 11-382 所示。然后将变形后的柠檬图形移至背景中，进行缩放和复制后，将其放置在如图 11-383 所示的位置。

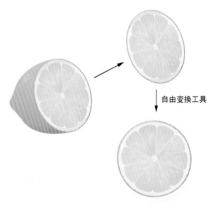

图 11-382　对青柠檬图形进行变形与修整　　　图 11-383　将变形后的青柠檬图形进行缩放和复制

22）利用工具箱中的 ◯（椭圆工具），绘制一个如图 11-384 所示的椭圆形（在包装中心位置的白色大圆形下面，向左侧偏移一定距离）作为白色圆形的投影图形，并将它填充为墨绿色（颜色参考数值为：CMYK（80，50，100，30））。然后执行菜单中的"效果｜模糊｜高斯模糊"命令，在弹出的对话框中设置模糊"半径"为 20 像素， 如图 11-385 所示，单击"确定"按钮，从而使投影边缘得到虚化的处理，如图 11-386 所示。

图 11-384　绘制一个向左侧偏移一定距离的墨绿色圆形　　　图 11-385　"高斯模糊"对话框

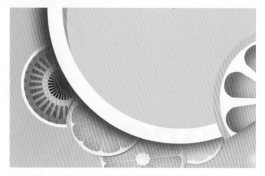

图 11-386　投影进行模糊处理后的效果

提示： 执行菜单中的"效果 | 风格化 | 投影"命令也可以直接生成投影，但对于偏移状态需要反复调整数值以取得理想效果。用户可尝试应用两种方法来制作投影。

23）调整投影的透明度。方法：按快捷键〈Shift+Ctrl+F10〉，打开"透明度"面板，然后将"不透明度"参数设置为70%，如图11-387所示。此时投影形成半透明状态，缩小查看全图的效果，如图11-388所示。

图11-387　在"透明度"面板中调节投影的透明度　　　　图11-388　添加完半透明投影后的全图效果

24）包装的正面有非常醒目的标题文字，由于是夏季的饮料，应尽量采用轻松活泼的文字风格，并且应用不规则编排的方式。方法：选择工具箱中的▣（文字工具），分别输入文本"SOUR"和"LEMONADE"（分为两个独立文本块输入）。并在工具选项栏中设置"字体"为Plastictomato。由于要将本例的文字拆分为字母单元进行自由的编排，因此必须执行"文字 | 创建轮廓"命令，将文字转换为如图11-389所示的由锚点和路径组成的图形。

提示： Plastictomato字体位于配套光盘中的"素材及结果\第11章 综合实例演练\11.6制作柠檬饮料包装\制作饮料包装的平面展开图\饮料包装原稿"文件夹中，用户需将该字体复制后，粘贴到C：\Windows\Fonts文件夹后，才可以在Illustrator中使用该字体。

25）利用 ▣（选择工具）选中标题文字"SOUR"，然后将它移动到包装的中心位置，并将文本填充颜色设置为深蓝色（参考颜色数值：CMYK（100，85，0，20））。接着利用工具箱中的 ▣（直接选择工具）逐个选择每个字母，再利用工具箱中的 ▣（自由变换工具）对每一个字母进行缩放和旋转，从而得到如图11-390所示的效果。

图11-389　输入正面标题文字　　　　　　　　　图11-390　对每一个字母进行缩放和旋转

26）利用"路径偏移"的功能，在标题文字周围添加两圈不同颜色的描边。在描边之前，要先将分离的字母变成复合路径，这样才能统一向外扩边。方法：利用 ▶（选择工具）选中文字，然后执行菜单中的"对象｜复合路径｜建立"命令，此时文字会自动生成复合路径。接着执行菜单中的"对象｜路径｜位移路径"命令，在弹出的对话框中设置参数，如图 11-391 所示，单击"确定"按钮后，得到如图 11-392 所示的文字扩宽效果。接着将"填充"颜色更改为白色，将"描边"颜色设置为浅蓝色（参考颜色数值为：CMYK（50，0，0，20）），将描边"粗细"设置为 1pt，得到如图 11-393 所示的效果。

图 11-391 "位移路径"对话框　图 11-392 进行"位移路径"操作后文字向外扩宽

图 11-393 改变"填充"颜色为白色，"描边"颜色为浅蓝色

27）处理第 2 部分小标题文字"LEMONADE"。方法：先将文字移入主标题文字下，然后将其缩小并逆时针旋转一定角度，如图 11-394 所示。现在文字的编排过于整齐死板，与主标题文字风格不协调，下面利用工具箱中的 ▶（直接选择工具）逐个选择每个字母，再利用工具箱中的 ▦（自由变换工具）对每一个字母进行缩放和旋转，从而得到如图 11-395 所示的错落有致的效果。接着利用 ▶（选择工具）选中文字，再执行菜单中的"对象｜复合路径｜建立"命令，此时文字会自动生成复合路径。

图 11-394 将文字"LEMONADE"缩小并逆时针旋转一定角度

图 11-395 对每一个字母进行缩放和旋转，得到错落有致的效果

28）在（已形成复合路径的）文字中填充如图 11-396 所示的蓝色—浅蓝色线性渐变（两种颜色的参考数值分别为：CMYK（190，90，20，0），CMYK（60，0，0，0））。然后执行菜单中的"对象｜路径｜位移路径"命令，在文字外部扩充出一圈白色的边线。最后利用工具箱中的 ✎（钢笔工具）在文字"SOUR"上绘制出一些小的闭合图形，作为趣味的高光，如图 11-397 所示。现在缩小全图，整体效果如图 11-398 所示。

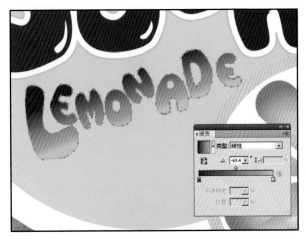

图 11-396　在文字中填充蓝色线性渐变

图 11-397　在文字外部扩充出一圈白色边线并添加趣味高光　　图 11-398　缩小全图的整体效果

29）散点和星光图形都是设计中常用的点缀，可以应用"符号"功能来快速实现，"符号"是在文档中可重复使用的图形对象，使用符号可节省时间并显著减小文件大小，下面利用简单"符号"来设置散点。方法：先绘制一个白色小正圆形（为了便于观看，暂时将背景设置为深色），然后将它直接拖动到"符号"面板中（按快捷键〈Shift+Ctrl+F11〉，打开"符号"面板），如图 11-399 所示，接着在弹出的"符号选项"对话框中为符号命名并选中"图形"单选按钮，如图 11-400 所示，单击"确定"按钮，则圆点会自动保存为符号单元。最后选择工具箱中的 (符号喷枪工具) 在图中反复拖动鼠标，此时符号喷枪就像一个粉雾喷枪，可一次将大量相同的圆点添加到页面上，从而得到如图 11-401 所示的许多随意散布的圆点图形。

提示： 每次拖动鼠标喷涂出的符号都自动形成一个符号组，松开鼠标后再次喷涂就形成另一个符号组。

30）刚开始喷涂出的圆点都是大小相同的，下面利用 Illustrator 提供的一系列符号工具对其进行更进一步的细致调整。方法：利用 (选择工具) 选中要调节的符号组，然后选择工具箱中的 (符号缩放器工具) 在符号上单击或拖动符号图形（直接拖动鼠标为放大符号，按住〈Alt〉键拖动鼠标为缩小符号），如图 11-402 所示，即可将局部符号缩小一些，以形成一定的大小差异。

提示： 按住〈Shift〉键单击或拖动可以在缩放时保留符号实例的密度。

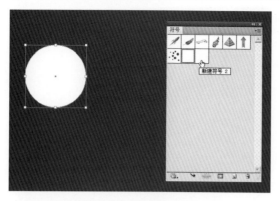

图 11-399 将绘制的白色小正圆形拖动到"符号"面板中

图 11-400 在"符号选项"对话框中为符号命名

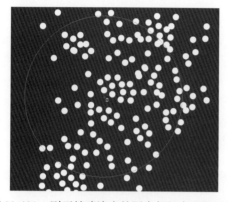

图 11-401 刚开始喷涂出的圆点都是大小相同的

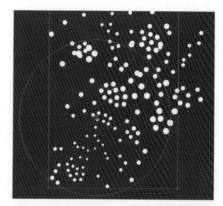

图 11-402 应用"符号缩放工具"形成一定的大小差异

31）接下来，选择工具箱中的 (符号紧缩器工具）在符号上单击或拖动符号图形（直接拖动鼠标可使一定范围内的符号向中心汇聚，而按住〈Alt〉键拖动鼠标可使一定范围内的符号向四周扩散），使用该工具可以调节符号的疏密分布，效果如图 11-403 所示。最后选中调节完后的散点，将它们移至包装背景图中如图 11-404 所示的位置。同理，在页面左下角位置也喷涂一些散点，如图 11-405 所示。

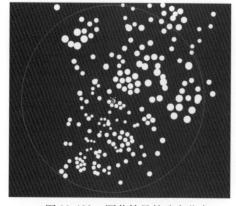

图 11-403 调节符号的疏密分布

图 11-404 将调节完后的散点移至包装背景图中

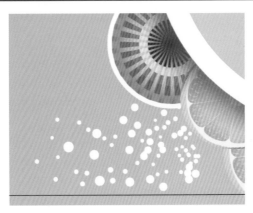

图 11-405　在页面左下角位置也喷涂一些散点

32）　制作一个简单的星星图形，用于点缀在柠檬片和散点之中。方法：选择工具箱中的
◻（多边形工具）在页面上单击鼠标，在弹出的对话框中设置参数，如图 11-406 所示，单击
"确定"按钮，绘制出一个白色正五边形。然后执行菜单中的"效果｜扭曲和变换　｜收缩和
膨胀"命令，在弹出的对话框中设置参数，如图 11-407 所示（负的数值可使图形边缘向内弯
曲收缩），单击"确定"按钮，得到一个简单的具有弧形边缘的星形。接着将它复制多份并移
动到图中不同的位置，以形成闪光效果，如图 11-408 所示。

33）　至此，饮料包装的平面展开图制作完成，最终效果如图 11-409 所示。

图 11-406　设置多边形参数

图 11-407　设置"收缩和膨胀"参数

图 11-408　将星形移动到不同位置以形成闪光效果

图 11-409　饮料包装的平面展开图

2. 制作金属拉罐包装的立体展示效果图

1) 执行菜单中的"文件｜新建"命令，新建一个名称为"饮料拉罐.ai"的文件，并设置文档宽度与高度均为200mm。

2) 利用工具箱中的 (椭圆工具) 和 (钢笔工具) 绘制出拉罐的大致外形，如图11-410所示。

3) 由于饮料拉罐的材质为金属，在制作时要注意保持金属表面所特有的反光效果。该效果可以利用 Illustrator 的强大功能——"渐变网格"来实现。Illustrator 中的"渐变网格"是一种多色对象，其上的颜色可以沿不同方向顺畅分布，且从一点平滑过渡到另一点。下面先来设置基本网格。方法：利用工具箱中的 (选择工具) 选中拉罐主体图形，然后执行菜单中的"对象｜创建渐变网格"命令，在弹出的对话框中设置行和列数，如图11-411所示（行数和列数的多少要根据图形上颜色变化的复杂程度来设定，由于本例的饮料拉罐外形简单，表面颜色变化不太复杂，因此设置为4行6列），单击"确定"按钮，此时系统会在图形内部自动建立均匀的纵横交错的网格，如图11-412所示。

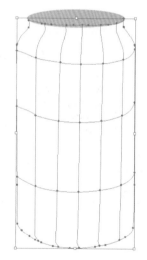

图 11-410　绘制拉罐简单外形　　　图 11-411　创建4行6列渐变网格　　　图 11-412　图形内部自动建立均
　　　　　　　　　　　　　　　　　　　　　　　　　　　　　　　　　　　　　匀的纵横交错的网格

4) 在创建网格对象时，将会有多条线（称为网格线）交叉穿过对象，在两条网格线相交处有一种特殊的锚点，称为网格点。下面针对网格点进行编辑和上色。方法：利用工具箱中的 (直接选择工具) 或 (网格工具) 选中网格点或网格单元，然后在"颜色"面板中直接选取颜色，如图11-413所示。渐变网格的颜色是依照网格路径的形状而分布的，只要移动和修改路径即可改变渐变的颜色分布。

5) 利用渐变网格原理将拉罐左侧面边缘部分设为绿色，以形成初步的光影效果。网格点具有锚点的所有属性，只是增加了接受颜色的功能。可以在上色的过程中灵活地添加和删除网格点、编辑网格点和网格线的形状，处理后的效果如图11-414所示。注意在拉罐的右上部分要形成颜色的对比。

提示：拉罐柱体上的金属反光是沿着柱身纵向出现的，因此要将右起第 3 列网格的颜色设置为浅黄色。

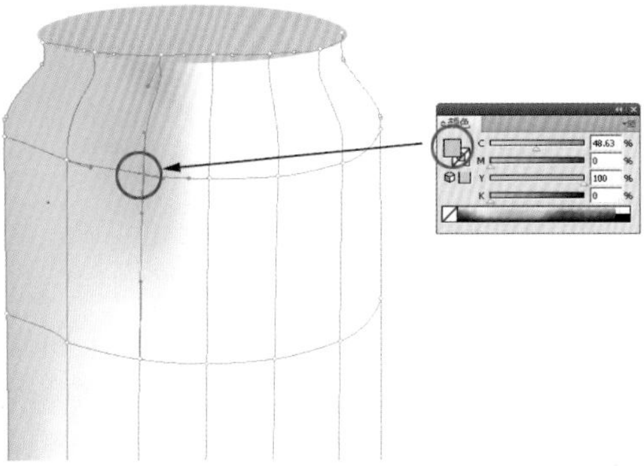

图11-413　改变网格点的颜色

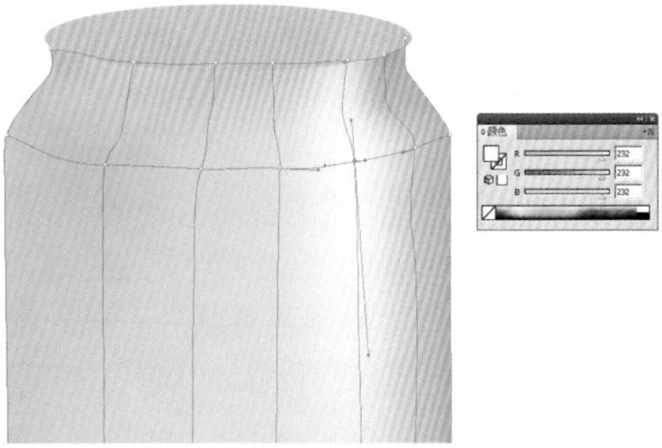

图11-414　在拉罐右上部分要注意形成颜色的对比

6）为了顺应拉罐底部向内收缩的形状，需要利用工具箱中的（直接选择工具）或（网格工具）将第 2 行和第 3 行网格线向下移动，另外，靠近侧面与底部的颜色要稍深一些，这样有助于形成柱体的立体膨胀感觉，效果如图 11-415 所示。

7）继续进行网格的调节和上色，由于金属材质反光区域对比度较大，受光线影响显著，但同时又要保持包装的主体颜色——橙色与绿色的变化，请参照图 11-416，尽量应用恰当的网格控制颜色的分布，从而形成拉罐柱体的立体感和光影变化。

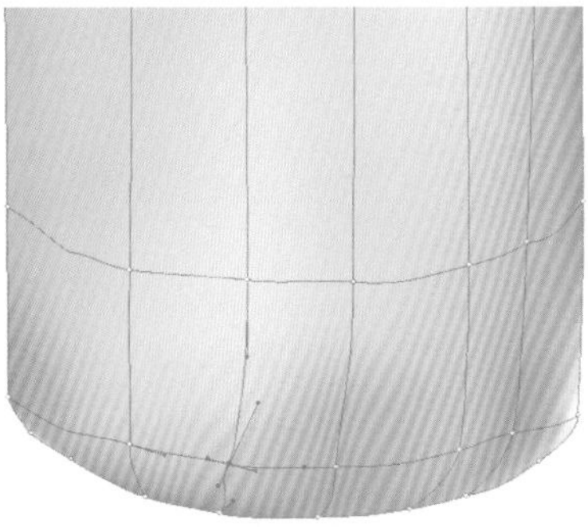

图 11-415　靠近底部的颜色要稍微深一些

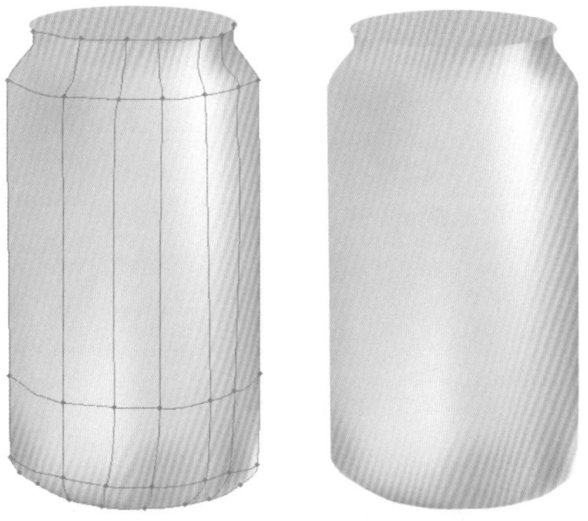

图 11-416　应用网格控制颜色的分布，形成拉罐柱体的立体感和光影变化

8）现在，从刚才制作完成的“饮料包装平面图.ai”中逐步将图形与文字元素复制过来，之所以不使用全部成组进行一次复制，而采用分局部进行粘贴的方式，是考虑到拉罐柱体的三维形态（某一些图形在正面视角看不到）和曲面的微妙变形，还有虽然设计元素相同，但编排方式上稍有差异。下面先将两个大的圆形复制到拉罐的中间位置，如图 11-417 所示，然

后将标题文字粘贴过来，并稍微放大一些置于如图 11-418 所示的位置。

图 11-417　将圆形拷贝到拉罐的中间位置　　图 11-418　将标题文字粘贴过来

9）对文字进行曲面变形。方法：选中标题文字，然后执行菜单中的"对象 | 封套扭曲 | 用变形建立"命令，在弹出的对话框中设置变形"样式"为拱形，"弯曲"为 –15（负的数值表示向下方弯曲），如图 11-419 所示。单击"确定"按钮，此时文字形成了一定的弧形扭曲，效果如图 11-420 所示。

图 11-419　"变形选项"对话框　　　　图 11-420　文字形成一定的弧形扭曲

10）再将太阳图形粘贴到拉罐上，然后采用同样的方法对其进行"拱形"变形，在"变形选项"对话框中设置参数，如图 11-421 所示，单击"确定"按钮，从而使图形发生向右侧卷曲的曲面变形，效果如图 11-422 所示。

图 11-421　"变形选项"对话框　　　图 11-422　图形发生向右侧卷曲的曲面变形

11）继续置入其他设计元素，然后将它们摆放在拉罐上相应的位置，如图 11-423 所示。

12）对置入的元素逐个进行变形处理。方法：选中右下角的橙子图形，然后执行菜单中的"对象|封套扭曲|用网格建立"命令，在弹出的对话框中设置网格的行数和列数，如图 11-424 所示，单击"确定"按钮，此时太阳图形上出现了封套网格。接着利用工具箱中的 ▣ （直接选择工具）或 ▣ （网格工具）拖动封套网格上的任意锚点，此时封套内的图形相应地发生了扭曲变形，如图 11-425 所示。

提示：除图表、参考线或链接对象以外，可以在任何对象上使用封套。

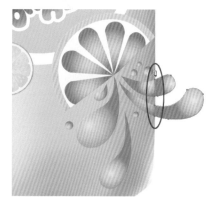

图 11-423　将其他设计元素摆放　　图 11-424　"封套网格"对话框　　图 11-425　拖动封套网格上的锚点，图
　　　　　　在拉罐上相应的位置　　　　　　　　　　　　　　　　　　　　　　　形相应地发生扭曲变形

13）接下来处理溅出的水滴图形，由于它们只是简单的分离路径，只需要将超出罐子视角的部分裁掉，再稍微调整一下边缘形状即可。方法：利用 ▶ （选择工具）选中靠近边缘的水滴，然后利用工具箱中的 ▣ （美工刀工具），按住〈Alt〉键以直线的方式将它裁断，如图 11-426所示。在裁完之后，按快捷键〈Shift+Ctrl+A〉取消选择，再利用工具箱中的 ▣ （直接选择工具）选中位于拉罐外的水滴部分，按〈Delete〉键将其删除，效果如图 11-427 所示。

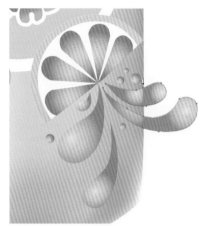

图 11-426　利用美工刀工具将水滴图形裁断　　　图 11-427　将位于拉罐外的水滴部分删除

14）同理，参照图 11-428 和图 11-429 处理拉罐上其他部分图形的变形和裁切，注意要给白色大圆形添加向左侧的投影（或者将原来制作的投影图形复制过来）。

图 11-428　裁切与变形柠檬片，并添加投影　　　图 11-429　图形基本添加完成后的拉罐

15）由于拉罐体上的渐变网格与粘贴图形上的光影关系并不统一，下面要在拉罐的表面上强调金属高光与阴影，这需要在最上层添加半透明图形来实现。方法：按快捷键〈F7〉，打开"图层"面板，在其中单击"创建新图层"按钮新建"图层 2"，然后利用工具箱中的 🖊（钢笔工具）绘制出罐体右上部的高光图形，并填充为白色，如图 11-430 所示。注意高光的形状要沿拉罐表面的起伏呈现出曲线变化。接着执行菜单中的"效果｜模糊｜高斯模糊"命令，在弹出的对话框中设置模糊半径数值，如图 11-431 所示，单击"确定"按钮，此时高光图形边缘变得虚化。最后按快捷键〈Shift+Ctrl+F10〉打开"透明度"面板，在其中将"不透明度"参数设为 85%，如图 11-432 所示，从而使高光图形变为半透明状，效果如图 11-433 所示。

16）由于罐体上的高光不止一处，下面应用同样的方法，再绘制出几处高光，从而增强拉罐的立体凸起感，得到如图11-434所示的效果。

图11-430　绘制高光图形

图11-431　对高光图形边缘进行高斯模糊

图11-432　降低高光部分的"不透明度"　　图11-433　处理完成后的右侧高光　　图11-434　添加高光后拉罐的立体凸起感增强

17）明暗关系是构建形体结构与空间感的重要因素，此时拉罐虽然有了高光，但整体还显得扁平，体积感仍然不够强，这是因为还没有制作背光部分的阴影。下面就来制作背光部分的阴影。方法：利用工具箱中的 （钢笔工具）绘制出罐体左侧的阴影图形（假设光是从右侧照射而来），然后填充如图11-435所示的黑白线性渐变。接着按快捷键〈Shift+Ctrl+F10〉，打开"透明度"面板，在其中将"不透明度"参数设为65%（或更低一些），将"混合模式"更改为"正片叠底"，此时罐体左侧形成了半透明状的阴影，使拉罐的金属感和体积感得到增强，效果如图11-436所示。

提示：高光与阴影都位于"图层2"中。

图11-435　绘制罐体左侧阴影图形，然后填　　　　图11-436　调节"透明度"面板参数形成半
　　　　　充黑白渐变　　　　　　　　　　　　　　　　　　透明状阴影

18）制作拉罐左下角的一行沿曲线排列的文字。方法：在"图层"面板上选中"图层1"，然后利用工具箱中的 绘制出如图11-437所示的曲线路径，再利用工具箱中的 在路径左端单击插入光标，接着输入文本"GREAT LEMON TASTE"（或者先单独输入文本再复制粘贴到路径上），此时文字沿曲线路径进行排列，如图11-438所示。

图11-437　绘制出曲线路径（并输入文字）　　　　图11-438　文字沿曲线路径进行排列

19）此时文字的边缘与拉罐的柱体并不贴切，这主要是由于文字角度造成的。下面选中文字，然后执行菜单中的"文字｜路径文字｜倾斜效果"命令，调整文字的排列与罐体方向一致，效果如图11-439所示。

20）处理拉罐顶部的金属盖。这是一个略微向内凹陷的金属面，下面先在"图层"面板中单击"创建新图层"按钮新建"图层3"，然后利用 绘制一个向下弯曲的金属边，并在其中填充不同深浅灰色的多色线性渐变，如图11-440所示。

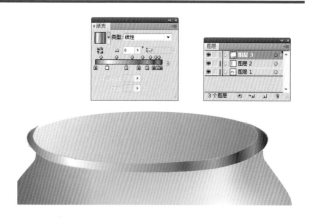

图 11-439　使文字倾斜角度与罐体方向一致　　图 11-440　绘制一个向下弯曲的金属边并填充为灰色渐变

21）为了丰富拉罐边缘的细节和增强金属感，下面再来添加一圈细细的金属边。这种很窄的弧形利用 ![pen]（钢笔工具）绘制有一定的困难，在此采用描边转换为图形的方法来完成。方法：利用工具箱中的 ![ellipse]（椭圆工具）在刚才绘制的渐变图形上绘制一个椭圆形（"填充"为无，"描边"暂时为黑色，描边"粗细"为 2pt），如图 11-441 所示。然后执行菜单中的"对象｜路径｜轮廓化描边"命令，此时黑色边线自动转换为闭合路径，如图 11-442 所示。

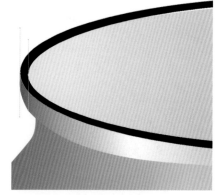

图 11-441　绘制一个椭圆形边框　　　　图 11-442　应用"轮廓化描边"功能将边
　　　　　　　　　　　　　　　　　　　　　　　　　线转换为闭合路径

22）参照图 11-443，在这圈很窄的圆环状闭合路径内填充不同深浅灰色的多色线性渐变。

提示： 循环排列的灰色渐变很容易形成微妙的金属反光，该方法经常用来制作银色的金属边或金属面。

23）填充完成后观察一下，会发现上半部分和下半部分填充的渐变颜色是完全对称的，这样会显得有些机械，下面通过将其裁成上下两半，并分别填充不同的渐变色来解决这个问题。方法：先利用 ![select]（选择工具）选中圆环状闭合路径，然后利用工具箱中的 ![knife]（美工刀工具）按住〈Alt〉键将它水平裁断。接着按快捷键〈Shift+Ctrl+A〉取消选择，再利用工具箱中的 ![select]

（直接选择工具）选中下半部分圆环，并修改它的左侧边缘形状，如图 11-444 所示。

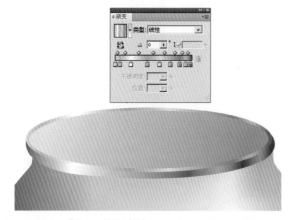

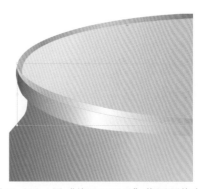

图 11-443　在圆环状闭合路径内填充不同深浅灰　　　　图 11-444　用"美工刀工具"将圆环裁成两半
　　　　　　色的多色线性渐变

24）参照图 11-445，利用工具箱中的 ▶（直接选择工具）选中上半部分圆环，改变它的渐变填充，使上半部分圆环的渐变色配置与下半部分圆环有所区别。然后利用 ✎（钢笔工具）绘制出一些小的曲线图形，并参照图 11-446 将它们填充为渐变或单色，从而构成拉罐顶部开口处金属拉手的形状。至此，拉罐顶端金属盖制作完成。

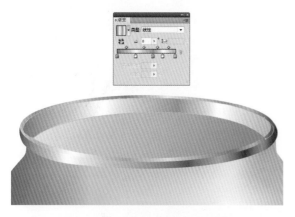

图 11-445　改变上半部分的渐变色颜色配置　　　　图 11-446　绘制拉罐顶部开口处金属拉手的形状

25）底部的金属边与顶部相比要简单，下面参照图 11-447 制作拉罐底部的金属边缘，可以在绘制出图形后填充灰色渐变，也可以通过添加渐变网格来进行调整。

26）最后，制作地面的投影并进行其他一些细节的修饰工作，先来制作地面上的投影。方法：利用工具箱中的 ✎（钢笔工具）绘制出投影的形状（在"图层 1"中），然后填充为深灰—浅灰的线性渐变，如图 11-448 所示。接着执行菜单中的"效果｜模糊｜高斯模糊"命令，在弹出的对话框中设置模糊半径数值，如图 11-449 所示（这是外圈的扩散范围较大的虚影，"模糊半径"可以设置得大一些），单击"确定"按钮，此时图形边缘变得虚化而隐入白色背景之中，如图 11-450 所示。

图 11-447　制作拉罐底部的金属边缘

图 11-448　绘制出投影的形状然后填充为"深灰—浅灰"的线性渐变

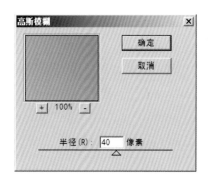

图 11-449　设置"高斯模糊"参数

图 11-450　图形边缘变得虚化而隐入白色背景中

27）同理，绘制出内圈的阴影，并填充为深一些的灰色。然后执行菜单中的"效果｜模糊｜高斯模糊"命令，将"模糊半径"数值设置得小一些（20 像素左右），效果如图 11-451 所示。

图 11-451　制作内圈的阴影

28）处理细节。细节的修饰很重要，这往往是最后一步需要细心完成的工作，例如处理拉罐顶部金属边下的很窄的投影，如图 11-452 所示。制作思路是先绘制弧形的投影形状，然后填充"深灰色—白色"的渐变色，接下来在"透明度"面板中将"不透明度"参数设置为 60%，将"混合模式"更改为"正片叠底"，如果投影边缘有些生硬，还可以执行一次"高斯模糊"命令。至此，饮料金属拉罐的立体展示效果图已制作完成，最终效果如图 11-453 所示。通过这个案例，读者可以体会到金属材质的特殊光影变化与物体体积感的表现思路，由此可以举一反三，制作出在各种不同背景环境与光线条件下的立体展示效果。

图 11-452　制作拉罐顶部金属边下的很窄的投影　　图 11-453　最终完成的拉罐效果图

11.7　练习

（1）制作卡通形象设计，如图 11-454 所示。参数可参考配套光盘中的"课后练习\第 11 章\卡通形象设计.ai"文件。

图 11-454　卡通形象设计

（2）制作人物插画效果，如图 11-455 所示。参数可参考配套光盘中的"课后练习\第 11 章\人物插画\人物插画.ai"文件。

图 11-455　人物插画效果图